四旋翼无人机
遥感侦测平台设计与开发

Design and Development of a Quadrotor
UAV Remote Sensing Platform

张李希 汪驰升 张家胜 朱 武 著

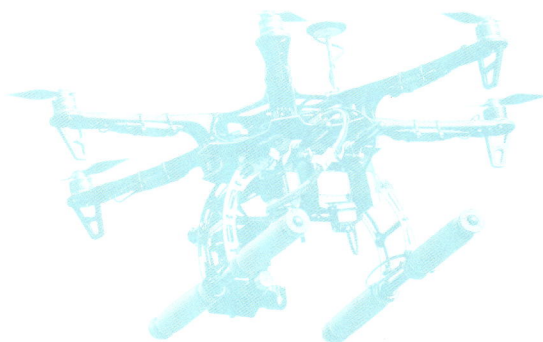

人民邮电出版社
北京

图书在版编目（CIP）数据

四旋翼无人机遥感侦测平台设计与开发 / 张李希等著. -- 北京 ：人民邮电出版社，2025. -- ISBN 978-7-115-65964-4

Ⅰ. V279

中国国家版本馆 CIP 数据核字第 20243DL398 号

内 容 提 要

本书介绍了四旋翼无人机的相关知识，包括工作原理、组成、动力系统、遥控系统、PX4 飞控、QGroundControl（QGC）地面站和组装等内容。第一部分（第 1～3 章）系统介绍四旋翼无人机工作原理与组成，以及动力系统与遥控系统，阐述四旋翼无人机各部件的工作原理及其作用。第二部分（第 4、5 章）详细介绍 PX4 飞控的构成与使用，并且逐一讲解与 PX4 飞控配套的 QGC 地面站的主要功能和高级应用。第三部分（第 6 章）结合实际情况，为读者挑选无人机提供方案，并以 F330 无人机机架为例，逐步展示从零件选购到最终组装完成的全过程，方便读者轻松完成无人机的组装。

本书适合具备一定动手能力，并且对四旋翼无人机感兴趣的读者阅读，也适合参加无人机比赛的初学者或航模发烧友参考与学习。

◆ 著　　　　张李希　汪驰升　张家胜　朱　武
　　责任编辑　邓昱洲
　　责任印制　马振武
◆ 人民邮电出版社出版发行　　北京市丰台区成寿寺路 11 号
　　邮编　100164　电子邮件　315@ptpress.com.cn
　　网址　https://www.ptpress.com.cn
　　北京瑞禾彩色印刷有限公司印刷
◆ 开本：787×1092　1/16
　　印张：14.25　　　　　　　　2025 年 6 月第 1 版
　　字数：276 千字　　　　　　2025 年 6 月北京第 1 次印刷

定价：79.80 元

读者服务热线：(010)81055410　印装质量热线：(010)81055316
反盗版热线：(010)81055315

前　言

　　2023 年中央经济工作会议提出，打造生物制造、商业航天、低空经济等若干战略性新兴产业……加快传统产业转型升级。所谓低空经济，就是以民用有人驾驶和无人驾驶航空器为主，以载人载货及其他作业场景低空飞行为牵引，辐射带动相关领域融合发展的综合性经济形态。目前，无人机已经被广泛应用在交通、物流、农业、应急救灾等多个行业及领域。截至 2023 年，我国低空经济规模超 5000 亿元。低空经济这一新的经济形态已经成为拉动我国经济增长的新动力之一。

　　当前，我国已成为全球领先的无人机制造和应用大国。我国无人机产业发展迅速，产品应用范围广泛，涉及农业、物流、影视拍摄、安防监控、测绘等多个领域。在民用无人机领域，我国无人机企业如大疆创新在全球市场占据了显著份额，其产品因技术先进、性价比高而广受欢迎。此外，其他公司如亿航、零度智控等也在不断拓展市场。

　　除了上述民用无人机研发的领军企业，许多航模爱好者与发烧友也在自行设计、组装属于自己的无人机。本书作者在学习组装无人机之初，发现网络上各类无人机教程内容过于零散，且部分知识多年未更新或不适合零基础的初学者学习，因此希望总结前人与作者自身的无人机组装经验，编写一本方便初学者学习组装四旋翼无人机的图书。

　　本书以四旋翼无人机设计、组装、调试为核心内容，介绍无人机的工作原理、组成、地面站调参流程、航线规划流程与装配过程等。本书共 6 章，第 1 章为引言，介绍常见的 3 种无人机；第 2 章介绍无人机工作原理与组成，简单讲解无人机机架、飞控系统及飞控辅助设备；第 3 章介绍无人机动力系统与遥控系统的参数及选配方法；第 4 章为 PX4 飞控与 QGC 地面站详解，详细介绍 PX4 飞控构成、PX4 飞控与各部件安装、QGC 地面站简介与安装、飞控固件烧录与传感器校准等内容；第 5 章介绍 QGC 地面站高级应用，即如何使用 QGC 地面站的航线规划功能为无人机规划任务航线，并对无人机飞行模式进行介绍；第 6 章介绍四旋翼无人机组装实战，包括选购一台无人机的材料以及组装一台无人机的完整步骤。

　　本书得到了国家重点研发计划（编号：2020YFC1512000）的资助。

目 录

第1章
引言

很高兴你能打开这本书，如果你对四旋翼无人机感兴趣，想要了解并自己亲手组装一架无人机，这本书会帮助你。你准备好探索这个充满未知和精彩的领域了吗？

让我们一起来追溯一下无人机的发展历程。电影当中的无人机看起来科技感十足，在军事或者科幻题材的影片当中，我们经常能看到许多无人机出现的场景。例如，为了侦察情报，电影中的角色会使用形似蜻蜓或者蝴蝶的仿真无人机，它们可以穿梭在狭小的空间内，侦察情报；电影《流浪地球 2》一开场也出现了令人震撼的"掠夺者"无人机群。

这些情境为无人机蒙上了一层科幻的色彩。实际上，无人机的发展历程相当漫长。早在 1917 年，人们就试着制造了第一架无人机。当时，正处于第一次世界大战期间，英国的卡德尔将军和皮切尔将军在 1914 年向英国军事航空学会提出了一个大胆的设想：研制一种不用人驾驶，而用无线电操纵的小型飞机，使其能够飞到敌方某一目标区域上空，进行轰炸。这个设想立即得到了当时英国军事航空学会理事长大卫·亨德森爵士的支持。于是，由阿奇博尔德·洛教授率领的研制小组开始了研发工作。为了保密，该计划被命名为"AT 计划"。经过多次试验，研制小组首先研制出了一台无线电遥控装置。接着，飞机设计师杰弗里·德哈维兰设计了一架小型单翼机，并将无线电遥控装置安装到这架小型飞机上。

于是，在 1917 年 3 月，世界上第一架无人驾驶飞机在英国皇家飞行训练学校进行了第一次飞行试验。然而，飞机刚起飞不久，发动机突然熄火，导致飞机失速坠毁。尽管第一次试验失败，但研制小组并没有灰心，继续进行无人机的研制。10 年后，他们终于取得了成功。1927 年，由洛教授参与研制的"喉"式单翼无人机在英国海军"堡垒"号军舰上成功地进行了试飞，该机以 322 千米/时的速度飞行了 480 千米。这一成就在当时引起了极大的轰动。虽然那时的无人机和现在的无人机相比，简直就是"小巫见大巫"，但是，正是那些勇敢的尝试，让无人机技术逐渐走向成熟。

随着科技的发展，无人机逐渐变得越来越智能化、多功能化。现在的无人机可以做的事情可不只是飞几分钟然后摔到地上。它们可以在天空中自如飞行，拍摄壮丽的风景，甚至还可以用于科学研究和救援行动。我们也不像洛教授的研制小组，历时 10 年才能打造一台无人机。本书将尽可能让你快速了解无人机的基础知识，手把手教你组装一台无人机，并亲自操作，使它翱翔天际。

但在此之前，先让我们来了解一下目前主流的无人机种类。

1.1 固定翼无人机

固定翼无人机是一种以固定翼为主要飞行结构的无人机，类似于传统飞机的设计，通过翼面产生升力来实现飞行。固定翼无人机通常具有较长的航程和飞行时间，并且能够搭载较大型的机载设备和较高负载，适用于长距离侦察、地形测绘和农业监测等。

固定翼无人机通常采用电机或汽油机驱动螺旋桨旋转，使飞机获得前进的动力，当飞机向前运动时，机翼会产生向上的升力，当升力大于飞机自身重力后，便可起飞。固定翼无人机的飞行效率比多旋翼无人机更高，因此飞行距离更远，飞行载重更大。图 1.1 所示为某固定翼无人机。

图 1.1　固定翼无人机

固定翼无人机的优点如下。

① 长航程：固定翼无人机由机翼提供升力，可使用单一发动机作为动力源，通常具有较长的航程和飞行时间，能够长时间停留在空中执行任务。

② 高速飞行：固定翼无人机飞行速度一般较快，能够迅速覆盖大范围的区域，提高任务执行效率。

③ 较强的风险适应能力：由于其飞行方式和结构特点，固定翼无人机具有较强的风

险适应能力，能够在复杂的气象条件下安全飞行，并且在失去动力后仍可通过滑翔提供一定升力进行迫降操作。

固定翼无人机的缺点如下。

① 不适合垂直起降，需要较大的起降空间：由于其固定翼结构，固定翼无人机不能像多旋翼无人机那样垂直起降，通常需要较长的跑道或者滑行道进行起降，不适合在狭小的空间内飞行，部分轻型或小型固定翼无人机可采用手抛起飞的方式，但较大型的固定翼无人机则无法采用。

② 需要专业人员操作：固定翼无人机的飞行需要对飞机的副翼、升降舵、油门、方向舵进行综合操作，操作难度相对较高，通常需要具有一定飞行技能和经验的专业人员进行操作和控制。因此相比多旋翼无人机，它的学习难度更大，上手门槛更高。

固定翼无人机的用途如下。

① 长距离侦察：固定翼无人机可以长时间、长距离飞行，因此常被用于执行军事侦察、边境巡逻等任务。

② 地形测绘：固定翼无人机配备地形测绘设备后，可以高效地对地表进行测绘和建图，广泛应用于地理信息系统（Geographic Information System，GIS）等。

③ 农业监测：固定翼无人机配备红外线和多光谱传感器后，可以实现对农田的精准监测和施肥，提高农业生产效率。

1.2 固定翼垂直起降无人机

固定翼垂直起降无人机是一种结合了固定翼和多旋翼优点的无人机，既具备如多旋翼无人机垂直起降的能力，又具备固定翼无人机的长航程和高速飞行特性。这种设计使其在有垂直起降或长距离飞行要求的任务中表现优异。

图 1.2 所示为一款固定翼垂直起降无人机，这款无人机的整体外形与固定翼无人机相似，可看成在固定翼无人机机体的基础上，在两侧机翼前/后各增加一副由电机驱动的旋翼。

在固定翼垂直起降无人机的起飞阶段，4 个旋翼上的电机启动，推动旋翼产生升力，类似四旋翼无人机的起飞过程。当其上升至指定高度后，机体前部的主发动机启动，同时四旋翼电机功率逐渐减小，由主发动机推动无人机向前飞行，机翼产生的升力能维持无人机自主飞行后，4 个电机关机，仅依靠主发动机进行飞行。该无人机的降落过程与起飞过程相反，主发动机功率减小，由 4 个旋翼提供升力，直至无人机安全着陆。

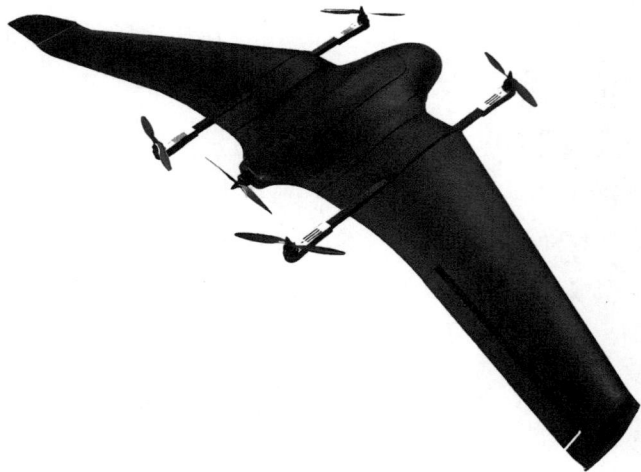

图 1.2　固定翼垂直起降无人机

　　固定翼垂直起降无人机多采用汽油发动机进行驱动，也可使用电机进行驱动，而旋翼则只采用电机进行驱动。

　　固定翼垂直起降无人机的优点如下。

　　① 垂直起降能力：固定翼垂直起降无人机可以像多旋翼无人机一样垂直起降，不需要长跑道或者滑行道，适用于狭小空间内的起降。

　　② 长航程和高速飞行：具备固定翼无人机的长航程和高速飞行特性，能够迅速覆盖大范围的区域，提高任务执行效率和响应速度。

　　③ 适应性强：固定翼垂直起降无人机具备多种飞行模式和能力，适应性强，可以应对不同任务需求和环境条件。

　　④ 灵活性高：结合了固定翼和多旋翼的优点，具有较高的灵活性和机动性，能够在复杂的环境中进行精确飞行。

　　固定翼垂直起降无人机的缺点如下。

　　① 复杂的设计和控制系统：固定翼垂直起降无人机既有垂直起降的多旋翼无人机功能，又支持固定翼无人机的方向舵操作，设计和控制系统相对更复杂，需要高级的飞控技术和系统集成能力，并且对于无人机驾驶员（俗称"飞手"）的技能要求也更高。

　　② 维护成本较高：由于其复杂的设计和控制系统，固定翼垂直起降无人机的维护成本较高，需要专业技术人员进行维护和保养。

　　固定翼垂直起降无人机的用途如下。

　　① 军事侦察：固定翼垂直起降无人机同时具备长航程和高速飞行的能力，可以进行高效侦察和监视目标。

　　② 城市监测和应急救援：在城市环境中，固定翼垂直起降无人机可以在狭小的空间内

垂直起降，执行城市监测和应急救援等任务，提供高效的响应和支援。

③ 科学研究和资源勘查：固定翼垂直起降无人机可以在山区、丛林等复杂地形中进行科学研究和资源勘查，为地质勘探、环境监测等提供可靠数据支持。

1.3　多旋翼无人机

多旋翼无人机是一种以多个旋翼为主要动力装置的无人机，其通常采用 4 个、6 个或 8 个电机和螺旋桨，分别对应四旋翼、六旋翼或八旋翼无人机，通过不同旋翼的转速变化实现飞行、悬停和转向。

多旋翼无人机具有简单的结构和稳定的飞行特性，因此在航拍、娱乐和科研等领域得到广泛应用。图 1.3 所示为大疆创新的四旋翼无人机。

图 1.3　四旋翼无人机

多旋翼无人机的优点如下。

① 垂直起降：多旋翼无人机可以垂直起降，像直升机，不需要跑道助跑，适用性很强，可在任意地形起飞，甚至可在手上直接起飞（危险动作，不建议新手模仿）。

② 悬停能力：多旋翼无人机结构特殊，使用旋翼产生向上的升力起降，因而具有优秀的悬停能力，能够在空中稳定悬停，有利于执行航拍等任务。

③ 机动性强：多旋翼无人机可通过改变不同电机的转速实现快速转向，能够在狭小的空间内进行灵活的飞行。

④ 相对较低的成本：相比其他类型的无人机，多旋翼无人机通常具有较低的制造、维护成本以及学习成本，适合大众使用。

多旋翼无人机的缺点如下。

① 航程短：由于多旋翼无人机的升降与运动全靠电机旋转产生动力，航程一般较短，飞行时间受限，不能长时间停留在空中。

② 受风影响大：由于结构特点，多旋翼无人机在大风天气下受影响较大，飞行稳定性

可能会受到一定影响。

③ 载荷能力有限：多旋翼无人机的载荷能力相比固定翼无人机较低，不适合携带大型传感器或者在较高负载下长时间执行任务。

多旋翼无人机的主要用途如下。

① 航拍摄影：多旋翼无人机具备优秀的悬停能力以及较强的机动性，搭载高清摄像头或者专业航拍设备后，能够轻松实现航拍摄影，为电影、电视、广告等提供高质量的空中影像。

② 娱乐玩具：由于多旋翼无人机的制造、维护以及学习成本较低，小型的多旋翼无人机成为许多人的娱乐玩具。这些无人机可以在室内或者室外飞行，并且凭借较低的上手门槛，能让从未接触过无人机的人快速体验到无人机带来的乐趣。

③ 搜救和监测：多旋翼无人机具有良好的机动性、悬停能力以及能适应复杂场地的起降条件，因此被广泛应用于搜救任务和监测任务，例如在灾区搜索失踪者、监测森林火灾或进行测绘作业等。

前文已简要介绍了无人机的起源和目前 3 种主流无人机的工作原理、优缺点及其用途，帮助读者对无人机进行初步了解。为了方便读者上手学习，本书选取四旋翼无人机展开讲解，深入探讨无人机的结构组成、组装方法以及操作技巧，为无人机组装、测试飞行和执行任务提供尽可能简明的指导。

第2章
四旋翼无人机工作原理与组成

2.1 四旋翼无人机工作原理

2.1.1 四旋翼无人机架构

第1章中介绍了部分四旋翼无人机的工作原理。四旋翼无人机机体具有4个电机，每个电机上方都装有一个螺旋桨，螺旋桨由电机带动旋转产生升力，当4个螺旋桨产生的升力之和大于无人机自身所受重力后，无人机便可以起飞。

对多旋翼无人机观察比较仔细的读者可能会发现，生活中常接触到的多旋翼无人机的螺旋桨数量一般为双数，例如4、6、8，而单数螺旋桨的无人机在生活中比较少见。

这里涉及一个物理概念——扭矩平衡。简单来说，如果直升机只有一个螺旋桨，当螺旋桨顺时针旋转时，直升机的机体就会朝着螺旋桨旋转方向的反方向，也就是逆时针方向旋转，如图2.1所示。螺旋桨顺时针旋转，带动机体反方向旋转，是由于螺旋桨会产生反扭矩。在直升机中，为抵消反扭矩，常见的做法是在直升机的尾部增加一副尾桨。也有部分直升机尾部没有副桨，而是在直升机主轴上新增一个螺旋桨，两个螺旋桨旋转的方向刚好相反，称为共轴反桨，这种做法也可以抵消反扭矩。

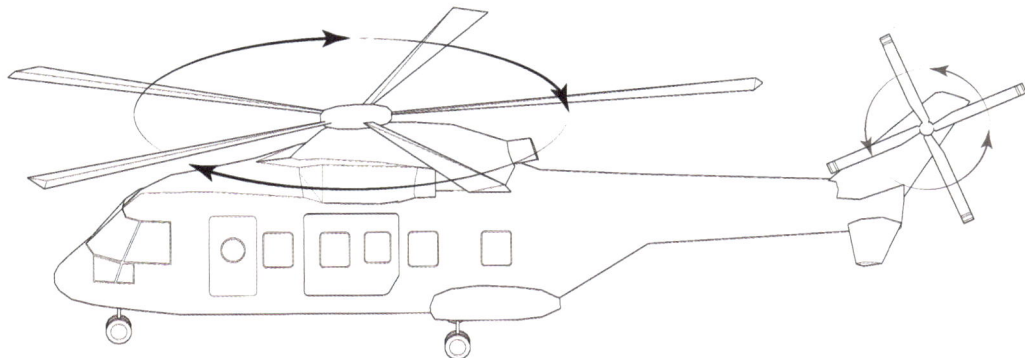

图 2.1 直升机螺旋桨旋转方向

多旋翼无人机中也采用类似的方法。当无人机是四旋翼时，其中两个电机顺时针旋转，另外两个电机逆时针旋转，就可以相互抵消扭矩。

四旋翼无人机的电机有多种布局，常见的为"X"形布局和"十"字形布局，无人机的机头方向根据选择的布局不同也有所不同。

1. "X"形布局

"X"形布局如图 2.2 所示，4 个电机分布在无人机的 4 条机臂上，呈现出"X"形。前两个电机位于无人机的前机臂末端，后两个电机位于后机臂末端。这种布局使无人机的质量分布更加均匀，有利于增强飞行的稳定性。

无人机的机头方向如图 2.2 所示，通常将右上方的电机定为 1 号电机。1 号电机与 2 号电机逆时针旋转，安装正桨（CCW）；3 号电机与 4 号电机顺时针旋转，安装反桨（CW）。

（1）优点

① 飞行稳定性较好："X"形布局有利于减少飞行时的摇摆和倾斜，提高稳定性。尤其在风速较大或者突发气流的情况下，"X"形布局表现出较好的稳定性。

② 旋翼间的干扰小：在"X"形布局中，前/后旋翼以及左/右旋翼之间的距离较大，可以减小旋翼间的干扰，降低飞行时的振动和不稳定性，提高无人机的飞行效率。

（2）缺点

① 前方视野受限：前两个电机位于前机臂末端，有时候会影响前方的视野，特别是在航拍任务中可能需要注意。

② 起飞和降落所需空间较大："X"形布局的结构使无人机的起飞和降落所需空间相对较大，需要在较为宽敞的场地进行操作。在狭小的环境中，可能会受到一定的限制。

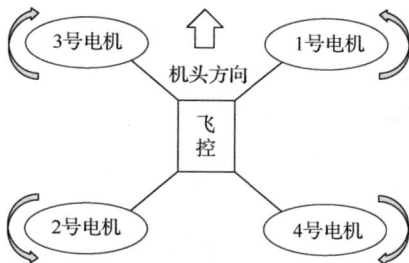

图 2.2 "X"形布局

2. "十"字形布局

"十"字形布局如图 2.3 所示，4 个电机分布在无人机的 4 条机臂上，形成"十"字形。每个电机都位于无人机的机臂末端，使得无人机的结构更加紧凑。相对于"X"形布局，"十"字形布局的重心偏高。

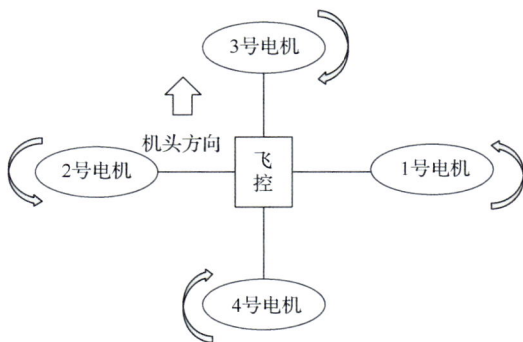

图 2.3　"十"字形布局

（1）优点

① 简单稳定："十"字形布局的结构相对简单、直接，这种简单的结构使无人机的制造和维护相对容易，能够降低制造成本和维护难度。

② 适用于简单任务："十"字形布局的无人机适用于执行一些简单的飞行任务，如短距离航拍、初学者训练等。它的简单结构和稳定性使得飞手能够轻松掌握操作技巧，完成基本的飞行任务。

（2）缺点

① 重心相对较高：4 个电机分布在无人机的 4 个角落，这可能会影响无人机的飞行稳定性，特别是在风速较大或者突发气流的情况下。

② 设备搭载困难："十"字形布局的无人机机头前方装有电机，若想搭载相机云台等设备较为困难。

虽然"十"字形布局的结构相对简单，但目前市面上主流的无人机厂商设计的无人机，如大疆创新、道通等公司的多旋翼无人机，以及目前通用的无人机机架，基本都选用"X"形。因此，为了方便读者购买零件进行组装，本书后文关于机架选择以及无人机组装内容均基于"X"形布局进行讲解。

2.1.2　四旋翼无人机飞行原理

四旋翼无人机的飞行动作有 8 种，分别是上升、下降、向前运动、向后运动、向右运动、向左运动、顺时针旋转、逆时针旋转，这 8 种动作通过电机的不同转速产生不同的升力实现。

升降运动通过操作无人机遥控器油门杆实现。当遥控器油门杆向上时，无人机 4 个电机旋转速度同时加快，升力加大，无人机上升。油门杆向下时，无人机 4 个电机旋转速度同时降低，升力减小，无人机下降。

前/后运动通过遥控器俯仰杆进行控制。当俯仰杆向上时，无人机的 2 号与 4 号电机转速增加，1 号与 3 号电机转速降低、保持不变或略微增加，但转速始终小于 2 号、4 号电机，使无人机向前运动，如图 2.4 所示。当俯仰杆向下时，无人机的 1 号与 3 号电机转速增加，2 号与 4 号电机转速降低、保持不变或略微增加，但转速始终小于 1 号、3 号电机，无人机向后运动，如图 2.5 所示。

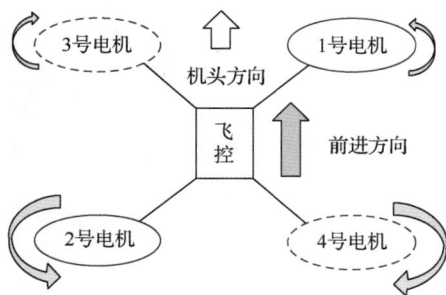

图 2.4　向前运动　　　　　　　图 2.5　向后运动

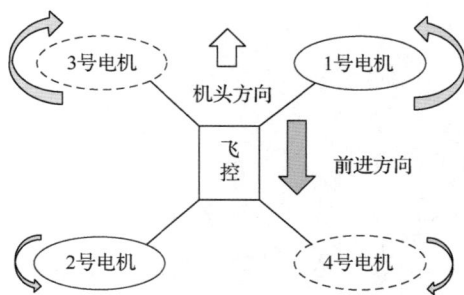

左/右侧向运动与前/后运动类似，当需要飞机向右侧运动时，无人机 2 号、3 号电机转速增加，1 号、4 号电机转速降低、保持不变或略微增加，无人机向右侧倾斜从而向右运动，如图 2.6 所示。需要向左运动时，无人机 1 号、4 号电机转速增加，2 号、3 号电机转速降低、保持不变或略微增加，如图 2.7 所示。

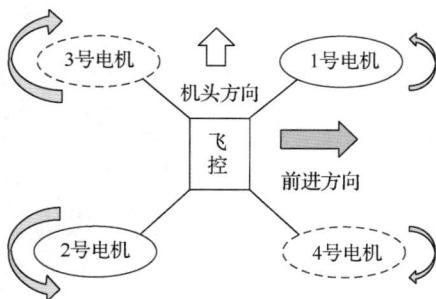

图 2.6　向右运动　　　　　　　图 2.7　向左运动

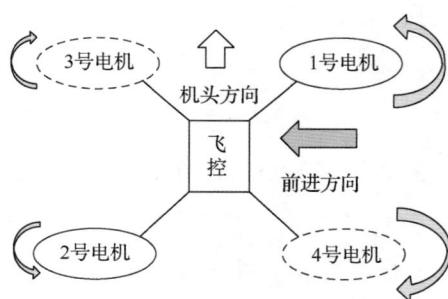

四旋翼无人机相比传统的固定翼无人机，最大的优势便是自身可以灵活地运动，即以机体为轴心进行自转从而改变机体朝向，这是传统的固定翼无人机无法实现的。四旋翼无人机实现机体旋转依靠的是不同电机的转速差所带来的反扭矩。

为了克服反扭矩的作用，顺时针旋转电机与逆时针旋转电机的转速始终是保持不变的，即使是在无人机进行升/降与前/后、左/右运动时，顺时针电机和逆时针电机的转速之比也始终保持不变。当顺时针电机和逆时针电机转速不相同的时候，反扭矩就会带动无人机旋转。

具体实现原理如下。当无人机需要顺时针旋转时，1 号、2 号电机转速提高，3 号、4

号电机转速降低。逆时针旋转的电机转速大于顺时针旋转的电机转速，电机对机体产生反扭矩，即顺时针方向的作用力，使得机体向顺时针方向旋转，由于总体的升力不变，所以不会导致无人机上升或者下降，如图 2.8 所示。当无人机需要逆时针旋转时，3 号、4 号电机转速提高，1 号、2 号电机转速降低，如图 2.9 所示。

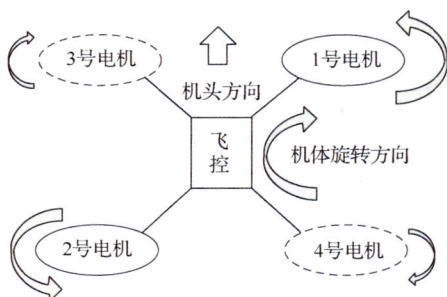

图 2.8　顺时针旋转　　　　　　　　　图 2.9　逆时针旋转

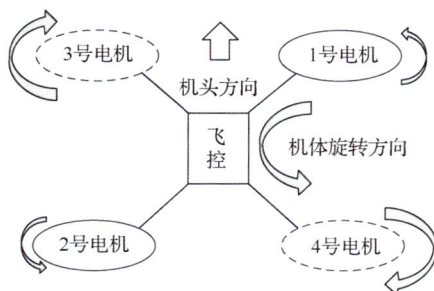

2.2　无人机基本组成——机架

　　如果把无人机想象成一个人，飞行控制系统（简称飞控）是无人机的大脑、电子调速器（简称电调）是无人机的神经、电机与螺旋桨则是无人机的四肢，那么机架则是整个无人机的骨架。无人机机架是无人机最基础的部件，也是在挑选无人机时应最先考虑的部件，它负责支撑起整架无人机，无人机上所有的设备与零件都搭载在机架上面，包括各类载荷设备。本节将介绍无人机机架的种类、作用及要求、机架尺寸以及机架选购原则。

2.2.1　机架的种类

　　在组装一台无人机时，挑选一个合适的机架是一件十分重要的事情。机架具有不同的材质、不同的大小，适用于不同的负载以及不同的作业时长。常见的机架主要有以下几种。

1. 尼龙机架

　　尼龙是一种常见的无人机机架材料。相比其他材料的机架，尼龙机架通常质量较轻，有助于减少无人机的整体质量，从而提高无人机的飞行性能和续航能力。此外，尼龙材料成本较低，尼龙机架相对廉价，适合预算有限的用户或初学者。另外，尼龙机架具有一定的弹性，使其有良好的吸振性，可以有效吸收飞行中的振动和冲击，有助于提高无人机的飞行稳定性。

　　尼龙机架也存在一些缺点。首先，尼龙机架的强度和刚度相对较低，容易发生破裂或变形，从而影响无人机的稳定性和耐用性。其次，尼龙机架容易受到外界环境因素（如阳光、高温、化学腐蚀等）的影响，导致老化。最后，由于尼龙机架过于轻薄，其抗风能力相比其他机架较弱。图 2.10 所示为使用 F450 尼龙机架组装的无人机。

图 2.10　使用 F450 尼龙机架组装的无人机

2. 碳纤维机架

碳纤维是目前高性能无人机的首选材料，具有出色的强度和刚度，同时质量轻，使得碳纤维机架具有优异的强度质量比，能够提高无人机的飞行性能。并且碳纤维具有良好的抗腐蚀性能，能够在恶劣环境下保持稳定，延长机架的使用寿命。

当然，碳纤维机架也并非没有缺点。碳纤维的制造成本较高，从而导致碳纤维机架的价格较高，不适合预算有限的用户。虽然碳纤维具有高强度，但在受到严重撞击时，还是会发生断裂，可能需要更频繁地维修或更换，相比其他机架维护成本更高。图 2.11 所示为 ZD550 碳纤维机架。

图 2.11　ZD550 碳纤维机架

3．3D 打印机架

随着近年来 3D 打印技术（见图 2.12）的快速发展，3D 打印机架凭借其高定制性、轻便性逐渐成为部分特殊无人机设计者的选择。使用 3D 打印技术，可以突破传统的市场公模机架的局限性，设计出不同形状、适用不同功能的机架。与传统尼龙机架相比，3D 打印机架通过 3D 打印机即可实现，免去了模具制造费用，降低了设计与制造的时间成本。

3D 打印材料通常采用 PLA、PETG、ABS、TPU 等热塑塑料以及树脂材料制成。这些材料定制性高，允许设计者根据特定的需求和参数来打印机架，从而实现高度的定制化，并且较为轻便，有助于减轻无人机的整体质量，提高飞行效率。凭借 3D 打印的快速制作功能，设计师可以快速打印出原型机架，进行测试和修改，加速产品从设计到实际应用的过程；在测试过程中可以及时对不足的方面进行修改，快速迭代。3D 打印机架常在高校或部分企业对新型无人机的原型机进行测试时使用。

3D 打印机架的缺点也显而易见，由于需要对其进行设计，因此要求设计者了解 3D 打印技术、材料力学、工程力学等方面的知识，学习成本极高，不推荐普通爱好者尝试。

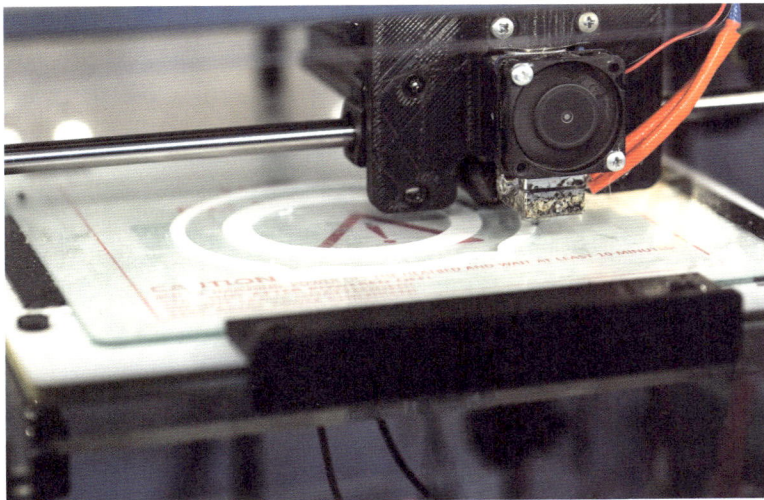

图 2.12　3D 打印技术

2.2.2　机架的作用及要求

无人机的机架是整架无人机的核心结构组件，用于实现多项关键功能，其主要作用如下。

① 提供安装接口：机架是无人机上各种组件和部件（如电机、螺旋桨、飞控、电池等）的安装平台。通过机架上的安装接口，这些组件可以被牢固地安装在无人机上，确保它们

的稳固性和安全性。

② 提供坚固的平台：机架的主要作用之一是提供坚固的飞行平台，以支撑和承载整个无人机的质量。它需要具有足够的结构强度和刚性，以确保无人机在飞行中不会发生结构变形或破损。

③ 提供电源和信号线路管理：机架需要为无人机内部的电源和信号线路提供合适的管理和布局。良好的线路管理可以降低电路故障的风险，提高无人机的可靠性和稳定性。

④ 支持载荷携带能力：机架需要能够支撑和携带各种载荷，如相机、传感器、货物等。因此，机架的结构和材料必须足够稳固和可靠，以确保在携带载荷时不会发生结构损坏或失效。

为提供上述的功能，一款好的机架在设计研发阶段就应该针对以下要求进行特殊设计。

① 轻量化设计：为了确保无人机的飞行性能和续航能力，机架的质量需要保持在一个较低的水平。所以在设计和制造机架时往往采用轻量化材料，并尽可能减少不必要的结构增重，以降低整个无人机的总质量。

② 空气动力学设计：需要基于空气动力学设计机架，以确保在飞行中产生的气流不会对无人机的稳定性和控制性产生负面影响。优秀的空气动力学设计可以降低风阻，提高飞行效率。

③ 易于维护和维修：机架应易于维护和维修，因为在无人机的使用过程中，机架可能会遭受撞击或损坏，需要及时进行修复或更换。因此，机架的设计应尽量简单，易于拆卸和更换损坏部件。

④ 支持定制和改装：机架通常设计为模块化结构，可以根据用户的需求进行定制和改装。例如，用户可以根据需要更换不同尺寸的机架臂、调整安装位置，甚至进行机架的升级和改造，以满足不同应用场景的飞行需求。

2.2.3　机架尺寸

机架尺寸是无人机机架选择时的重要因素，由无人机所需要完成的任务决定。假设需要组装一台能够搭载相机云台进行航拍的无人机，就需要考虑搭载的相机云台尺寸是多大，在选择机架时，机架的要足够搭载这个云台。许多无人机比赛在参赛规则中会对无人机的尺寸做出限制，若制作的无人机不符合尺寸要求则会被取消参赛资格。

机架尺寸大小一般通过无人机的轴距大小判断，无人机的轴距是指对称的两个电机轴心之间的距离，如图 2.13 所示，该款无人机对角线上电机轴心之间的距离为 225mm，因此其轴距大小为 225mm。

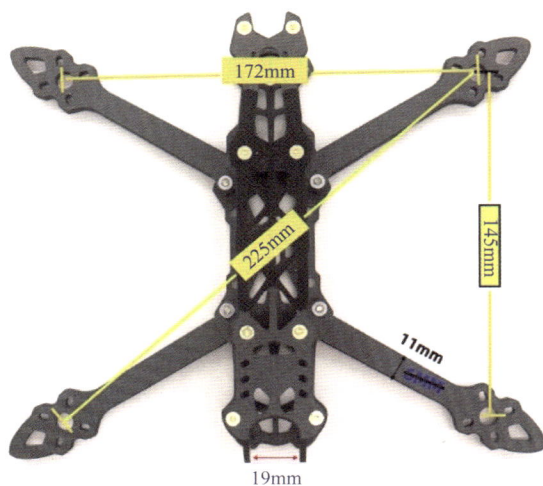

图 2.13　225mm 轴距穿越机

无人机轴距大小决定了螺旋桨的尺寸上限，从而决定了螺旋桨所能产生的最大升力，直接影响无人机的载重能力。螺旋桨尺寸与无人机轴距之间的关系如图 2.14 所示。

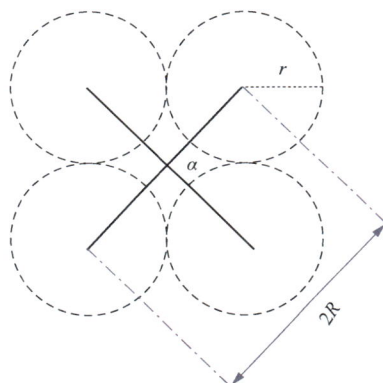

图 2.14　螺旋桨尺寸与轴距关系

螺旋桨尺寸与无人机轴距关系符合式（2.1）与式（2.2），其中轴距为 $2R$，螺旋桨半径为 r，轴臂个数为 n，两相邻轴臂夹角为 α。

$$r_{\max} = R\sin\frac{\alpha}{2} \tag{2.1}$$

$$\alpha = \frac{2\pi}{n} \tag{2.2}$$

由于本书讨论的是四旋翼无人机，$n=4$，可得 $\alpha=90°$。但这种计算方式得出的螺旋桨尺寸为理论最大值，实际上由于机架上/下板会搭载飞控或 GNSS 模块，或是上/下板侵占了螺旋桨旋转区域。

理论上这款穿越机机架可搭载 6 寸（本书中的单位"寸"指英寸，1 英寸≈2.54cm）螺旋桨，但实际上建议最大搭载 5 寸螺旋桨。当购买机架时，商品详情页通常会提供该机架适配的桨叶尺寸大小，也可向卖家询问机架推荐配置。

2.2.4 机架的选购建议

1. 明确任务需求

在选购无人机机架前，首先应该明确当前的任务目标需求。如果想进行 FPV（First Person View，第一人称视角）竞速飞行，那么应该选择穿越机机架，低预算读者可在购物网站搜索"空心杯"或 3 寸机架，进阶读者可选择 5 寸机架或 6 寸机架。

若想参加电子设计大赛等比赛，赛事官方通常会指定参加比赛的机架，例如 F330。而在进行航空摄影、地图测绘等工作时，最好选择机架轴距在 400mm、500mm 以上的机型。

2. 预算需求导向

对预算紧张的初学者来说，选择尼龙机架，能在一定程度上降低组装成本，在后期无人机维护保养方面也能尽可能减少支出，可选 F330、F450 等。若是对机体强度有较高要求，且预算较为宽裕，可以选择碳纤维机架。

2.3 飞控系统

本节所要讲解的无人机飞行控制（简称飞控）系统，就是无人机的大脑。接下来，本节将介绍什么是飞控、飞控的作用，以及应该如何挑选合适的飞控。

2.3.1 飞控简介

飞控是无人机的核心组成部分之一，用来控制无人机。但飞控并非只能控制无人机，高级的飞控通过刷写不同的固件、使用不同的地面站，可以实现对多旋翼无人机、直升机、固定翼无人机、遥控车、无人船等进行控制。飞控按照功能划分，可以分为导航子系统和飞控子系统两部分。

1. 导航子系统

在无人机飞行的过程中，需要知道当前飞机所处的位置信息、高度信息、速度信息以及飞行姿态信息等，根据获取的信息引导无人机沿指定航线安全、准时、准确地飞行。此过程类似于使用地图导航软件从一个地点导航到另一个地点，需要了解当前位置和目标位置，并由软件计算出两点之间的最佳路线。

位置信息和速度信息通常通过全球导航卫星系统（Global Navigation Satellite System，GNSS）模块获取，包括常用的全球定位系统（Global Positioning System，GPS）、北斗卫星导航系统和 GLONASS 卫星导航系统。GNSS 模块提供当前的经/纬度，结合惯性测量单元（Inertial Measurement Unit，IMU）数据，通过多传感器融合算法（如卡尔曼滤波器）计算出无人机的准确位置和速度信息。

高度与飞行姿态信息则是通过飞控自带的一系列传感器（如磁罗盘、高度计、气压计、IMU）获取，其中高度信息通常根据高度计、气压计及 GNSS 模块提供的信息共同计算得出，IMU 则用来获取无人机实时的飞行姿态变化。

常用的 IMU 为 6 轴 IMU 和 9 轴 IMU，其中 6 轴 IMU 包括陀螺仪和加速度计，9 轴 IMU 则在 6 轴 IMU 的基础上多了一个磁力计。

2．飞控子系统

飞控子系统是无人机完成起飞、空中飞行、执行任务、返航回收等整个飞行过程的核心系统，对无人机实现全权控制与管理。飞控有微型处理器，该处理器可以根据导航子系统获取的飞行姿态信息计算出当前的无人机飞行姿态，以维持无人机的姿态稳定。当接收到遥控器的控制信号后，飞控子系统通过与导航子系统协调完成航迹控制。

飞控子系统还需要与连接在飞控上的其他设备（如电流计、图传模块、数据传输模块、接收机等）进行通信。在安装飞控时，需要尽可能保证飞控外壳上印刷的箭头方向与无人机的机头朝向一致，若由于空间布局限制无法保持一致，则需要后期在地面站软件（简称地面站）中进行相应设置。

2.3.2　飞控的作用

飞控的作用如下。

① 姿态稳定与控制：多种传感器将飞行器本身的姿态数据传至飞控，再由飞控通过运算和判断下达指令，由执行机构完成动作和飞行姿态调整。

② 导航与制导控制：飞控向无人机提供相对于所选定的参考坐标系的位置、速度、飞行姿态，引导无人机沿指定航线安全、准时、准确地飞行。

③ 遥控器通信和指令执行：接收遥控器发出的指令，解码并执行相应的飞行动作，包括起飞、降落、悬停、转向等。

④ 失控保护和安全控制：监测飞行器的状态和环境条件，实时检测是否发生失控或危险情况，并采取相应的措施以确保飞行器和周围环境的安全。

⑤ 飞行模式切换和任务执行：支持切换不同的飞行模式（如手动模式、自动模式、定点悬停模式等），并根据任务要求执行相应的飞行任务。

2.3.3 飞控的种类

飞控可以根据其开发和使用模式分为两大类：开源飞控（Open-source Flight Controller）和商品飞控（Commercial Flight Controller）。下面分别介绍这两种飞控的特点和应用。

1. 开源飞控

开源飞控是指其硬件设计、源代码和文档向公众开放的飞控，任何人都可以对之进行查看、修改和分发。这类系统通常由社区驱动，包含开源软件和开源硬件，其中开源硬件是指开放硬件设计功能，可以在其基础上自行设计飞控，当然也可以购买已经设计好的成品飞控。而开源软件则包含飞控固件和地面站，两者均可在开源社区中下载。主流的开源飞控有 PX4、APM 和 BetaFlight 等。开放性使得开源飞控具有高度的灵活性和可定制性，可以根据用户的需求进行定制和扩展。开源飞控的优点包括如下 5 个方面。

① 社区支持：开源飞控背后通常有活跃的开发者和用户社区，可以提供技术支持和改进建议。

② 可定制性：用户可以根据个人特殊需求修改源代码，实现特定的功能或优化。

③ 成本效益：开源飞控免费，对预算有限的项目或个人开发者来说，这是一个很大的优势。

④ 透明度：源代码的开放使得用户可以完全了解系统的工作原理，有助于提高系统的安全性和可靠性。

⑤ 创新和快速迭代：开源社区的协作可以加速新技术的开发和集成。

典型的开源飞控有 PX4、APM、BetaFlight 等。

（1）PX4

PX4 Autopilot 简称 PX4，是业内领先的开源飞控，如图 2.15 所示。PX4 的前身是 ArduPilot Mega，即 APM 飞控。PX4 提供各种接口和外部的高性能计算单元通信，是便于进行二次开发的高性能飞控平台。PX4 是开源飞控软件，而 Pixhawk 是开源硬件，Pixhawk 硬件飞控板可以使用 PX4 以及配套的 QGC 地面站工具进行调试，主要特点如下。

① 模块化架构：PX4 的模块化设计允许开发者轻松添加新功能或集成新的硬件。

② 多平台支持：支持多种无人机类型，包括四旋翼、六旋翼、固定翼和垂直起降（Vertical Takeoff and Landing，VTOL）无人机。

③ QGC：配套的地面站软件，提供飞行规划、参数调整、数据分析等功能。

④ 机器人操作系统（Robot Operating System，ROS）集成：PX4 可以与 ROS 集成，为研究和开发提供强大的 ROS 接口。

图 2.15　PX4 飞控

（2）APM

APM 是 ArduPilot 项目的一部分，APM 2.8 飞控如图 2.16 所示，ArduPilot 是最早的开源飞控软件之一。APM 由 DIY 无人机社区推动发展，是当今最为成熟的开源硬件项目之一。APM 是该系列中的高性能飞控板，专为大型多旋翼无人机设计。此外，APM 还提供了一个十分强大的地面站——Mission Planner。

图 2.16　APM 2.8 飞控

APM 飞控比 PX4 飞控出现得更早，具有更加完善的社区生态。但如今 PX4 飞控凭借更高的性能以及日益完善的社区生态，正在逐渐取代 APM，成为更多飞友们首选的飞控。

APM 飞控的主要特点如下。

① 稳定性：APM 以其稳定的飞行控制算法和广泛的硬件兼容性而受到全球无人机爱好者的推崇。

② 易用性：APM 提供直观的配置界面，使得用户可以轻松设置和调整飞控参数。

③ 广泛的社区支持：ArduPilot 拥有一个活跃的社区，用户可以在社区中找到大量的教程、讨论和支持。

④ Mission Planner：APM 配套的地面站软件，支持飞行任务规划、参数调整和实时监控等。

（3）BetaFlight

BetaFlight 是一个相对较新的开源飞控，专注于竞速无人机和自由飞行领域，BetaFlight F4 飞控如图 2.17 所示。BetaFlight 以其高性能和体积小巧受到许多航模与穿越机爱好者的喜爱，可以轻松搭载在小尺寸的"空心杯"和 3～6 寸的穿越机上。但由于其体积较小，无法搭载 GNSS 模块，通常不搭载于大型的多旋翼无人机上。官方为其推出的无人机地面站也叫 BetaFlight。

图 2.17　BetaFlight F4 飞控

BetaFlight 的主要特点如下。

① 高性能：BetaFlight 专为需要快速响应的飞行场景（如竞速和自由飞行）设计，提供精确的控制和低延迟的飞行体验。

② 易用性：BetaFlight 的图形化配置界面直观易用，即使是新手也能快速上手。它提供了一键校准功能，简化了飞控的设置过程。

③ 强大的调参功能：BetaFlight 内置多种调参工具和实时日志分析功能，可帮助飞手

优化飞行性能和调整飞行行为。

④ 实时监控：BetaFlight 支持实时监控飞行数据，如电池电压、电机转速、温度等，可帮助飞手在飞行中做出及时的调整。

⑤ 社区支持：BetaFlight 社区活跃，用户可以在社区中找到最新的固件更新、调参指南和飞行技巧。

2. 商品飞控

商品飞控是由商业公司生产和销售的闭源产品，其硬件设计和软件代码通常不对外公开，用户无法访问或修改其源代码。这种商业化的飞控产品通常具有成熟的设计和稳定的性能，并且即插即用，方便用户快速上手，无须深入软件编程或硬件配置。

此外，商品飞控通常提供完善的售后服务和技术支持，用户可以获得及时的帮助和解决方案，适用于广泛的用户群体。但是，相对开源飞控来说，商品飞控的定制性和可扩展性较低，用户往往无法对其硬件和软件进行修改和定制。而且，商品飞控的价格通常较高，不适合预算有限的用户或 DIY 爱好者。下面将以大疆 A3 飞控为例，对商品飞控进行讲解。

大疆 A3 飞控是大疆创新继 A2 后推出的一款高性能飞行控制器，专为工业级应用和专业航拍设计。采用全新的工业系统解决方案，集成厘米级精度的 D-RTK GNSS 模块且支持 DJI GO，以满足商业无人机操作的需求。A3 飞控提供了精确的控制和多种智能功能，使得飞行更加安全和高效。

大疆 A3 飞控功能特点如下。

① 先进的三余度系统：A3 Pro 飞控（A3 可通过两套 IMU 和 GNSS 模块升级至 A3 Pro）配备 3 套 IMU 和 GNSS 模块，配合软件解析余度实现 6 路冗余导航系统。在飞行中，系统通过先进的软件诊断算法对 3 套 GNSS 和 IMU 数据进行实时监控，当导航系统中的传感器出现异常时，系统立即切换至另一套传感器，以保障可靠稳定的飞行表现。

② 控制精准，容错性强：A3 系列飞控采用全面优化的姿态解析以及多传感器融合算法，精准可靠。系统具备强大的适应性，可在不同类型的飞行器上实现参数免调。当六旋翼或八旋翼飞行器出现动力故障时，容错控制系统可以让飞行器自动稳定飞行姿态，保障飞行安全。

③ 工业系统解决方案：A3 系列飞控集成 D-RTK GNSS 模块、智能电调、智能电池和 Lightbridge 2 高清图传等工业级配件，为用户提供全面的飞行解决方案。

④ 全面兼容 DJI SDK：A3 系列飞控配备控制器局域网总线（Controller Area Network，CAN）、应用程序接口（Application Program Interface，API）等丰富的硬件接口，可连接第三方传感器或其他设备，全面兼容 DJI 软件开发工具包（Software Development Kit，SDK），为开发者提供了强大的开发平台，便于开发定制化的无人机应用。

⑤ 全新的调参软件：全新的 DJI Assistant 2 界面简洁、功能强大，为用户提供丰富的定制选项，适应不同的飞行任务。内置 3D 模拟器让用户足不出户即可安全地进行飞行练习。大疆 A3 飞控对地面站进行了全面优化，不但可以触屏操作，还支持脱机航线规划、多机航线执行，以及多机编队飞行等。

大疆 A3 飞控适用于多种商业应用场景，包括但不限于以下领域。

① 专业航拍：在专业航拍领域，摄影师和视频制作人员依赖精确的飞行控制来获得稳定的空中镜头和复杂的拍摄角度。A3 飞控的精准悬停和平滑的飞行路径规划使得创作出电影级别的航拍镜头成为可能。

② 工业检查：在对电力线路、风力发电机、石油化工厂、桥梁和高层建筑的检查中，通过集成的 D-RTK GNSS 模块，A3 飞控能够提供厘米级的定位精度，这对于精确的检查和维护工作至关重要。此外，智能电调和智能电池的使用进一步提高了飞行任务的执行效率并增强了安全性，确保检查工作的连续性和数据的准确性。

③ 农业监测：在农业中，A3 飞控通过精确的飞行控制，使无人机可以按照预设的航线进行作物健康监测、灌溉管理和病虫害防治等。A3 飞控的高效能源管理系统和智能电池技术使无人机能够进行较长时间的飞行，覆盖更广泛的农田区域。此外，通过集成的 Lightbridge 2 高清图传系统，飞手可以实时获取农田的高清图像和数据，及时做出管理决策。

④ 搜索与救援：在紧急情况下，如自然灾害或失踪人员搜救，A3 飞控的高性能传感器和先进的算法使无人机能够在复杂的地形和环境中进行快速搜索。集成的智能飞行模式（如自动返航和定点悬停）可确保在搜索过程中的飞行安全。

3. 飞控选择

下面提供一些飞控选购建议以供读者参考。

读者应先明确项目预算。虽然商品飞控集成化程度高，操作简单并且具有完善的售后，上手较容易，对于零基础的初学者更加友好，但其高昂的售价并不是所有用户都能承担的。以大疆 A3 飞控为例，一套飞控售价已接近使用开源飞控组装的整台无人机的成本，因此仅推荐预算充足并且不需要自行更改功能的用户选择商品飞控。本书接下来的内容以及组装教程都将基于开源飞控进行讲解。

基于开源飞控，若需要组装竞速穿越机，推荐选择 BetaFlight 飞控，该飞控体积小巧，更适合穿越机的机体。而对于需要组装四旋翼无人机的用户，推荐选择 PX4 与 APM 飞控，这两款都是市面上比较成熟的飞控。相较而言，本书更推荐 PX4 飞控，因为 PX4 飞控推出时间更晚，因此具有较多新特性，且性能更强。若预算较低可以选择 Pixhawk 飞控，预算稍高的可以选择雷迅飞控，本书将基于 PX4 飞控以及 QGC 地面站进行讲解。

2.4　飞控辅助设备

开源飞控相比商品飞控提供了更多接口，便于连接额外的辅助设备，例如 GNSS 模块、光流传感器、超声波传感器、电流计、图像传输模块、数据传输模块，以及蜂鸣器等。在实际组装无人机时，飞控还需要连接上述辅助设备，以增加无人机的功能和性能。

2.4.1　GNSS 模块

GNSS 模块是一种高精度的定位设备，能接收来自全球卫星导航系统的信号，为无人机提供空中的实时位置，是无人机飞行必不可少的设备。部分飞控起飞前检测到缺少 GNSS 模块会禁止无人机起飞，因此该模块是无人机组装的必选项。目前，全球主要的卫星导航系统如下。

① GPS（美国）：GPS 是世界上第一个卫星导航系统。它由 31 颗在轨卫星组成，支持 L1、L2 和 L5 频段。GPS 还在不断升级，以提供更精确的定位服务。

② 北斗（中国）：北斗卫星导航系统简称北斗。它有 60 颗卫星（北斗二号 16 颗，北斗三号 44 颗）在轨运行，提供全球定位服务。北斗具有高轨卫星数量较多、抗遮挡能力强、多频信号等特点。

③ GLONASS（俄罗斯）：GLONASS 是俄罗斯研发的全球卫星导航系统。它有 27 颗卫星在轨运行，支持 L1、L2 和 L3 频段。

④ GALILEO 系统（欧盟）：GALILEO 系统是由欧盟研制的卫星导航系统，有 28 颗在轨卫星运行。它使用 E1、E5a、E5b、E6 频段进行数据传输，提供高质量的开放服务，还为遇险用户提供回传链路。

GNSS 模块的工作原理是通过内置的天线接收来自太空中的卫星的信号，信号中包含卫星的位置信息和当前的时间信息。模块内部的处理器通过计算至少 4 颗卫星的信号，利用三角测量定位的原理，计算出无人机的经/纬度和高度信息。

卫星发出的信号可确定一个球面，两颗卫星发出的信号可以确定一个圆的平面，但是这个圆的平面上有无数的点。此时需要引入第三颗卫星，这颗卫星发出的信号与前两颗信号所相交的平面再次相交，可以把无人机的位置确定在相交到的两个点上。至于这两个点中哪个是无人机的位置，只需要再引入一颗卫星或使用地球作为一个圆的平面即可确定。图 2.18 所示为导航卫星定位工作原理，此处将卫星信号简化为二维平面的圆形，使用 3 颗卫星即可定位。

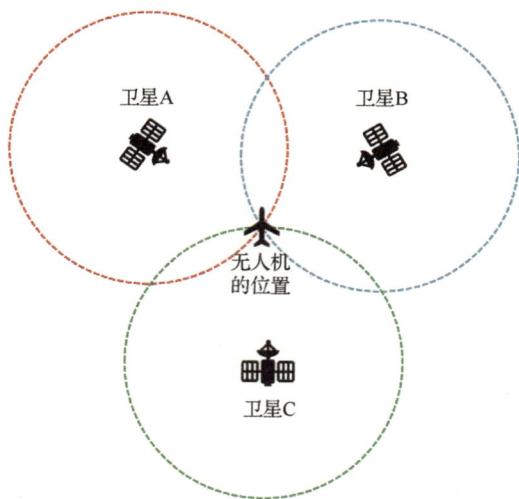

图 2.18　导航卫星定位工作原理

在无人机起飞前，需检查 GNSS 模块是否已搜索到足够的卫星信号。卫星数量越多，无人机的定位精度越高。若卫星信号不足，无人机无法进入自动模式，或无法启用位置模式，导致操作困难。

为解决上述问题，建议在手动模式下完成无人机起飞后，将其升高到超出周围障碍物并等待一段时间，以便搜索更多卫星信号并获取初始起飞位置作为返航点。如果在获取返航点过程中存在偏差，无人机自动返航时降落的地点可能会偏离实际位置。

为了进一步提高定位精度，部分高级 GNSS 模块支持连接多种卫星定位网络，如北斗、GPS 等。这些模块能显著加快搜星速度，增加连接卫星的数量，从而提高整体定位精度和可靠性。图 2.19 所示的雷迅 NEO 3 导航模块便支持上述 4 个导航定位系统。

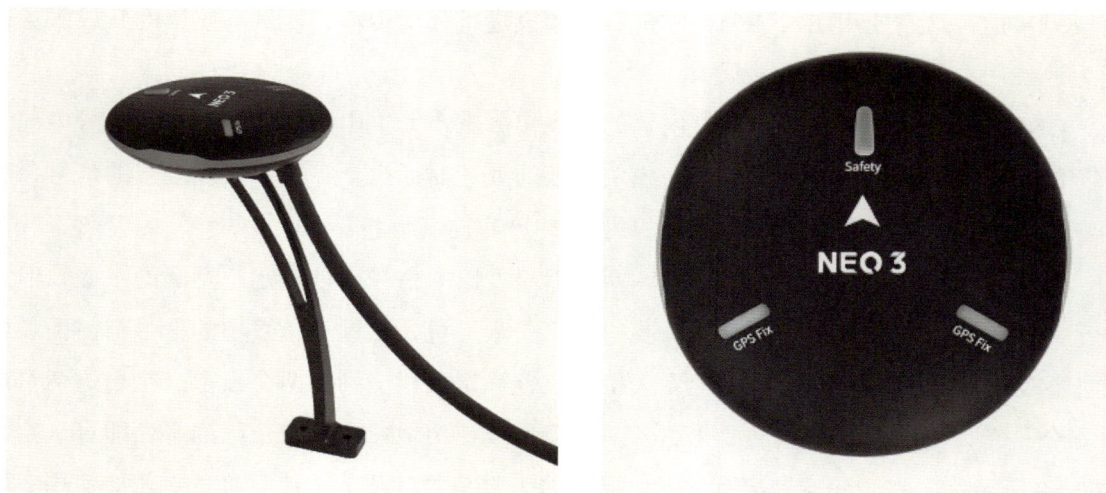

图 2.19　雷迅 NEO 3 导航模块

安装 GNSS 模块时，需确保其上方没有遮挡物，最好将该模块置于无人机最上方。为了防止无人机飞行过程中电机产生的电磁干扰对卫星信号造成影响，可以使用模块支架将导航模块支撑起来。此外，雷迅 NEO 3 导航模块上方有一个白色箭头，该箭头应与飞控箭头方向保持一致，建议两者都指向无人机的机头方向。

2.4.2　光流传感器

光流传感器是一种利用光学原理来检测物体运动的传感器，通过分析连续图像帧之间的变化来计算物体的速度和方向，通常由一个或多个摄像头组成。摄像头用于捕获连续的地面图像，光流传感器通过内部算法处理这些图像，提取运动信息。这些信息随后被用于调整无人机的姿态，以保持稳定的飞行姿态。

光流传感器的工作原理是通过摄像头捕捉地面图像的变化，当无人机相对于地面移动时，传感器捕获的图像中的地面物体会产生像素位移，传感器通过计算这些像素位移的大小和方向，推算出无人机的移动速度和航向。

目前，几乎所有的无人机都依靠导航卫星提供位置信息。然而在室内、高大建筑物之间以及较大的树林中飞行时，由于上方存在遮挡，无人机可能无法搜索到足够的导航卫星，此时 GNSS 模块便无法提供准确的位置信息。光流传感器可用于在室内或 GPS 信号受到干扰的环境中导航，提供精确的相对运动信息，帮助无人机实现定位、定高和稳定飞行。特别是在 GPS 信号不可用的情况下，光流传感器可以作为辅助定位系统，提高无人机的自主飞行能力。此外，光流传感器还可以与 GNSS 模块和其他传感器数据结合，通过光流传感器获得的信息，对 GNSS 模块进行误差修正，从而提高无人机在各种环境下的飞行性能和安全性。

尽管光流传感器在许多应用环境中表现出色，但也存在一些局限性和不足之处，在特定情况下可能会导致无人机性能下降或工作受到影响。例如，当无人机进行俯/仰动作时，光流测量可能会产生错误，因为传感器无法正确区分由旋转引起的位置变化和实际运动。

此外，光流传感器依靠摄像头进行数据采集，因此对光照变化非常敏感。在强光照射下的室外环境，或者在光照剧烈变化的情况下（如从明亮的室外进入阴暗的室内），光流算法可能难以准确捕捉像素位移，从而导致定位和速度估计不准确。

为了克服这些不足，研究人员和工程师通常会采取多种策略，如使用多种传感器，将光流传感器与激光测距仪、超声波传感器数据结合分析进行定位。图 2.20 所示为微空科技研制的一款与激光测距仪结合的光流测距一体传感器。

激光测距仪

光流传感器

图 2.20　光流测距一体传感器

2.4.3　超声波传感器

超声波传感器是一种利用超声波进行距离测量的传感器，通过发射超声波信号并接收其反射回来的回波来工作，如图 2.21 所示。这种传感器通常包含一个发射器和一个接收器，发射器负责发出超声波脉冲，而接收器负责捕捉反射回来的回波。通过计算超声波往返的时间，超声波传感器可以确定物体与其之间的距离。

图 2.21　超声波传感器

超声波传感器的工作原理是由传感器发射一系列超声波脉冲，这些声波以一定的频率传播，并且在遇到障碍物时被反射回来，传感器的接收器捕捉到这些回波，并通过传感器内部的电路测量超声波从发射到反射回来的时间。由于超声波在空气中的传播速度是已知的，传感器可以通过这个时间计算出距离。计算得到的距离数据随后被转换成电信号，可以被无人机的飞控读取和处理。

超声波传感器最主要的作用就是测量无人机距离地面的高度，它不依赖光源，即使在光线较暗的环境中也能够正常工作，弥补了光流传感器的不足，从而大大提高了无人机在低光照条件下的飞行安全性。但超声波传感器逐渐被精度更高的激光测距仪所取代，超声波传感器目前常使用于工作环境中有大量玻璃等不利于激光反射的场景，或者用于成本较低的无人机中。

2.4.4　电流计

电流计是一种用于实时监测和记录无人机电池电流情况的仪器，如图 2.22 所示，对于确保无人机安全飞行和电池管理至关重要。它通过串联在电池和无人机电机之间的电路中，利用霍尔效应传感器检测通过导线的电流大小，传感器输出的电压与通过的电流成正比，电流计内部的微处理器将这个电压信号转换为电流信号，并将其显示出来或者传输给飞控。

图 2.22　电流计

与大疆无人机类似的民用小型无人机采用一体化智能电池设计，如图 2.23 所示，一体化智能电池的接口同时具备为无人机传输电力和与之通信的功能，电流计已经集成在智能电池当中。而个人 DIY 的无人机所采用的航模电池如图 2.24 所示，供电线与信号线各有独立的接口，因此需要使用电流计才能将电池当前的电压与输出电流数据传输给飞控，从而计算剩余飞行时间等。

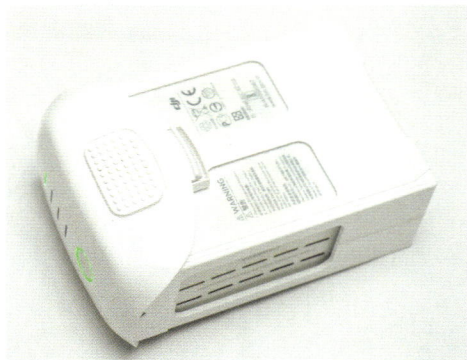

图 2.23　一体化智能电池

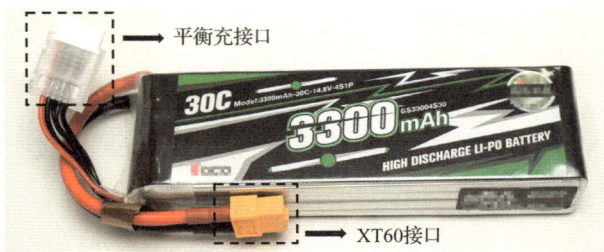

图 2.24　航模电池

　　电流计的主要特点是它具备实时性和准确性，不仅能够记录瞬时电流值，还可以记录电流的历史数据，便于飞手了解无人机飞行过程中的能耗情况，并根据剩余电量判断是否能够继续飞行。此外，一些高级电流计具备电流阈值设置功能，当电流超过或低于预设值时，能够发出警报，从而提高飞行的安全性。

　　然而，电流计也存在一些不足之处。例如，电流计可能受到电磁干扰的影响，导致读数不准确。因此，在无人机起飞前进行电流计校准是十分必要的。此外，电流计的安装和校准需要一定的技术知识，如果安装不当或校准不良，可能会影响其性能。为了克服这些不足，可选择具有良好屏蔽性能和高精度的电流计，并确保正确安装和定期校准，以确保无人机在飞行过程中的电流监测准确可靠。

第**3**章
动力系统与遥控系统

3.1 电机与电调

本节介绍无人机动力系统。无人机动力系统是为无人机提供飞行所需动力的一整套系统，主要包括电机、电调、螺旋桨和电池 4 个部分。本节首先对无人机的电机与电调进行详细讲解。目前无人机所使用的电机主要分为有刷电机和无刷电机两种类型。

3.1.1 有刷电机

有刷电机是一种较为传统的电机，特点是在电机的转子和定子之间使用碳刷和换向器进行电流的换向。这种电机设计相对简单，成本较低，因此在一些入门级无人机和遥控玩具中较为常见，如图 3.1 所示。有玩过迷你四驱车的读者对有刷电机应该较为熟悉，一般迷你四驱车上的电机属于有刷电机。

图 3.1　有刷电机

在无人机领域中，有刷电机通常只用在迷你型穿越机或者塑料玩具无人机中，在进阶无人机领域中多采用无刷电机作为动力源。这是因为有刷电机存在如下许多缺点。

① 效率较低：有刷电机中的碳刷和换向器在工作时会产生摩擦，导致能量损失，降低电机的效率。

② 维护成本高：有刷电机的碳刷会随着使用而磨损，需要定期更换。这不仅增加了维护的工作量，也增加了使用成本。

③ 噪声和振动：碳刷与换向器的接触会在电机运行时产生噪声和振动，不仅影响用户体验，还可能对无人机的稳定性和精确性造成影响。

④ 寿命较短：由于碳刷和换向器的磨损，有刷电机的使用寿命通常比无刷电机短。在需要长时间稳定运行的任务中，该缺点更为明显。

⑤ 热量管理问题：有刷电机在工作时产生的热量需要有效管理，否则可能导致电机过热，影响性能和寿命。

⑥ 性能限制：有刷电机在转速和扭矩上通常不如无刷电机。对于需要高性能和高负载能力的无人机，有刷电机可能无法满足要求。

⑦ 环境适应性：有刷电机由于装有碳刷和换向器，对沙尘、潮湿等环境的适应性较差。无刷电机采用封闭的结构，对环境的适应性更强。

3.1.2　无刷电机

1．无刷电机简介

无刷电机是一种高效率、长寿命的电机，广泛应用于各种现代设备中，包括无人机、电动汽车、家用电器和工业设备等，如图 3.2 所示。与传统的有刷电机相比，无刷电机在设计和工作原理上显著不同。因此对比有刷电机，无刷电机具有如下多种优点。

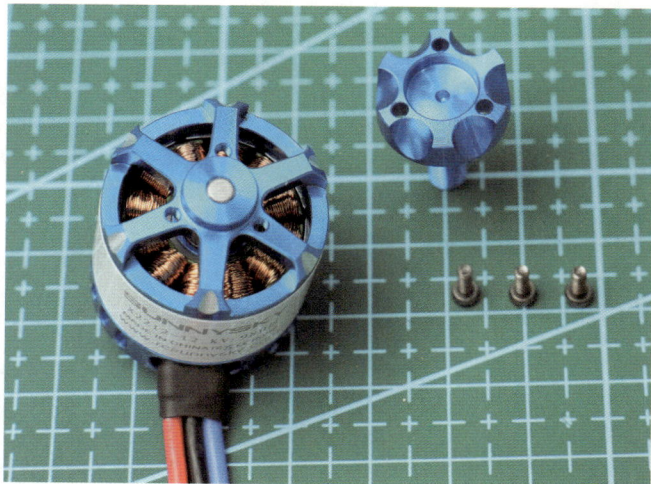

图 3.2　无刷电机

① 高效率：由于没有碳刷和换向器的物理接触，无刷电机在运行时产生的能量损失更少，因此比有刷电机更加高效。

② 更长的寿命：去除了碳刷这一易磨损的部件，无刷电机的使用寿命更长，几乎不需要维护。

③ 低噪声和不产生火花：无刷电机运行时几乎无噪声，由于没有碳刷与换向器的摩擦，也不会产生火花。

④ 更高的可靠性：无刷电机的结构简单，没有易损耗的碳刷，因此在苛刻的环境下也能保持较高的可靠性。

⑤ 更好的扭矩一致性：无刷电机能够提供更平稳的扭矩输出，在电机从低转速提升至高转速时，电机输出的扭矩基本保持一致。

⑥ 更大的速度范围：无刷电机可以在更大的速度范围内有效运行，且不会损失效率。

2．无刷电机工作原理

无刷电机的关键在于它去除了物理碳刷。在有刷电机中，碳刷用于物理接触换向器，以改变电流方向，从而维持电机的旋转。而无刷电机通过使用电调来控制电流的方向变化，从而避免了物理接触和相关的磨损问题。

无刷电机主要由两个部分组成：定子和转子，如图 3.3 所示。定子是电机当中的静止部分，由多个绕组（线圈）组成，这些绕组在电调的控制下交替通电，产生旋转磁场。而转子则是电机的旋转部分，通常包含一个或多个磁铁，这些磁铁在定子产生的旋转磁场作用下旋转。

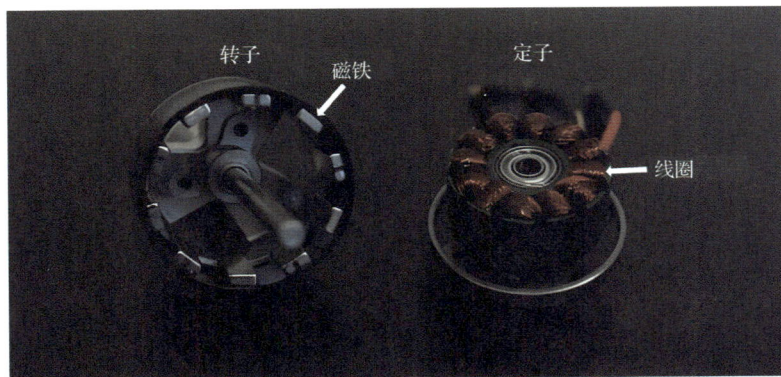

图 3.3　外转子电机

无刷电机具体的工作过程包括以下几个部分。

① 电调控制：无刷电机的工作由电调控制，电调接收来自无人机飞控的信号，并根据这些信号控制流经定子绕组的电流。

② 产生旋转磁场：当电流流经定子绕组时，会在每个绕组周围产生磁场，通过控制这些绕组的通电顺序，在定子内产生旋转磁场。

③ 磁场与磁铁的相互作用：转子上的磁铁受到定子产生的旋转磁场的作用，产生吸引力和排斥力，这些力促使转子跟随磁场旋转。

④ 调节转速和扭矩：通过改变通电绕组的频率，可以调节旋转磁场的速度，进而控制电机的转速。同时，调整流经绕组的电流大小可以控制电机产生的扭矩。

3. 外转子电机与内转子电机

图 3.3 所示为外转子电机，带磁铁的转子位于整个电机外壳。这种电机具有较大的扭矩，但转速较慢，适合驱动较大的螺旋桨，因此多旋翼无人机或固定翼无人机多采用这种电机作为动力源。另一类型为内转子电机，带磁铁的转子位于电机内部，而外壳内侧带有线圈，如图 3.4 所示。这种电机的扭矩较小，但转速较高，通常应用于遥控模型汽车等。

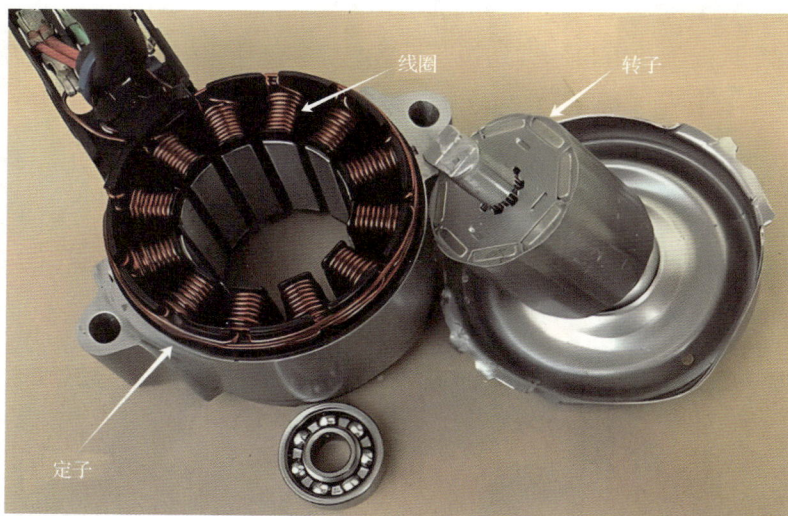

图 3.4　内转子电机

4. 无刷电机的基本参数

挑选无刷电机之前需要比较不同电机的参数，以选出性价比高或满足需求的型号。

电机的选购可以根据其基本参数确定，如尺寸（定子外径和定子高度）、KV 值、定子槽数、转子级数、工作电压、最大电流、最大拉力、最大功率和力效等进行选择。表 3.1 所示为朗宇电机 X4112S 电机的参数。

表 3.1　朗宇 X4112S 电机参数

项目	参数	项目	参数
电机型号	X4112S	最大电流	36A（30s）
定子外径	41mm	最大功率	900W

续表

项目	参数	项目	参数
定子高度	12mm	质量	168g
定子槽数	12	转子直径	47.5mm
转子极数	14	电机长度	33.5mm
KV 值	340	支持锂电池节数	6S
空载电流	0.5A	建议使用电调	50A
电机电阻	75mΩ	推荐螺旋桨型号	EOLO CN13*5、EOLO CN 15*5.5、EOLO CN 16*6

（1）尺寸

讨论无刷电机的尺寸时，通常指无刷电机的定子大小，而非电机外壳尺寸。这是因为无刷电机的性能（扭矩大小和效率等）与定子的大小直接相关。较大的定子尺寸通常意味着电机可以容纳更多的绕组或更大的磁铁，从而提供更高的功率输出和更好的性能。因此，定子尺寸是衡量电机性能的重要指标，能为制造商和消费者提供标准化的参考。相比之下，同样性能电机的转子或外壳尺寸可能因设计和制造过程而变化，不能作为可量化的标准，使用转子或外壳尺寸进行讨论容易引起误解。

电机的定子尺寸包括定子外径和定子高度，如图 3.5 所示。电机名称通常以定子尺寸命名，例如，朗宇 X4112S 电机中的数字 4112 指的就是电机定子的尺寸。其中，前两位数字代表的电机定子外径，单位是 mm；后两位数字代表电机的定子高度，单位也是 mm，即 X4112S 电机的定子外径为 41mm，高度为 12mm，和表 3.1 中的信息一致。通常情况下，定子尺寸越大，电机尺寸也越大，相应地能够提供更强的动力。

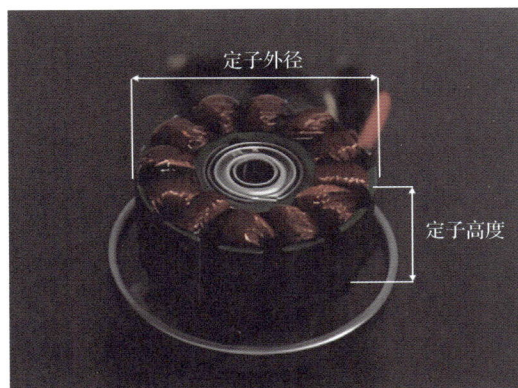

图 3.5　定子尺寸的定义

（2）KV 值

KV 值是能够直观表示一个电机性能或该款电机适配什么类型无人机的重要参数。电机 KV 值表示电机转速与电压之比，单位是 r/(min·V)。KV 值可表示电机的速度特性，即电机在未承担任何负载且供电电压为 1V 时的理论转速。

使用式（3.1）可以计算电机空载时不同电压下的转速，从而确定电机是否适合。然而，实际应用中的负载会影响电机的转速和性能，因此在选购时还需要考虑电机的扭矩、最大电流、效率等。

$$空载转速（r/min）=KV 值（r·min^{-1}·V^{-1}）×电源电压（V） \tag{3.1}$$

电机尺寸和 KV 值都会对电机性能产生影响，因此不同尺寸电机的 KV 值对比并无意义，通常只对同一尺寸电机的不同 KV 值进行比较。例如，朗宇 X4112S 电机在官网上显示有 3 款不同 KV 值的型号，分别是 KV340、KV400、KV450。

理论上，对于同一尺寸的电机，KV 值与转速成正比，与扭矩成反比。在相同电压下，KV 值较大的电机转速更快，但产生的扭矩较小，适用于较小的螺旋桨；而 KV 值较小的电机转速较慢，但产生的扭矩较大，适用于较大的螺旋桨。

但以上仅为理想情况下的状态，在实际使用过程中，高 KV 值的电机可以通过增大电流来驱动较大的螺旋桨，但功耗会提高，力效降低。若要组装对续航有一定要求的无人机，在选购电机时建议优先考虑 KV 值较小的电机。

（3）定子槽数与转子极数

电机由转子和定子组成。转子由转轴、钕铁硼磁铁组成，定子则由硅钢片、漆包线、轴承等构成。

大多数电机（包括朗宇 X4112S）采用 12N14P 构型。电机构型参数表明其定子上有多少个电磁线圈，以及转子上有多少个磁铁。字母 N 前面的数字代表定子上的电磁线圈数，称为定子槽数；字母 P 前面的数字代表转子上的磁铁数，称为转子极数。由于无刷电机是三相电机，磁铁南极、北极成对出现，因此电机槽数是 3 的倍数，电机极数是 2 的倍数。

一般而言，定子槽数越多，电机设计越精细，有助于提高效率和减少扭矩脉动，但同时，绕组制作和组装可能更复杂，成本也可能增加。转子极数影响电机的基本转速和扭矩，增加极数会降低电机转速，但能提供更大的起始扭矩。因此，转子极数高的电机适合低速、大扭矩的应用场景。

（4）工作电压

无刷电机的工作电压是指电机正常运行所需的电压。在选购电机时，电机厂家会给出对应的适合电压。例如在表 3.1 中，朗宇 X4112S 电机支持的锂电池节数为 6S，即使用 6S 航模电池供电。表 3.2 列出了该电机在 22.2V 与 25V 状态下的拉力表现。

表 3.2 朗宇 X4112S 电机拉力数据

螺旋桨型号	电压/V	电流/A	拉力/g	输入功率/W	力效/ (g·W⁻¹)	转速/ (r·min⁻¹)
EOLO CN13*5	22.2	2	500	44.4	11.26	3827
		5.3	1000	117.66	8.50	5272
		9.5	1500	210.9	7.11	6421
		12.5	1820	277.5	6.56	7062
	25	1.8	500	45	11.11	3830
		4.8	1000	120	8.33	5270
		8.6	1500	215	6.98	6420
		15.5	2260	387.5	5.83	7800
EOLO CN15*5.5	22.2	1.8	500	39.96	12.51	3061
		6.5	1250	144.3	8.66	4802
		13.1	2000	290.82	6.88	6063
		18.7	2570	415.14	6.19	6704
	25	1.6	500	40	12.50	3063
		5.7	1250	142.5	8.77	4803
		11.4	2000	285	7.02	6057
		23.1	3160	577.5	5.47	7395
EOLO CN16*6	22.2	4.4	1000	97.68	10.24	3376
		12.5	2000	277.5	7.21	4757
		23.9	3000	530.58	5.65	5823
		28.8	3420	639.36	5.35	6139
	25	3.9	1000	97.5	10.26	3370
		11	2000	275	7.27	4760
		21.2	3000	530	5.66	5827
		35.6	4100	890	4.61	6680

6S 航模电池在正常亏电情况下电压为 22.2V，满电电压为 25.2V，因此该电机适合的工作电压为 22.2～25.2V。在低于 22.2V 的情况下，电机也能够启动，但是其性能相比正常工作电压的情况更差。若电压高于 25.2V，电机会处于超负荷运作状态，在这种情况下电机有可能会过热，甚至烧毁。

（5）最大电流

无刷电机的最大电流是指电机在全油门工作中，单个无刷电机所需电流的最大值。最大电流决定了与电机配套的电调型号。电调是为无刷电机提供电流、控制无刷电机转速的装置。如果电调最大的输出电流小于电机最大的输入电流，无人机便无法正常工作。由表

3.1 可知，官方推荐使用 50A 电调，这可能并不是性价比最高的方案，读者可参考表 3.2 并根据实际情况进行选择。

在表 3.2 中，朗宇 X4112S 电机使用 EOLO CN13*5，即螺旋桨为 13 寸时，所需最大电流为 15.5A。单个电调为单个电机供电，而官方推荐使用 50A 电调。虽然 50A 电调远大于 15.5A 的实际所需电流，搭配该电机不会有问题，但会增大成本。因此在使用 13 寸螺旋桨时，建议使用 20A 电调，以节省成本。

同理，在使用 15 寸螺旋桨时，电机最大输入电流为 23.1A，此时不宜再使用 20A 电调，而应选择 25A 或 30A 电调。使用 16 寸螺旋桨时，电机所需最大输入电流为 35.6A，此时需更换为 40A 电调，或选择官方推荐的 50A 电调，以保证电调具有足够的冗余。

（6）最大拉力

电机的最大拉力指的是电机在最大功率下所能产生的拉力，这一参数直接决定了该电机是否适合作为无人机的动力源。多旋翼无人机的飞行依赖电机带动螺旋桨旋转，从而产生向上的升力。因此，选购电机时需确保所有电机产生的拉力能使无人机起飞。四旋翼无人机的飞行是本书讨论的重点，即 4 台电机产生的拉力必须大于无人机自身的重力。

然而在实际飞行过程中，四旋翼无人机的拉力需要分配到多个方面，包括做飞行动作和机动抗风。因此，选购无人机电机时需确保电机最大拉力留有冗余。电机最大拉力之和需与无人机自重成一定比例，这一比例称为推重比。推重比的计算公式如式（3.2）所示。

$$推重比 = \frac{电机最大拉力之和}{无人机自重} \tag{3.2}$$

所有四旋翼无人机推重比必须大于 1，即电机最大拉力之和大于无人机自重才能起飞。通常情况下多旋翼无人机推重比应为 1.6～2.5，推重比过低时动力冗余不足，难以保证无人机的飞行安全，而推重比过高则说明动力系统配置选型不合理，会造成动力的浪费。

一般情况下，电机最大拉力之和的一半等于无人机自重，即半油门情况下无人机可以起飞。此时使用了一半的拉力来保证无人机的上升和下降，剩余一半的拉力用于做飞行动作和抗风，这样能保证在电池电压稍降低后不至于升力不足而坠机。

以朗宇 X4112S 电机为例，在使用 15 寸螺旋桨时，单台电机满电最大拉力为 3160g，亏电最大拉力为 2570g，4 台电机拉力总和的一半为 6320g 或 5140g，即 6.32kg 或 5.14kg。因此，这款电机最适合的无人机质量应为 5～6kg。

（7）最大功率

最大功率是电机在短时间内可以安全运行而不会过热或损坏的最高功率输出。它通常以瓦特（W）为单位，是电机性能的一个关键指标。这个值并不代表电机可以持续在这个功率水平下运行，而是指在特定条件下，电机可以承受的最高负载。电机的功率可以通过式（3.3）计算。

$$功率（W）=电流（A）×电压（V）$$ （3.3）

此外，也可以直接从拉力数据表中获取该参数，通常厂商会将其列出。电机最大功率决定了无人机的性能，包括速度、加速度和爬升能力等，高功率电机能够提供更强的拉力。

需要特别关注的是，无人机悬停状态（即半油门状态）下的电机功率。在确定了无人机在悬停状态下的电机总功率后，可以据此计算无人机悬停时间。计算公式如式（3.4）所示。

$$悬停时间（min）=\frac{电池总能量（W·h）}{电机总功率（W）}×60=\frac{电池容量（A·h）}{电机电流（A）}×60$$ （3.4）

（8）力效

无刷电机的力效通常指的是电机将电能转换为机械能的效率，表示其拉力（或扭矩）与消耗功率之间的关系。在无刷电机的工作过程中，由于自身发热、电流经过电线所产生的损耗，以及不同的螺旋桨在不同转速下受到的空气阻力影响，电能在转化为动能的过程中会产生一定的损耗。

而力效这一指标，代表电机在当前工况下的能源利用率，既电机的能效比。无刷电机的力效可以通过电机拉力与电机当前功率进行计算，具体公式如式（3.5）所示。

$$力效（g/W）=\frac{电机拉力（g）}{电机当前功率（W）}$$ （3.5）

参考意义比较大的是当电机提供一半最大拉力时的力效，此时无人机为悬停状态。通过对比表 3.2 当中的数值可以看出，在电压同样为 25V 的情况下，朗宇 X4112S KV340 电机为 13 寸、15 寸、16 寸螺旋桨分别提供近似一半最大拉力时，力效分别为 8.33g/W、8.77g/W、7.27g/W，而其提供拉力的分别是 1000g、1250g、2000g。

因此，在需要电机提供 1000g 左右的拉力时，推荐使用 15 寸的螺旋桨，此时的力效会更高，电机更节能，续航时间会更长。而当需要电机提供 2000g 左右的拉力时，15 寸螺旋桨力效仅有 7.02g/W，此时更换 16 寸螺旋桨会提供更好的力效，延长续航时间。

从上述例子可知，无人机的动力系统配置并非一成不变，而是需要根据不同任务的需求动态变化，没有最好的配置，只有更适合的配置。

5. 无刷电机选购建议

无刷电机作为给整台无人机提供动力来源的部件，在很大程度上决定了一台无人机的性能和可靠性。在选购无刷电机时建议选择比较知名的品牌，如 T-Motor、JFRC、朗宇、银燕、致盈动力等。

T-Motor（老虎动力）以其高质量和可靠性著称，这种电机通常用于高性能要求的应用场合。然而，其高昂的价格往往令许多刚入门的组装新手望而却步。在规格相同的情况下，T-Motor 的价格通常比其他品牌高出两至三倍，因此仅推荐预算充足的用户选择。

JFRC（飓风电机）以高性价比著称，适用于预算有限但仍希望获得良好性能的消费者。虽然在耐用性上可能不足，但对于大多数中等负载的应用场合已经足够。

朗宇电机在无人机爱好者中广受欢迎，提供了各种型号的电机以满足不同的飞行需求。官方网站设计美观简洁，方便用户查询不同电机的参数。朗宇电机在提供强劲性能的同时，价格也较为亲民，因此特别推荐初学者使用。

银燕和致盈动力的知名度虽然不如上述品牌，但在竞速无人机领域中以产品稳定的性能、优秀的做工和合理的成本效益赢得用户好评，适合预算有限但需要可靠电机的用户。若要组装竞速无人机，银燕和致盈动力是值得考虑的选择。

在大致了解电机品牌后，可开始选择适合的电机。首先，需要预估整台无人机的质量，从而计算单台电机所需提供的拉力。其次，选择一个电机品牌，查看该品牌能够提供的满足需求电机的尺寸。在确定电机大致尺寸后，可在购物网站上搜索该尺寸的电机品牌，比较不同品牌电机在使用同一尺寸的螺旋桨并提供足够升力情况下的力效。对于较大型无人机，建议选择低 KV 值电机，配合大螺旋桨提供较高力效。最后，查看该电机的价格是否符合预期，如不符合，再挑选其他电机。

3.1.3　电调

电调是一种用于无人机、遥控车、遥控船，以及其他遥控电动设备的电子设备，主要功能是调节和控制电机的转速。对无人机来说，电调是连接电池、飞控、电机的中间设备，可根据来自飞控的信号控制电机的转速，从而达到控制无人机飞行的目的。

1．电调分类与构成

电调可以分为两大类：针对有刷电机的电调和针对无刷电机的电调。两者的主要区别在于控制电机的方式不同。有刷电机的电调相对简单，主要调节通过电机的电流大小来控制电机速度；而无刷电机的电调则更复杂，需要通过精确控制电流流向电机各相位的时序实现电机的驱动，因此无刷电调通常包含更为复杂的电路和控制算法。本书主要介绍无刷电机的电调。

图 3.6 所示为飞盈佳乐研发的飞龙 Lite 电调，由输入端、输出端、电调主体和信号线组成。电调输入端为电源输入线，与电池的正负极相连。对于多旋翼无人机，一块电池需要为多个电机或机载设备同时供电，仅依靠电池单独的供电口无法为 4 组电调或其他机载设备同时供电，因此需要使用分电板，如图 3.7 所示。

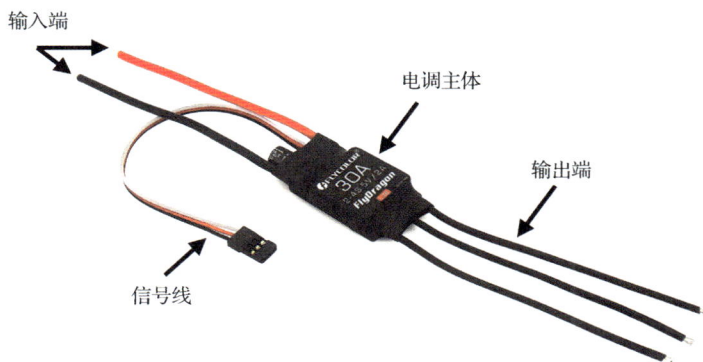

图 3.6　飞龙 Lite 电调

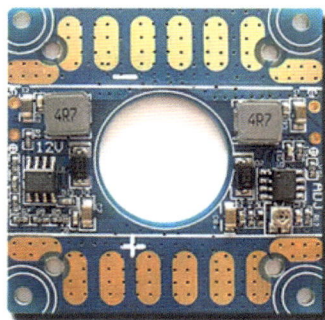

图 3.7　分电板

分电板可将一块电池所提供的固定电压和电流分成多份为电调供电，部分型号还集成降压模块，可将较高的电池电压降为机载设备所需要的电压。

在将电调输入端与分电板相连后，电调主体将电池提供的直流电转换成三相交流电输送给无刷电机，信号线连接到飞控或接收机，电调在接收到信号后便可控制输出的三相交流电频率和电流大小从而控制电机的转速大小。

无刷电调的电流大小可以为 20A、30A、40A、50A、60A、80A 和 120A 等。无刷电机在不同工作状况下需要不同的电流，需要根据实际情况挑选适合的电调，防止出现电机所需电流超过电调最大承受范围而烧坏电调，或电调支持电流过大造成"大马拉小车"的情况。

2. 电调的作用

电调是连接飞控、电池和电机的桥梁，负责精确控制无人机的电机转速和转向。电调通过接收来自飞控的信号，这些信号通常是脉冲宽度调制（Pulse Width Modulation，PWM）信号，表示电机应该运行的速度。电调利用这些信号控制电机电源，调整电源的频率和电流，以改变电机的速度。综上所述，电调的具体作用如下。

① 速度控制：电调最基本的功能是根据飞控或接收机发送的 PWM 信号进行电机调速，从而使无人机实现起飞、悬停、前进、后退、左/右平移以及降落等动作。

② 动力分配：在多旋翼无人机中，电调用于确保每个电机的动力输出均匀，避免因动力不均导致飞行轨迹偏移。

③ 保护功能：电调具备多种保护机制，如过热保护、过载保护、低电压保护等，能够在异常情况下保护无人机的电机和电池，避免损坏造成飞行事故。

④ 能量管理：电调在控制电机的同时，也参与能量的管理和分配，确保电池能量的有效利用，以提高无人机的飞行效率和续航能力。

3. 电调的基本参数

（1）持续电流

持续电流是指电调能够长时间稳定提供给电机的最大电流。这个参数对于确定电调和电机是否匹配非常重要。电机的持续运行电流不能超过这个值，否则可能会导致电机或电调过热甚至损坏。在选择电调时，应确保其持续电流高于电机的额定电流，以保证电机正常运行。例如，电机的额定电流是 25A，则电调的持续电流应高于 25A，可选择 30A 或者 30A 以上的电调。

（2）峰值电流

峰值电流是指电调在短时间内能够提供的最大电流，通常出现在电机启动或需要大功率输出的瞬间（如起飞或全油门加速时）。选择电调时，应确保其峰值电流足够应对电机的瞬间负载需求。

（3）适用电池类型

电调通常设计为与特定类型的电池（如聚合物锂电池等）配合使用。电池的放电电压范围应在电调的输入电压范围内，而电调的输出电流能力则需要与电池的放电能力相匹配。通常在电调参数界面会显示该款电调适配的电池节数，如表 3.3 所示。

表 3.3　乐天系列电调参数

型号	持续电流/A	峰值电流（10s）/A	适用电池节数	适配机架（轴距）/mm
Xrotor 10A	10	15	2～3S	250
Xrotor 20A	20	30	3～4S	330～450
Xrotor 40A	40	60	2～6S	550～650

（4）适配机架种类

不同的无人机可能需要不同尺寸和形状的电调来适配其机架。电调的尺寸、质量和安装要求（如螺丝孔距、安装孔径等）都是需要考虑的因素。选择电调时，应确保其物理尺寸和安装要求与飞行器的机架兼容，以便实现最佳的空间布局和质量分布。

（5）BEC 电调

免电池电路（Battery Elimination Circuit，BEC）电调是一种带有内置电池消除回路的电调。BEC 电调的主要功能是为无人机中的接收机、飞控或其他低功率设备提供稳定的低电压供电，从而消除需要独立电源供电这一需求。

BEC 电调的工作原理是从主电池取电，然后通过 BEC 电调回路降压（或在某些情况下升压）到一个固定的低电压（通常是 5V 或 6V），供给接收机和飞控使用。这样即便是在使用高电压电池驱动大功率电机的情况下，接收机等也能获得稳定安全的电源，确保遥控系统的正常工作。

目前常见的 BEC 电调有两种：线性 BEC 和开关 BEC。线性 BEC 通过线性电压调节器来降低电压，优点是结构简单、成本低，缺点是效率较低，尤其在输入和输出电压差较大时会产生较多的热量。开关 BEC 使用开关电源技术转换电压，相比线性 BEC，它具有更高的效率，产生更少的热量，尤其适合高负载和高输入电压的应用场景。不过，这种类型的 BEC 电调价格通常较高，电路也更复杂。

由于分电板引入了 BEC 功能和小型化的稳压模块，四旋翼无人机所使用的电调已基本不集成 BEC 功能，只有部分体积较小的无人机、无人船或无人车会使用 BEC 电调为接收机供电。

4．电调校准

电调校准是无人机在组装完毕后必须进行的测试流程之一，目的是匹配各电调油门行程与遥控器的油门行程，使遥控器油门杆为最高位置时，电调也相应输出最大功率。

常用的电调校准方式有两种：遥控器手动校准和地面站电调校准。地面站电调校准需要使用地面站控制飞控对电调进行校准，校准流程比较简单，本书将在后文介绍，本节主要介绍遥控器手动校准。

不同厂商的电调校准方法有所不同，但大致如下。

确保无人机处于断电状态，并且拆卸了电机的螺旋桨，以防止螺旋桨旋转造成危险。检查遥控器是否与无人机接收机连接，若两者未连接，需要进行对频连接。检查接收机信号线、电调信号线是否与飞控相连。一切检查完成，即可开始无人机电调校准工作。

先打开遥控器，将遥控器油门杆推至最高位置，然后将电池与无人机相连，观察飞控指示灯，当飞控指示灯开始循环闪烁时，代表已准备进入电调校准模式。

此时，断开电池连接，保持遥控器油门杆始终处于最高位置，重新连接电池，电调发出几次"哔"声（"哔"声数量通常表明电池芯数，即 3S 为 3 声、4S 为 4 声），代表飞控已进入电调校准模式。

接下来，电调将发出两声"哔"声，代表已记录最大油门。这时候需要将油门杆拉至最低，电调将会发出一声长长的"哔"声，表示已记录最小油门，校准完成。

无人机解锁后，4 个电机若同时旋转，代表电调校准完成；若不同时旋转，请重新对电调进行校准。

若校准多次后仍出现解锁后部分电机旋转，部分不转，请将油门杆推至 50% 以上，观察 4 个电机是否旋转。若旋转代表校准无误可以试飞，否则需要联系电机或电调商家进行咨询。

5. 电机反向操作

对于使用三相交流电的无刷电机，电调与电机之间的 3 根电线的连接顺序决定了它旋转的方向。在完成电调校准操作后，可以解锁无人机，观察 4 个电机的旋转方向是否符合图 2.1 和图 2.2 中电机的旋转方向，若发现电机旋转方向与正确的旋转方向相反，仅需将 3 根连接线中的任意两根对调即可改变其旋转方向。

6. 电调的选购建议

目前主流的电调品牌有好盈、飞盈佳乐、银燕、T-Motor 等。如果预算充足，可以使用 T-Motor 电调。T-Motor 电调以高性能和出色的耐用性闻名，通常设计得较为复杂，支持多种编程功能，适合高要求的专业应用。

好盈的无刷电调以较高的性价比和稳定性受到众多无人机爱好者的欢迎，提供了多种型号以适应不同大小和类型的无人机。如果需要一款经济实用且性能稳定的电调，好盈是一个值得考虑的品牌。

初学者在选择电调时应该考虑以下因素。

① 电调的持续电流和峰值电流：在选择电调时，首先要确定电机的最大电流，如果电机的最大电流为 30A，那么所选电调的持续电流应该大于或等于 30A。

出于安全考虑，通常建议选择略大于电机最大电流的电调，以留有足够的电流余量，避免在高负荷工作时损坏电机。

② 品牌口碑与市场占有率：良好的品牌口碑与较高的市场占有率，往往意味着其产品在质量控制和性能表现上都经过了市场的检验。这些品牌的电调通常会采用先进的技术，以提供更好的飞行体验。选择那些提供良好客户服务和技术支持的品牌，可以在遇到问题时更快地获得解决方案，这对无人机初学者来说是非常重要的。

③ 电调的散热设计：电调在大功率工作时会产生大量热量，因此散热设计非常重要。选择电调时，应考虑其散热能力，以及将其放在机身的什么位置。

如果电调处于机身外部，在飞行过程可实现撞风散热，可以选择不带散热鳍片的电调。若电调需要在机臂内部隐藏式安装，在无人机飞行过程中无法撞风散热，那么最好选择带有散热鳍片的电调，确保其在高负荷工作时不会过热。

3.2　螺旋桨

3.2.1　螺旋桨简介

无人机的螺旋桨也称为桨叶，其作用是将电机旋转产生的动力转换为整台无人机飞行所需要的升力，它是整个动力系统的最终执行部件，可类比为汽车的轮胎。汽车产生的动力传递到轮胎上，由轮胎与地面摩擦从而推动车辆前进。螺旋桨需要为无人机提供飞行的升力，同时又需要承担整台无人机自身的重力，保障无人机飞行的安全。因此，挑选合适的无人机螺旋桨十分重要。

螺旋桨的设计、尺寸、材料对无人机的飞行效率和性能都有重要的影响。螺旋桨产生升力可以用伯努利原理与牛顿第三定律来解释。在微观层面，当螺旋桨旋转时，由于桨叶上下表面形状不一致，气流流经桨叶上下表面。根据伯努利原理，上表面气流速度较快导致压力降低，而下表面压力较高，从而形成向上的压力差（升力）。在宏观层面，螺旋桨向下推动空气，根据牛顿第三定律，空气会对螺旋桨施加反向的升力。升力的计算公式如式（3.6）所示。

$$L = \frac{1}{2}\rho C_{L} A v^2 \tag{3.6}$$

式中参数说明如下。

L 是升力，单位为 N。

ρ 是空气密度，单位为 kg/m^3，在海平面标准条件下为 $1.225 kg/m^3$。

C_L 是升力系数，这是一个无量纲系数，反映了螺旋桨设计的升力效率。升力系数取决于螺旋桨的形状、倾角等条件。

A 是螺旋桨圆盘面积（即螺旋桨旋转时扫过的面积），单位为 m^2，可以用圆的面积公式 $A=\pi r^2$ 进行计算，其中 r 是螺旋桨的半径。

v 是螺旋桨圆盘处的空气流速，单位是 m/s，与螺旋桨的转速和螺距有关。

从上面的公式中可以看出，能影响螺旋桨产生的升力的主要因素有 3 个。

（1）升力系数

升力系数由螺旋桨的形状和倾角决定。多旋翼无人机上常见的螺旋桨形状为两叶桨和三叶桨。在半径、倾角和转速相同的情况下，三叶桨相比两叶桨能够提供更大的升力，但相应的阻力也更大。

在介绍电机时提到了力效概念，即拉力与当前功率的比值，螺旋桨也有类似的概念。通常，两叶桨的力效优于三叶桨，因此组装不追求速度、只追求最大运行效率的无人机时，两叶桨是首选。而组装追求极致速度、续航要求不高的竞速无人机时，通常使用三叶桨或五叶桨，如图 3.8 和图 3.9 所示，以充分发挥电机的强大动力。

图 3.8　三叶桨

图 3.9　五叶桨

（2）螺旋桨圆盘面积

该面积取决于对应螺旋桨半径的大小，螺旋桨半径越大，在旋转过程中与空气接触的面积越大，从而产生更大的升力。在表 3.2 中可以看到，在提供相同拉力的情况下，螺旋桨半径越大，电机产生的拉力越大。

（3）转速

从公式中可以看出，转速对于升力的影响是呈指数级上升的，这也解释了为什么竞速无人机所使用电机的 KV 值比市面上常见的四旋翼无人机电机的 KV 值大得多。转速越高，螺旋桨产生的升力越大，才能让竞速无人机在 1～2s 从静止加速到 100km/h。

3.2.2　螺旋桨的分类

螺旋桨按照材质可以分为 3 类：木质螺旋桨、碳纤维螺旋桨、塑料（尼龙）螺旋桨。

1. 木质螺旋桨

木质螺旋桨是组装无人机时传统的选择，如图 3.10 所示，木质螺旋桨的诞生可以追溯到飞行器刚出现的时期。尽管后来出现许多更先进的材料，如碳纤维和各种合成塑料，木质螺旋桨依然因其特性和美学价值占有一定的市场份额。

图 3.10　木质螺旋桨

木质螺旋桨通常由高质量的硬木（如桦木、橡木、胡桃木等）制造，这些材料具有良好的韧性和耐磨性。制作一些高端或定制的木质螺旋桨时，可能会使用多种木材层压结合的方式来进一步优化其性能和外观。

（1）优点

① 吸震性：木质螺旋桨能有效吸收飞行中产生的振动，确保无人机平稳飞行。

② 美学价值：木质螺旋桨具有自然的纹理和温暖的色泽，能为飞行器增加美感。

③ 成本相对适中：相比碳纤维螺旋桨，木质螺旋桨的成本较低，但其成本通常比塑料螺旋桨高。

（2）缺点

① 易受环境影响：木质螺旋桨容易受湿度和温度的影响，可能会发生变形或损坏。

② 强度和耐久性有限：与碳纤维和塑料相比，木材的强度较低，在遭受强烈冲击时比碳纤维或某些合成材料更易损坏。

③ 质量较重：木材的密度较高，比相同尺寸的碳纤维和塑料的质量更大，会增加无人机机体质量，影响飞行效率。

目前，木质螺旋桨主要应用在较大型的固定翼飞行器或航模爱好者制作的复古型无人机中。由于碳纤维材料以及强化塑料材料的出现，木质螺旋桨已基本不使用在多旋翼无人机中。

2. 碳纤维螺旋桨

碳纤维螺旋桨是现代航空材料技术的一种先进应用，它具有轻质、强度高和耐用性好的特点，成为高性能无人机和其他飞行器的首选，如图 3.11 所示。

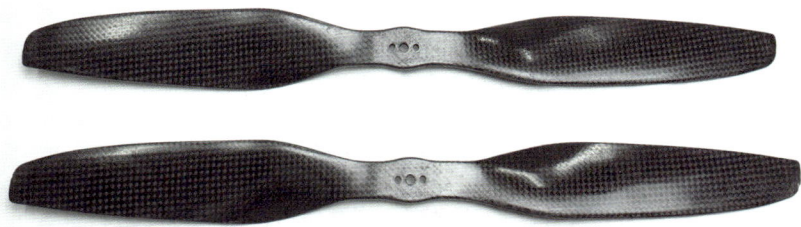

图 3.11　碳纤维螺旋桨

碳纤维螺旋桨由碳纤维复合材料制成，这种材料由极细的碳原子丝（碳纤维）和树脂基质（通常是环氧树脂）组成。碳纤维有着卓越的强度质量比，能够提供比传统材料（如金属或木材）更高的强度和刚度，同时保持轻质的特性。

（1）优点

① 强度高、质量轻：碳纤维具有极高的强度与刚度，同时质量轻。这种特性使得碳纤

维螺旋桨能够承受较大的无人机自重，并且不会过多增加无人机的负载，从而提高无人机的载重能力和飞行效率。

② 耐用性强：碳纤维复合材料对多种环境条件（包括湿气、烟雾等）具有很好的抵抗力，这使得碳纤维螺旋桨在各种气候条件下都能保持性能稳定，延长使用寿命。碳纤维材料具有良好的耐摩擦性，可以减少因摩擦导致的损耗。

③ 优异的振动吸收能力：虽然碳纤维较硬，但它的结构特性使其能够有效吸收和减少振动，提供更平稳的飞行体验。

（2）缺点

① 成本较高：碳纤维螺旋桨的制造成本高于木质螺旋桨和塑料螺旋桨，这使得它的价格也相对较高。

② 易损坏：尽管碳纤维螺旋桨具有高强度的物理特性，但它属于脆性材料，容易在受到冲击时损坏，一旦损坏通常无法修复。

高性能无人机对性能和稳定性有较高要求，它们的机身较大且质量较重。在飞行过程中，螺旋桨中部与电机连接的部分需要承受机身的自身重力，而螺旋桨的两端又要提供飞行升力。在此过程中，螺旋桨会发生拉伸变形。承重能力较差的塑料螺旋桨可能会直接变形，而木质螺旋桨本身质量较大。因此，碳纤维螺旋桨已几乎成为组装高性能无人机的唯一选择。

3. 塑料（尼龙）螺旋桨

塑料螺旋桨是无人机领域中最常见的螺旋桨，因其成本较低，且能满足基本的飞行需求，从玩具无人机到准专业级无人机都会使用。此类螺旋桨由各种塑料材料制成，包括 ABS（丙烯腈-丁二烯-苯乙烯共聚物）、PC（聚碳酸酯）和尼龙等，如图 3.12 所示。

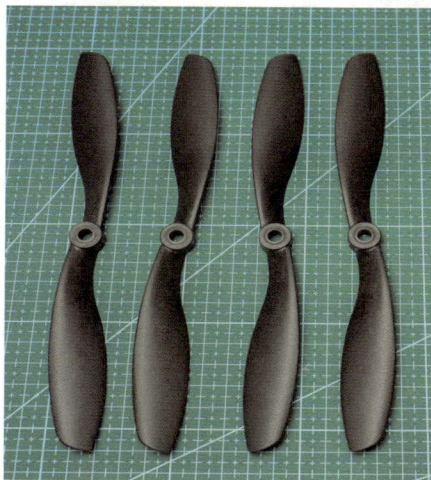

图 3.12　塑料螺旋桨

（1）优点

① 成本低：塑料螺旋桨的最大优点是制造成本较低，适合大规模生产和供应消费市场。

② 质量轻：塑料的密度较低，使得塑料螺旋桨相对于同尺寸的木质或碳纤维螺旋桨更轻，有助于提高飞行效率和延长电池续航时间。

③ 颜色和样式多样：塑料材料易于成型和加工，因此塑料螺旋桨可以很容易地制成各种颜色和样式，满足对外观多样性的需求。

④ 易于替换：由于成本较低，受损的塑料螺旋桨可以很方便地被更换，降低维护成本。

⑤ 安全性：在玩具和娱乐产品中，塑料螺旋桨比起其他螺旋桨更安全，可降低意外伤害的风险。

（2）缺点

① 强度和耐用性相对较低：相比碳纤维或某些高端木质螺旋桨，塑料螺旋桨的强度较低。对于质量较大的无人机，在飞行过程中塑料螺旋桨难以同时承担机身重力与提供飞行升力，容易损坏。

② 性能限制：在高负载或高速飞行条件下，塑料螺旋桨的性能可能不如碳纤维螺旋桨，尤其是在需要高精度和高效率的应用中。

③ 热稳定性：塑料螺旋桨的耐热性不足，特别是使用劣质塑料生产的螺旋桨，由于无刷电机在高强度负载时会产生一定的热量，质量较差的塑料螺旋桨与电机连接的部位有可能因温度过高融化，造成无人机坠毁或射桨。

塑料材料的应用使得无人机的量产与普及成为可能。塑料螺旋桨凭借低廉的价格、足够的强度以及轻便的质量，成为普通中小型无人机的首选螺旋桨。

竞速无人机由于体积小、质量轻，对于螺旋桨强度要求并不高，但竞速无人机速度极快，在飞行过程中经常会出现坠毁的情况。塑料螺旋桨相比碳纤维和木质螺旋桨韧性更强，在发生碰撞后也不容易受损断裂，弯折后也常可以掰直继续使用，即便需要更换成本也很低，因此深受竞速无人机玩家的喜爱。准专业级无人机（如大疆精灵 4pro、御 2 等）或体积较小的无人机也会使用塑料螺旋桨。

3.2.3 螺旋桨的基本参数

1. 螺旋桨命名原则

螺旋桨的性能和适用性在很大程度上取决于其主要参数——直径和螺距，这两个参数不仅是螺旋桨设计的核心，也常常用于螺旋桨的命名和分类。螺旋桨的命名形式通常为英文字母+4 位数字。其中，前面的英文字母通常为螺旋桨生产厂商名字的缩写，或者厂家不同类型的产品名称；后面 4 位数字则代表螺旋桨的尺寸大小，其中前两位数字表示螺旋桨的直径，后两位数字除以 10 则为螺旋桨的螺距，两者的单位均为英寸。

当然，也存在一些特例。当前两位数字大于 30 时，需要除以 10 才代表螺旋桨的直径；而后两位数字如果小于 10，其数字大小就是螺旋桨的螺距。例如，型号为 7037 的螺旋桨，其直径为 7 英寸，螺距为 3.7 英寸；型号为 1508 的螺旋桨，其直径为 15 英寸，螺距为 8 英寸；型号为 1712 的螺旋桨，其直径为 17 英寸，螺距为 12 英寸。

从这些例子可以看出，螺旋桨的直径一般不会超过 30 英寸。而螺距一般小于 10 英寸，但也存在大于 10 英寸的情况。螺距大于 10 英寸的螺旋桨，其螺旋桨直径通常也较大。

2. 螺旋桨直径

螺旋桨直径是指螺旋桨从一端到另一端的最长直线距离，单位是英寸，如图 3.13 所示。直径的大小直接影响无人机的推力和飞行效率。大直径螺旋桨能产生更大的推力，适合低速飞行和需要稳定飞行的无人机，如四旋翼无人机、航拍无人机等；而小直径螺旋桨则使无人机拥有更高的速度和更强敏捷性，适合需快速飞行的无人机，如竞速无人机。

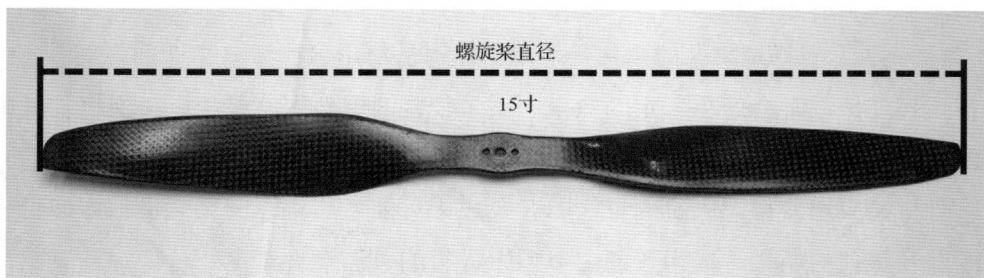

图 3.13　螺 旋 桨

3. 螺距

螺距是指螺旋桨完整旋转一周时，理论上可以推动物体前进的距离，如图 3.14 所示，单位是英寸。螺距的大小由螺旋桨角度决定，在相同转速下，螺距大的螺旋桨每旋转一周理论上能推动无人机前进的距离就越远，意味着其能提供更快的速度，但同时需要的功率也越大。反之，螺距小的螺旋桨提供的速度较低，更适合载重和需长时间悬停的无人机。

直径和螺距的选择需要根据无人机的具体应用和性能需求进行平衡。例如，较大的直径和较小的螺距组合适合需要较大升力和较好悬停性能的无人机(如航拍无人机)，而较小的直径和较大的螺距组合可能更适合追求高速飞行的竞速无人机。

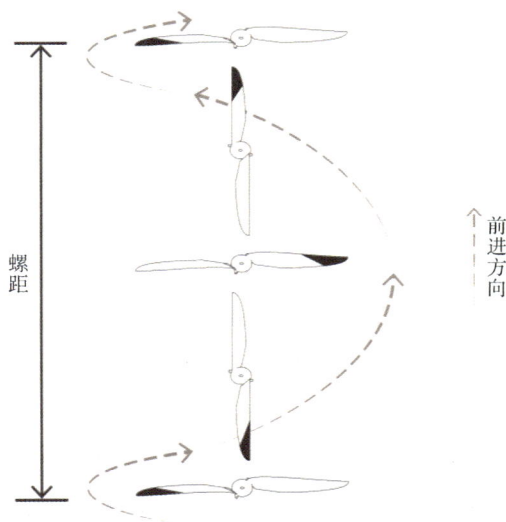

图 3.14　螺距

4．正/反桨

在 2.1 节中曾提到，螺旋桨旋转时会产生与螺旋桨旋转方向相反的扭矩，称为反扭矩，使无人机产生自转。为了抵消反扭矩，通常需要在机身上安装一对或多对旋转方向相反的螺旋桨。逆时针旋转的螺旋桨叫正桨（CCW），顺时针旋转的螺旋桨叫反桨（CW）。

针对具有快拆设计的螺旋桨（如大疆精灵系列、御系列无人机所使用的螺旋桨），厂商通常会在螺旋桨上标明螺旋桨锁定与解锁的方向，如图 3.15 所示。这类螺旋桨通常具有防呆设计，螺旋桨与电机不匹配则无法直接安装。但对于其他单独生产螺旋桨的厂家，往往不会在螺旋桨叶片上做出标识记号，只能由用户自行辨认螺旋桨方向。

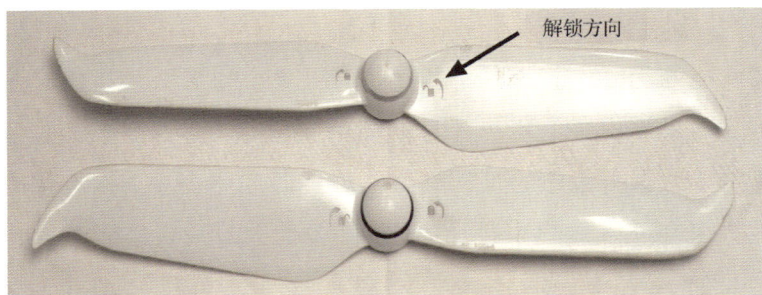

图 3.15　正/反桨

下面介绍分辨正/反桨的通用方法。固定翼飞机通过机翼上/下表面形状不同，使气流经过机翼的速度不同从而产生升力实现起飞，如图 3.16 所示。机翼先接触空气的一端（前端）更厚，而机翼后端更薄。

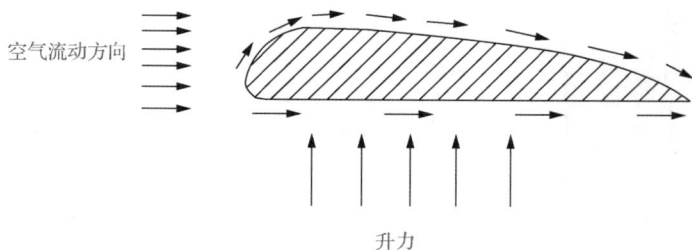

图 3.16　机翼剖面

无人机螺旋桨产生升力的原理与此类似，可以将螺旋桨想象成两片安装在桨毂上的机翼，当螺旋桨旋转时，其较厚的一部分先接触空气，如图 3.17 所示。

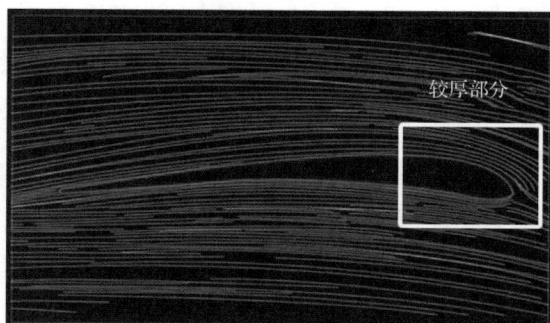

图 3.17　螺旋桨剖面

先判断电机的旋转方向，然后根据电机旋转方向确定螺旋桨旋转方向，用手触摸螺旋桨确认螺旋桨前端与后端位置，螺旋桨前端比后端更厚，在旋转过程中，使螺旋桨前端作为迎风面，即可确定正/反桨。

3.2.4　螺旋桨的平衡

影响螺旋桨性能的另一个指标是静平衡和动平衡，静平衡是指螺旋桨在静止状态下的质量分布均匀。如果螺旋桨的每个叶片的质量完全相等，并且重心位于旋轴线上，那么它就是静平衡的。动平衡考虑的是螺旋桨在旋转时的平衡性，螺旋桨的动平衡不理想是造成多旋翼无人机在飞行过程中抖动的原因，振动会对飞行控制器的传感器性能造成影响。

测试桨叶的静平衡比较简单，只需要使用图 3.18 所示的螺旋桨平衡器即可，也可以使用十字螺丝刀制作简易的平衡支架。而动平衡测试则较为复杂，必须在桨叶高速旋转的时候测量其对转轴的作用力变化，如果螺旋桨对称位置上的转动惯量或螺距有略微差异，在高速旋转时会使转轴受力不均匀，从而使无人机产生剧烈振动。

图 3.18 螺旋桨平衡器

动平衡测试需要使用动平衡仪，价格较高，不推荐初学者购买。简单的测试方法是将螺旋桨和电机安装在弹性支架上，如果在旋转过程中弹性支架出现明显振动，则说明其动平衡不是很理想。螺旋桨厂商在桨叶出厂时会进行动平衡测试，因此不必太过担心刚出厂的机器桨叶因动平衡不理想而产生问题。对初学者来说，掌握桨叶静平衡测试方法即可。下面将着重介绍静平衡的测试流程。

静平衡是指当螺旋桨静止时，其重心与旋转轴心线重合，没有倾斜或偏移的状态。简单来说，静平衡的螺旋桨可以看作一个完美的天平，两边完全对称，没有倾斜。在理想的静平衡状态下，螺旋桨无论以任何角度放置，都能保持水平或不发生自转。如果螺旋桨的重心不在旋转轴心线上，那么在飞行中就可能产生振动，影响飞行稳定性，甚至可能导致电机或其他部件损坏。

静平衡测试有两种方法，一种是使用图 3.18 所示的螺旋桨平衡器，可以对小型的螺旋桨进行静平衡测试，这种方法容易实现，成本较低，适合初学者使用。另一种方法是将螺旋桨桨毂穿过铁棒或者一字螺丝刀，并使用书本等物体将螺旋桨两端架起进行测试。两种测试方法大同小异，下面将基于平衡器进行讲解。

平衡器主要由中心固定轴、法兰轴承、三角支架组成，如图 3.19 所示。三角支架中装有 N45 高性能磁铁，中心固定轴为铁质材料，因此可以在吸力的作用下悬浮于两块磁铁之间，从而实现图 3.18 的效果。

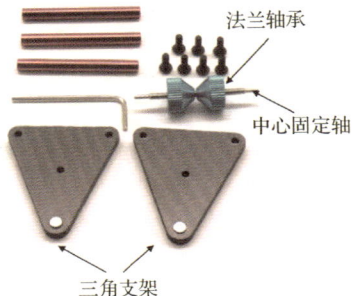

图 3.19 螺旋桨平衡器零件

在组装好螺旋桨平衡器后，取出中心固定轴，调整两个法兰轴承使其锥形面相对，如图 3.20 所示。

拆卸其中一个法兰轴承，将螺旋桨装入中心固定轴，再将刚刚拆卸的法兰轴承重新旋入。通过旋转两个法兰轴承将螺旋桨调整到中心固定轴的中间，然后旋紧法兰轴承以固定螺旋桨，如图 3.21 所示，将中心固定轴放入平衡器。

将平衡器放置在水平面上，任意触碰桨叶一端使其摆动，待其静止后观察桨叶两端是否处于图 3.18 所示的静平衡状态。若静平衡不理想，桨叶会一边高一边低，如图 3.22 所示。

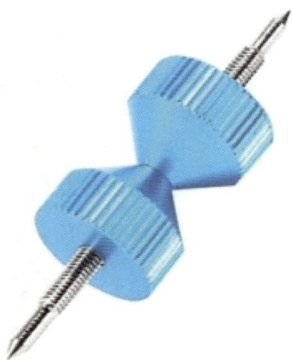

图 3.20　调整法兰轴承

图 3.21　安装螺旋桨

图 3.22　螺旋桨静平衡不理想

螺旋桨的静平衡不理想是由于桨叶两端的叶片质量不同，因此只需使两端的质量一致即可解决问题。解决问题的方法有两种：削减法和增重法。

削减法：通过将较重一侧的桨叶用刀削减一部分，或者用砂纸打磨掉一部分，降低这一侧桨叶的质量，从而实现静平衡。但是这种方法属于破坏性且不可逆方法，如果削减得过多，桨叶仍为不平衡状态，需要再对另一边进行削减。对于质量较差的桨叶，削减太多可能造成整体强度下降，轻则无法提供足够升力起飞，重则在飞行过程中破裂造成射桨风险。

增重法：通过在较轻的一侧添加配重，比如粘贴胶带、滴胶水、涂指甲油、喷漆等操作，使两片桨叶质量一致。增重法属于非破坏性方法，即使失误导致这一侧桨叶增重过多，也可进行修正，并且对于桨叶强度影响不大。因此，相比于削减法，更推荐使用增重法。下面以增重法为例，介绍解决螺旋桨静平衡不理想问题的方法，如图 3.23 所示。

图 3.23　增重法
注：为了与黑色桨叶区分，使用彩色胶带进行处理。

① 选取一卷常见且黏性较好的绝缘胶带，使用剪刀将胶带裁剪成长条。将裁剪的胶带轻轻粘贴在较轻一侧的桨叶叶尖部分。需要注意的是此时不要完全粘贴胶带，因为还不确定桨叶是否平衡，后续可能还需要对胶带进行移动或更换。

② 桨叶静止后，如果粘贴胶带的一侧桨叶下沉，则将胶带从叶尖移到靠近桨叶中部的位置，直至螺旋桨两端可以保持水平。

③ 如果粘贴胶带后这一侧桨叶仍然处于较高位置，说明胶带质量还不足以抵消另一侧桨叶多出的质量，此时可以裁剪更长的胶带，粘贴在相同位置。一旦螺旋桨保持水平，就可以把胶带用力粘贴在桨叶表面。需要尽可能使胶带在粘贴后保持平滑，不要留下凸起或者改变螺旋桨形状。

3.2.5　螺旋桨的选购建议

螺旋桨作为无人机升力的来源，其重要性不言而喻。在保证稳定性和效率的前提下，可以选择 APC 和大疆创新的螺旋桨。除此以外，也可以选择飞越与乾丰的螺旋桨。预算充足的情况下可以考虑前两者，但螺旋桨毕竟是易损件，追求性价比可以选择后两者。而对于较大载重的无人机，建议选择碳纤维螺旋桨。螺旋桨选购建议如下。

① 根据电机的 KV 值与机架尺寸的不同，选购尺寸合适的螺旋桨。通常来说，在选购机架或者电机时，厂商都会给出推荐的组合配置。如果螺旋桨太小，则不能发挥电机最大的作用；螺旋桨过大，电机会过热，使电机退磁，造成电机性能的永久下降。本书总结出不同尺寸机架与不同 KV 值电机推荐搭配的螺旋桨，分别如表 3.4 与表 3.5 所示。

表 3.4　不同尺寸机架推荐搭配的螺旋桨型号

机架尺寸/mm	电机型号	电机 KV 值	螺旋桨型号
250	2204/2205/2306	1480～1800	6030/6045
250	1806	2000～2300	5030/5045
380	2212	920～1400	9450/9443～8038
380	2204	2400	6030
400	2212/2216	920～1000	8045/9450
450	2212/2216	920～1000	9450/1045
500	2216	880	1147/1238
550	3508	380～680	1455/1238
550	4110/4208	420～680	1455/1238

表 3.5　不同 KV 值电机推荐搭配的螺旋桨尺寸

电机 KV 值	螺旋桨尺寸/inch
800～1000	11～10
1000～1200	10～9
1200～1800	9～8
1800～2200	8～7
2200～2600	7～6
2600～2800	6～5

② 根据预算与机架尺寸确定螺旋桨的材质。推荐初学者先用尺寸较小的机架进行练习，小型的机架质量较轻，可搭配塑料螺旋桨，成本较低。在预算充足的情况下，也可以考虑入手碳纤维螺旋桨。

③ 选购螺旋桨保护罩尺寸内的螺旋桨。对于初学者，对无人机操作不熟练造成无人机坠毁的情况是十分常见的。因此，在组装第一台无人机时，推荐选购一款当前机架能够搭

载的螺旋桨保护罩。这样既可以在"炸机"时尽量保证螺旋桨不被损坏，也可以避免螺旋桨伤人。

3.3 电池

3.3.1 锂电池的种类

锂电池是一类由锂金属或锂合金为正/负极材料、使用非水电解质溶液的电池。锂电池相比传统的一次性电池、镍镉或镍氢电池拥有更高的能量密度，这意味着它们可以在相对较小的体积内存储更多的能量，因此锂电池体积更加小。

市面上的锂电池种类繁多，常见的有手电筒所用的 18650 锂电池、电动汽车所用的三元锂电池、磷酸铁锂电池，航模和无人机常用的 Li-Po 电池。锂电池可根据电池的外形、正极材料、电解液进行分类，如图 3.24 所示。

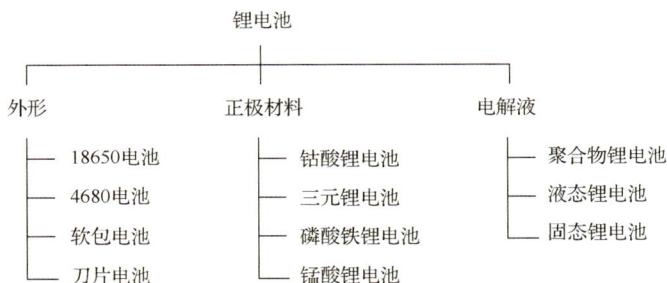

```
                        锂电池
        ┌───────────────┼───────────────┐
       外形            正极材料          电解液
    ├─ 18650电池     ├─ 钴酸锂电池     ├─ 聚合物锂电池
    ├─ 4680电池      ├─ 三元锂电池     ├─ 液态锂电池
    ├─ 软包电池      ├─ 磷酸铁锂电池   └─ 固态锂电池
    └─ 刀片电池      └─ 锰酸锂电池
```

图 3.24　锂电池种类划分

1. 根据外形划分

（1）18650 电池

18650 电池是较常见的锂电池。这种锂电池以日本索尼公司定下的一种标准型锂电池型号为名，其直径为 18mm、高度为 65mm，型号中的 0 表示圆柱形电池。

标准化的尺寸和较低的制造成本，使得 18650 电池广泛应用于手电筒、蓝牙音箱、充电宝等各类电子产品。

（2）4680 电池

受限于固定尺寸，18650 电池的单体电池容量难以得到突破。对电动汽车来说，电池的容量决定了续航时长。为此，特斯拉公司推出了 4680 电池。

这款电池的直径为 46mm，高度为 80mm，比传统的 18650 电池尺寸更大；应用了无极耳技术，功率是传统有极耳电池的 6 倍；降低了电池内阻，减小了电池在充放电过程中的损耗，提升了电池的充放电效率。

（3）软包电池

软包电池也称为软体电池或软壳电池，软包是指锂电池的封装形式，与传统的圆柱形（如 18650）和方形硬壳电池不同。这种电池采用柔软的复合铝质膜作为外壳材料，而非硬质金属。软包电池的这种特殊结构使其在多个方面显示出独特的优势，特别适合对质量和形状有特殊要求的应用，例如无人机、智能手机和高性能便携设备。

（4）刀片电池

刀片电池是一种新型锂电池，由我国电动汽车制造商比亚迪首次推出。这种电池的设计理念在于使用超薄、类似于刀片的电池片，从而实现电池的模块化和更高的能量密度。刀片电池的设计不仅增强了电池的安全性，还提高了装车效率，使其在电动车领域应用广泛。

2. 根据正极材料划分

根据所使用的正极材料不同，电池可以分为钴酸锂电池、三元锂（镍钴锰）电池、磷酸铁锂电池、锰酸锂电池等。因此一节 18650 电池可以是磷酸铁锂电池，也可以是三元锂电池或者锰酸锂电池。锂电池使用的正极材料可以根据电池的应用场合进行更改。

（1）钴酸锂电池

在 4 种不同正极材料制成的电池中，钴酸锂电池的能量密度是最高的，因此相比另外 3 种，在相同体积的情况下，采用钴酸锂为正极的材料能够容纳更高的能量。手机、平板电脑、笔记本电脑等精密的电子产品对电池体积控制要求比较高，且需要电池能够提供较大的容量、实现较长的续航，通常会采用钴酸锂作为正极材料的软包电池供电。

然而，相对其他 3 种正极材料，钴酸锂的化学性质比较活泼，在发生电池包刺穿或者弯折短路的情况下，产生的热失控会更猛烈，并且价格也更高。但并不用过于担心电池可能产生的危害，企业一般都会配置电池保护板以防止电池过充或过放。若这类电子产品的电池发生鼓包情况，及时将其送往官方指定维修点进行维护即可。

（2）三元锂电池

三元锂电池又称为镍钴锰电池，特点是正极材料使用了含有 3 种金属元素，镍（Ni）、钴（Co）和锰（Mn）的化合物。根据这 3 种元素的元素符号，这种电池也被称为 NCM 电池。

三元锂电池具有较高的能量密度、较高的充电效率、相对适中的价格，可以在低温下保持正常的容量密度，是目前使用较广泛的一种锂电池。但是，三元锂电池与钴酸锂电池一样，一旦发生热失控便会起火燃烧。

（3）磷酸铁锂电池

磷酸铁锂（LiFePO$_4$）电池简称为 LFP 电池。与其他 3 种电池相比，LFP 电池具有安全性强、循环次数长、环境友好、成本低廉等特点。

首先，LFP 电池的热稳定性较高，即使在过充或受热的情况下也不易发生热失控，这使得它在安全性方面比其他类型的锂电池更具优势。

其次，LFP 电池能够承受数千个充放电周期而不显著降低容量，这使得它具有长达数年的使用寿命。并且与含有钴和镍的电池材料相比，磷酸铁锂是一种更环保的选择。

最后，LFP 电池材料中的金属元素相比其他电池材料的金属元素更容易获取，价格更低。以上种种优势使得磷酸铁锂电池在新能源电动车和储能电站中应用十分广泛。但磷酸铁锂电池的能量密度不如三元锂电池，并且在低温中电池密度衰减很快，不适合在寒冷地区使用。

（4）锰酸锂电池

锰酸锂电池的能量密度与磷酸铁锂电池接近，循环寿命是四者中最差的。但因它具有较高的安全性以及四者中最低的价格，特别适合某些需要多节电池串联的快速消耗产品，常用作充电宝内部电池。

3. 根据电解液划分

（1）聚合物锂电池

聚合物锂电池又被称为 Li-Po 电池，使用凝胶状聚合物作为电解液，这种聚合物可以是"干态"或"胶态"。这种材质能够形成薄膜，使电池更薄、更轻。聚合物锂电池广泛应用于智能手机、平板电脑、笔记本电脑及航模无人机等电子设备。

（2）液态锂电池

液态锂电池使用液态有机溶剂和锂盐组成的电解液，通常可提供更高的能量密度。由于技术成熟，液态锂电池的生产成本相对较低，是当前市场上较常见的电池类型，目前圆柱状动力电池多为此类电解液。

（3）固态锂电池

固态锂电池，严格意义上指的是电极与电解液材料均为固态的锂电池。固态锂电池由于不存在液态物质，极大地提高了安全性，特别是在高温环境中或存在物理损伤时可以保证安全。并且固态锂电池的化学稳定性更好，通常能提供更长的使用寿命和更好的循环稳定性。但目前固态锂电池的商业应用还处于研究阶段，未来有望应用于电动汽车和大规模能源存储系统。

目前航模、无人机所使用的大多为聚合物锂电池，如图 3.25 所示。本书提及的航模电池均为聚合物锂电池。

图 3.25 聚合物锂电池

3.3.2 航模电池的参数

1. 电压

航模电池是由若干块电压为 3.7V 的长方形电芯组成的。航模电池通常用 "xS" 表示有多少块电芯组成，例如 3 块电芯则用 3S 表示，4 块电芯用 4S 表示，以此类推。

（1）放电截止电压

放电截止电压是指电池在放电过程中应停止放电的最低电压，以保护电池并避免过度放电。过度放电会损害电池的寿命和性能，甚至可能导致电池永久性损坏或发生安全事故。

航模电池中一块标准电芯的标称电压通常为 3.7V，而放电截止电压通常为 3.5V。虽然在理论上，电池电量完全耗尽时的电压为 2.75V，但当电池放电至电压低于 3.5V 已经属于过放，可能会使电池鼓包导致永久性损伤（电量无法充满）或直接报废（电池完全无法充电）。因此为了尽量延长电池的寿命，建议电池放电至电压低于 3.7V 即可充电，最低电压不宜低于 3.5V。

而对于由多个电芯组成的电池，其放电截止电压为单个电芯的放电截止电压×电芯数量。例如，对于 3S 电池（由 3 个 3.7V 电芯串联组成），放电截止电压为 3.5V×3，即 10.5V。

（2）充电截止电压

充电截止电压是指在对电池进行充电时，为了保护电池防止过充应当停止充电的最高电压。过放会导致电池损坏，过充同样也会导致电池性能下降、寿命减少，甚至可能引发安全问题，如电池膨胀或起火。

对于单个锂电芯，充电截止电压一般设定为 4.2V。这是为了确保电池在充电过程中的电压不会超过其最大安全电压，从而保护电池免受损害。对于由多个电芯串联组成的电池，充电截止电压是单个电芯的充电截止电压×电芯数量。例如，对于 3S 电池（由 3 个 3.7V 电芯串联组成），充电截止电压为 4.2V×3，即 12.6V。表 3.6 所示为常见的 1S～6S 电池的标称电压、放电截止电压和充电截止电压，供读者参考。

表 3.6　电池充放电推荐电压

电池芯数	标称电压/V	放电截止电压/V	充电截止电压/V
1	3.7	3.5	4.2
2	7.4	7.0	8.4
3	11.1	10.5	12.6
4	14.8	14.0	16.8
5	18.5	17.5	21.0
6	22.2	21.0	25.2

由于航模电池多由多个电芯组成，要让多个电芯同时获得相同的电压，避免某些电芯过充而某些电芯未充满，则需要使用具有平衡充电功能的充电器。这类充电器具有过充保护装置，可以防止电芯过充，具体内容将在后文进行介绍。

（3）电池存储电压

电池的存储电压是指电池在长时间存储时应保持的理想电压，旨在最大程度减少电池的性能退化。对锂电池而言，推荐的存储电压通常是其额定电压的 40%～70%，这有助于防止电池过充或过放，减少化学活性流失，从而延长电池的使用寿命。

由于长时间不使用，锂电池的电量会逐步流失。而锂电池单电芯的标称电压为 3.7V，放电截止电压为 3.5V。为了保证在长时间不使用时，电池电芯不会因为缓慢放电低于 3.5V 造成电池损坏，通常厂商建议电池在电压为 3.9V 的情况下进行保存。

对于部分具有智能保护板的电池，可设置在充满电后多少天将电池电量放至多少，例如大疆无人机的无人机智能电池。而大部分的电池都是不具备智能保护板、没有自放电功能的。对于这类电池，则需要自行检测电池的电压，并使用具有放电功能的平衡充电器对其进行放电操作。

（4）电池电压测量器——万用表和 BB 响

对于不具备智能电路板的电池，需要手动测量其电压。若无人机配备电流计，操作员可通过飞控的外置电流计从地面站获取电池当前的电压。然而，每次开启无人机和地面站进行操作较为烦琐。更为简便的方法是使用万用表和 BB 响对电池电压进行测量。

万用表既可以测量电流，又可以测量电压。要测量电压时，只需将万用表调至电压测量挡位，如图 3.26 所示。需要注意的是，万用表有多个挡位，如果拧到 20V 挡位，使用万用表只能测量 20V 以下的电压，对于超过的 20V 的电压则无法测量。因此建议直接将万用表挡位设置为 200V。最后只需要将万用表的红、黑表笔分别与电池的正、负极接口相接，得到的万用表读数如图 3.27 所示，此时显示的便是当前电池的实时电压。

图 3.26　将万用表调至电压测量挡位

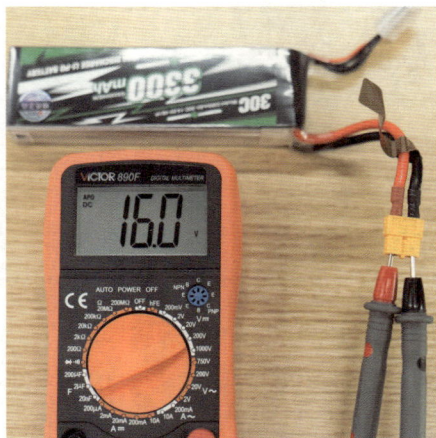

图 3.27　用万用表读取电池电压

但是万用表只能用于对电池的电压进行测量，并不能实时监测，因为红、黑表笔不便一直与电池相连。因此，需要使用专门为测量航模电池电压所设计的低电压报警器，俗称为 BB 响，如图 3.28 所示。这种装置容易购买，有不带壳[见图 3.28（a）]与带壳[见图 3.28（b）]两种，读者根据喜好进行选购即可。推荐初学者至少购买一个，可以很方便地对电池电压进行监测。

（a）不带壳　　　　　　　　　　　　　（b）带壳

图 3.28　BB 响

BB 响的使用方法十分简单，将平衡充接口（即图 3.29 所示的白色接口）与 BB 响相连即可，具体操作方法如下。

图 3.29　BB 响连接图

将 BB 响正面朝向操作者，发声器朝上，针脚朝下。将平衡充接口连接在 BB 响接口最左侧，保证红线在右侧、黑线在左侧，且第一根黑线要与 BB 响左侧第一个针脚相连，如图 3.29 所示。

正确连接后，BB 响会以高音量发出"哔哔"两声，然后显示"ALL"，接着显示一个数字，该数字代表的是电池总电压。随后，BB 响会依次显示"NO1"，表示第一个电芯的电压。例如，显示"NO1"后接着显示"3.85"，表示第一个电芯电压为 3.85V。然后 BB 响会依次显示"NO2""NO3""NO4""NO5""NO6"及对应的电压，分别表示第二、第三、第四、第五、第六个电芯的电压（若电池为 3S，则只显示到"NO3"，以此类推）。

BB 响不仅能够测量电压，还可以进行电压监测报警。使用方法如下：按一下两个喇叭中间的黑色小按钮，BB 响会显示数值，并循环显示。显示"OFF"表示关闭报警功能，显示数值则表示 BB 响的报警电压，即电池中任何一个电芯低于显示（设定）的电压时，BB 响便会报警。

例如，若需将 BB 响的报警电压设置为 3.5V，则按动按钮直到 BB 响显示 3.5，设备会自动保存用户当前设定值，几秒钟后会恢复显示当前实时电压。

2. 电池容量

电池容量单位为 mAh，即毫安时。电池容量代表电池能以某电流持续放电多少小时，例如一块电池的电池容量为 2300mAh，表示能以 2300mA（即 2.3A）的电流放电一小时。

航模电池可选的容量范围很广，一般为 450mAh～32000mAh。电芯数量较少的电池容量通常较小，因此多电芯电池的起步容量要比少电芯电池更高。

电池的容量决定了无人机续航时间，对于相同电压即相同电芯节数的电池来说，容量越大，能提供的电能越大，但其电芯的总尺寸及质量也将随之增大。以格氏 3S 航模电池为例，电池容量为 650mAh 时电池质量为 59g，电池容量为 1300mAh 时电池质量为 121g，容量翻倍的同时质量跟着翻倍还多，电机和螺旋桨需要产生更多的升力来抵消多出的这部分质量。因此，对于给定的无人机，需要在不超出电机和螺旋桨最佳力效的负载情况下，尽可能增大电池容量，以便获得更长的续航时间。

3. 电池电量

在讨论电池续航时，电池容量是一个关键参数。容量越大，续航时间通常越长。然而，比较电池的续航时间时，仅考虑电池容量并不充分。容量对比的结论基于相同电压的前提，容量更大的电池提供的电能更多。对于不同电压的电池，需要引入电池电量（单位为 Wh）这一参数。

通过式（3.7），可以计算出不同电压的电池容量，从而确定哪个电池提供的电能更多。

$$E = U_{额定} \times C \qquad （3.7）$$

式中，E 表示电池电量，单位为 Wh；$U_{额定}$ 表示电池的额定电压，单位为 V；C 表示电池的容量，单位为 Ah。以 3S 电池为例，额定电压为 11.1V，电池容量为 1800mAh（即 1.8Ah），则电池电量为 19.98Wh。同理，4S 电池的额定电压为 14.8V，电池容量为 1500mAh（即 1.5Ah），电池电量为 22.2Wh。

根据上述计算结果可知，4S 1500mAh 电池提供的电量（22.2Wh）比 3S 1800mAh 电池的电量（19.98Wh）更多。因此，尽管 4S 电池容量较小，但其续航时间可能更长。

4. 电池放电倍率

电池放电倍率通常以 C 为单位，用于描述电池能以多大的电流安全放电，计算公式如式（3.8）所示。

$$放电倍率（C）=最大持续放电电流（A）/电池容量（Ah） \qquad （3.8）$$

例如，一个放电倍率为 20C 的 2000mAh 电池意味着这个电池可以在 3 分钟内以最大 40A（20×2A）的电流持续放电。电池的放电倍率和电池内阻相关，电池内阻越小，放电倍率越高。相反，电池内阻越大，放电倍率也就越低。在日常使用中，随着电池的充放电次数增多，电池的内阻会逐渐增加，放电倍率逐渐减小。

图 3.30 所示为一块 1300mAh 的航模电池在不同放电倍率下，电压随时间变化的曲线。其中横坐标表示时间，单位为 min；纵坐标表示电压，单位为 V。

15C～25C 已属于大放电倍率，仅几分钟电已全部放光，符合航空模型的实际情况。

可以看到在放电起始阶段电压曲线下降得很快，随着时间延长逐渐变缓，又在放电即将结束时迅速下降。当电压低于 2.5V 时，电池很可能已因过放而损坏。同普通干电池（电压慢慢降低）相比，高倍率放电条件下的锂电池电压下降的速度是相当快的，所以使用者必须在电压明显下降且电压高于 3.5V 时立即停止使用。

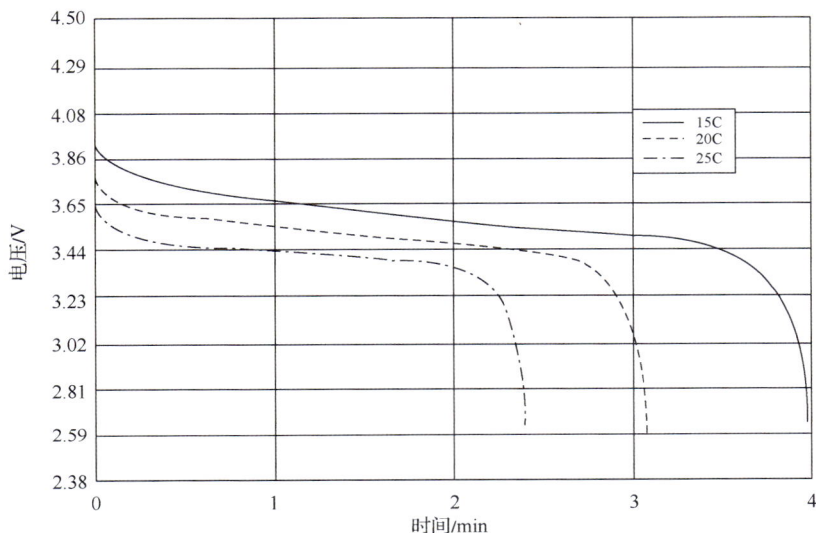

图 3.30　某电池放电曲线

由此可以得出以下结论。

①　放电倍率越大，电池电压下降越快。

②　放电倍率越大，电池能放出的电量越少。

③　电池放电截止电压在 3.5V 附近，若电池电压低于 3.5V，电池很容易进入过放状态。

根据放电倍率选择电池时，需要考虑所用无人机的种类。竞速无人机对续航要求不高，但追求极致的速度。这类无人机的电机转速更高，需要更大的电流驱动电机从而爆发出更强的动力，因此这类无人机通常使用小尺寸、高倍率的电池，电池只需要能支撑其高强度飞行 5～10min，甚至更短即可。

而对于追求更长续航的航拍无人机，则推荐选择容量更大但放电倍率较低的电池。在同电压、同容量前提下，放电倍率越高，电池价格也就越高。航拍无人机并不追求爆发性动力，提高电池容量以实现更长续航才是关键。

5．电池内阻

电池内阻是指电池在工作时，电流流过电池内部所受到的阻力。这种阻力主要由电池的物理和化学特性决定，包括电池的尺寸、结构、材料以及电解液的性质等因素。电池内阻很小，因此单位通常为 mΩ 或 μΩ。

电池内阻的大小会影响电池的性能，例如，内阻较小的电池放电倍率较大，而内阻较大的电池放电倍率较小。电池内阻较大时，在电池正常使用过程中会产生较多热量，引起电池温度升高，导致电池放电电压降低、放电时间缩短，对电池的性能和寿命造成影响。

由于每个电池的电芯内阻不同，电池厂在生产成品电池时会尽量挑选内阻接近的电芯进行组合，如果电芯内阻相差过大，多个电芯充放电不一致，会导致电池鼓包，影响电池寿命。部分高端的电池平衡充电器具备电池内阻测试功能，可以通过该功能测试电池的内阻大小，判断一块电池的使用寿命。

6. 电池接口

电池接口种类繁多，具体接口类型如图 3.31 所示。不同接口所能承受的电流大小不同，对于无人机最常使用的便是 XT30、XT60、XT90 这 3 类接口。这 3 类接口体积较小，且能够承载的电流比大多数接口更大，更适合无人机这种需要高电流负载的运作场景。

通常来说，航模电池默认是 XT60 接口，只有部分输出电流较大的电池才会配备 XT90接口。因此，在无人机上使用的接口也选择 XT60 接口即可。

T插插头	XT-150	JST插头	SM插头	AS150插头
额定电流：25A 瞬时电流：50A	额定电流：60A 瞬时电流：130A	额定电流：8A 瞬时电流：22A	额定电流：3A 瞬时电流：15A	额定电流：100A 瞬时电流：150A
XT90母头	XT60母头	XT30母头	EC3插头	EC5插头
额定电流：45A 瞬时电流：90A	额定电流：30A 瞬时电流：60A	额定电流：15A 瞬时电流：30A	额定电流：25A 瞬时电流：50A	额定电流：40A 瞬时电流：90A
小田宫插头	大田宫插头	MT30插头	MT60插头	MR30插头
额定电流：10A 瞬时电流：20A	额定电流：15A 瞬时电流：22A	额定电流：15A 瞬时电流：30A	额定电流：30A 瞬时电流：60A	额定电流：15A 瞬时电流：30A

图 3.31　电池接口

此外，电池接口分为公头与母头两种类型，如图 3.32 所示，左侧的接口为 XT60 母头，右侧接口为 XT60 公头。公头接口内部为金属突出针，而母头接口内部则为金属导电套筒，刚好可以容纳公头的金属突出针。其他类型接口的公头、母头设计与此大同小异。

电池接口通常采用防呆设计，以防止将电池正、负极反接，造成电子元器件损坏。例如，图 3.32 中，公头、母头上侧外沿为梯形设计，下侧为矩形设计，该设计即为防呆接口，若方向不正确则无法插入。

图 3.32　XT60 公头、母头

然而，部分接口的防呆设计并不像 XT60 接口那样明显。如果发现接口插入不顺利，应检查正、负极是否插反，而不要强行插入。

航模电池通常有两个接口，一个是用于放电的 XT 系列接口，另一个是白色的平衡头充电接口（XH2.54 母接口），简称平衡充接口，如图 3.33 所示。电池电芯数目不同，平衡充接口的电线线束也有所不同。1S 电池的平衡充接口有 1 红 1 黑共 2 根线，2S 电池有 1 红 2 黑共 3 根线，以此类推。在平衡充接口中，除了两端固定正、负极的线，其余中间的几条线为正、负极一体，用于连接各个电芯，具体连接情况如图 3.34 所示。

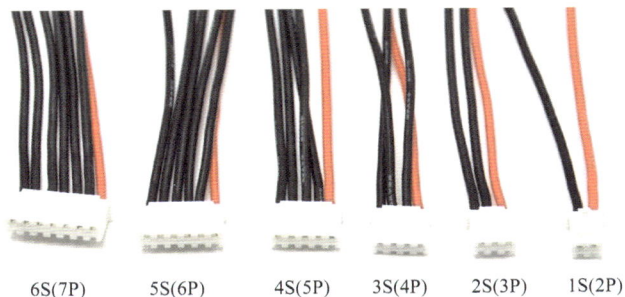

6S(7P)	5S(6P)	4S(5P)	3S(4P)	2S(3P)	1S(2P)

图 3.33　平衡充接口

平衡充接口在充电时能够为不同电芯输送不同电流，实现同时平衡充电，防止不同电芯间电压差距过大导致电芯损坏。由于充电电流相对放电电流较小，平衡充接口的电线比 XT60 接口电线更细。

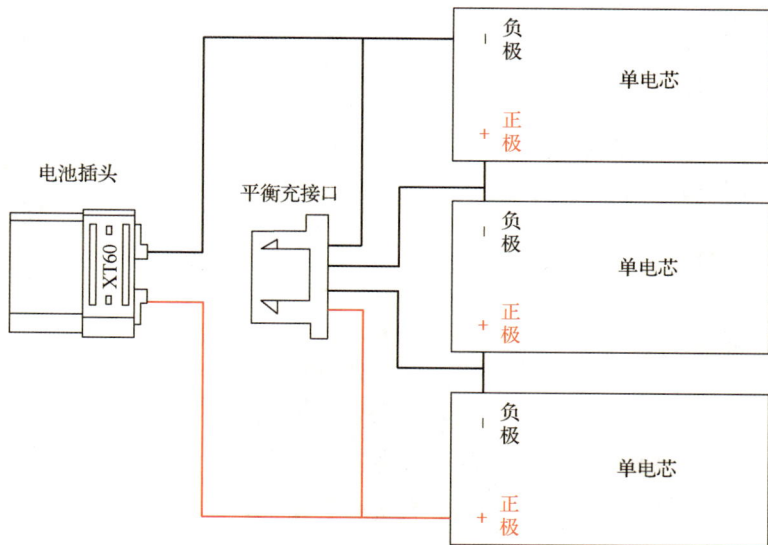

图 3.34　平衡充接口与电芯的连接

7. 最大充电电流

与最大放电电流类似，电池在充电的过程中也有最大充电电流，其电流倍率也以 C 为单位。通常来说，电池的充电电流并不大，电池包装上的"≤6C"代表电池的充电倍率。在商品详情页当中，商家会标明电池最大充电流与推荐电流。

如果在充电过程中需要快速充电，可在平衡充电器中设置低于最大充电电流的数值对电池进行充电，这要求使用的平衡充电器具有电流调节功能。一些平衡充电器会根据电池类型自动分配充电电流大小，但无法手动更改。更高级的平衡充电器则允许手动选择充电电流，价格也相对较高。

3.3.3　航模电池的日常使用与保养

任何电池都有使用寿命，航模电池也不例外。通常情况下，锂电池使用寿命为 300～500 次循环。所谓循环是指电池从满电到完全放电，再从完全放电，充至满电的过程，例如从满电使用至 50%再充至满电的情况只能算半个循环。

在经历 300～500 次循环后，电池并不会立即报废，但其健康程度会显著下降。这是因为每次充放电过程中，电池内部的化学成分发生变化，从而导致电池的寿命降低。目前，市面上的高品质电池能够在经历 300～500 次循环后保持约 80%的原始电量存储能力。因此，在多次循环后电池仍然可以继续使用，只是续航能力会下降。

锂电池的使用寿命相对较长。然而，绝大部分航模电池并不是因为多次循环导致健康程度下降而损坏的，而是由于错误的充放电操作、不当的使用方式以及缺乏日常维护保养所致。例如，电池过放可能导致新买的 4S 航模电池仅使用 3～4 次便鼓包损坏。为了避免类似情况发生，本书列出一些电池的日常使用与维护注意事项，供读者参考。

1. 充电操作

购买新电池后，首先应确定电池的芯数和规格是否与购买时一致，并询问卖家推荐的充电电压，使用万用表或 BB 响检测电池当前电压。通常，商家售卖的电池属于长期存放电池，电池电压一般为 3.7～3.8V。如果新电池为满电或亏电，应询问卖家是否是退货电池，并申请换货或退货。若检查电池电压无误，可使用无人机进行接电测试，检查电池放电是否正常（仅测试放电情况，不可直接进行使用）。

电池检测无问题后，即可对电池进行充电。需要参照电池说明书或询问卖家推荐的充电电流，使用平衡充电器正确设置电池参数，如电池类型（通常为 Li-Po）、电池芯数、电池电流，进行充电激活操作。正规厂商生产的平衡充电器具备安全保护功能，因此在确定电池充电参数设置无误后，等待电池充电完成即可。

在日常使用过程中，如无特殊情况，应将充电电流设置为推荐值。如上一次更改过电池充电电流参数，下次充电时应恢复设置，以较大程度延长电池寿命。

2. 放电操作

与手机的锂电池不同，手机锂电池自身带有电池充电板，并且手机本身也具有充放电集成电路（Integrated Circuit，IC），在多重保障的情况下，即便将电池电量完全耗尽也不会对其造成过大损伤。而大多数的航模电池本身并不具有电池板，没有电压显示功能（智能电池除外），因此在使用过程中无法实时监看电池的电压大小，很容易造成电池过放，绝大部分的电池损坏情况出现在电池放电这一阶段。航模电池发生过放情况极容易造成电池鼓包导致电池损坏，而且在这种情况下，厂家通常不提供保修服务。所以推荐每位读者在购买电池的同时购买至少一台 BB 响对电池电压进行实时监测，并购买电流计在飞行过程中对无人机进行监控。

在对无人机进行地面通电检测或为图传等额外设备供电时，最好连接 BB 响，将电池低电压报警值设置为 3.7V。当电池中某块电芯电压低于 3.7V 时，BB 响会发出警报，提醒用户避免电池过放。

而在无人机飞行过程中，由于输出功率较大，电压会急剧下降，造成地面站监控到的单节电池电压低于 3.7V，但当无人机降落后，由于电池没有负载，地面站监测到的电池电压会回升至 3.7V 甚至 3.8V 以上。实际上电池的电量还有许多，此时将 3.7V 设置为电池单芯最低电压便会浪费相当多的续航时间。因此，可以将电池的放电截止电压设置为 3.5V。

3．长期存储

当需要长期存储电池时，需要将电池的单芯电压设置为 3.85V，对满电的电池以及亏电的电池进行长期存储都对电池的寿命不利。可以使用具有电池存储功能的平衡充电器进行该操作。

若平衡充电器不具备该功能则需要手动操作。对于电压较高的电池需要使用耗电设备（如无人机）对其放电，直至电压降低至 3.85V；而对电压较低的电池则需要使用充电器充电，并监测该电池当前电压，当充至 3.85V 后手动停止电池充电。

在长期存储过程中，需要在常温下存放电池，并且在存放时每三个月时对电池进行一次充放电，以保持电池中化学成分的活性。

4．低温环境使用注意事项

由于聚合物锂电池化学和物理性质的限制，当电池温度低于 4℃时，其放电性能会受到影响，能够释放的电能相比常温时有所降低；当温度低于−10℃时，电池性能受到严重影响，可能无法放电。这并不是电池损坏，而是温度过低导致电解液凝固，只需将电池置于常温环境中，待其温度恢复后即可正常使用。因此，应尽量避免将电池放置在低温环境中。

若无人机需要在低温环境中工作，建议先在常温室内将电池充满电，并采取保温措施，例如，将电池放置在保温袋或泡沫箱中，并使用暖宝宝或热水袋等提供热量。在取出电池后，应尽快将其放置于无人机中并启动，无人机工作时电池会产生一定热量，从而维持温度，并且需实时监测电池电压变化。

若长期在低温环境中工作，建议购买专门设计的低温聚合物锂电池。这类电池采用特殊电解液和材料，能够在较低温度下正常工作。

5．保养注意事项

① 在使用电池的过程中应该尽量避免将之与尖锐的金属物体一同放置，以免金属物体刺穿电池造成电池短路起火。

② 尽量避免下雨天使用无人机，如果在飞行过程中遇到下雨，请尽快降落，以防止电池或电机进水短路。

③ 在无人机飞行完毕降落后需要及时将电池取出，一方面防止电池过放，另一方面防止误操作导致无人机伤人。刚飞行完毕的无人机电池温度较高，此时需要等待电池完全冷却才可以充电，防止电池在高温环境或者高温状态充电影响电池寿命。

④ 使用过的电池应与未使用的电池进行区分，可以放置在不同的收纳袋中，或使用不同颜色的标签。在为无人机安装电池后最好对电池电压进行测量，防止飞行过程中电量不足造成无人机坠机。

3.3.4　航模电池的选购建议

1. 电池的质量与容量

为无人机选择电池的难点在于电池的质量。通常，根据需要执行的任务选择机架、电机和电调，然后再挑选电池。此时，无人机的载重已经确定，只能在剩余的载重范围内选择电池。例如，无人机的设计总质量为 2kg，而除电池外的其他设备质量已达到 1.5kg，那么只能选择 0.5kg 以内的电池。

电池的质量与电池的容量成正比，容量越大，质量也越大。因此，需在不超过设计载重（即 0.5kg）的范围内挑选所需电池。例如，可选用 4S 5300mAh 45C（477g）、6S 3000mAh 75C（480g）、6S 3300mAh 45C（485g）等型号。具体选择哪款电池需根据所选电机和电调来决定。

2. 电池的电压与持续电流

电池的电压与持续电流主要由所选择的电机和电调决定。首先，电机的详情介绍中会标明该电机适配的电压参数，所购买的电池必须符合电机要求的电压。例如，380 机架推荐的 2212 电机，要求使用的电池为 3S 或 4S，则可以选择 4S 电池进行搭配。再如，适用于 550 机架的 3508 电机推荐使用 4S～6S 电池，则可在此范围内选择。

确定电池电压后，需要根据电机所需电流大小确定电池的放电倍率，即电池需要的最大持续放电电流。通常，该数值为 4 个电调电流之和。例如，2212 电机使用 9045 螺旋桨时最大电流为 18.2A，电调应为 20A，4 个电机总电调电流为 20A×4=80A。4S 5300mAh 45C 电池的最大持续放电电流为 5.3A×45=238.5A，远大于 4 个电机所需的总电流，因此可以使用。而 4S 2400mAh 30C 电池的最大持续输出电流为 2.4A×30=72A，不足以支撑 4 个电机全功率输出，因此尽管是 4S 电池，但不适合 2212 电机使用。

对于容量相同但放电倍率不同的电池，例如 6S 3000mAh 75C 与 6S 3300mAh 45C，两块电池质量均在 480g 左右，此时需根据无人机的用途进行选择。对于航拍无人机，45C 电池已经足够，而对于竞速无人机，75C 电池则是更优选择。

3. 电池品牌选择

国产电池品牌众多，类型丰富。读者可以选择使用信赖的电池品牌，本书推荐初学者使用格氏（格瑞普）电池。该品牌电池种类齐全，信息获取方便，因此深受广大无人机爱好者的信赖。

3.4　平衡充电器

平衡充电器是一种专门用于航模电池充电的设备，它能够确保电池在充电过程中的电压平衡，避免因电压不平衡导致的充电问题，如充电不完全或电池损坏等。平衡充电器的主要功能是通过智能识别电池类型，自动调整输出电压和电流，确保电池能够安全、快速地充电。此外，平衡充电器还能保护电池，延长电池寿命，并具备避免过温、过流、过充、反接的功能，以及自我检测等功能。

3.4.1 平衡充电器的选购参数

1. 兼容的电池类型

平衡充电器必须与用户当前使用的电池类型兼容。对于不同类型的电池，需要不同的充电算法以确保兼容。

航模电池通常为 Li-Po 电池，大部分平衡充电器均支持 Li-Po 电池。但是部分平衡充电器并不支持为 Li-Po 电池以外的电池充电，如果想购买平衡充电器为其他电池进行充电，需确保该充电器的型号匹配。

2. 电池的电芯数量

平衡充电器应支持所使用电池的电芯数量。例如，对于 4S（四电芯）Li-Po 电池，平衡充电器应能支持至少 4 个电芯的平衡充电。部分价格较低的平衡充电器只适配特定电芯数的电池，即这些平衡充电器仅具有支持特定电芯数的平衡充接口。图 3.35 所示为 HOT RC A400 充电器，仅具有 3S 和 4S 平衡充接口，因此只能为这两类电芯数的电池进行充电，其他电芯数的电池无法连接。

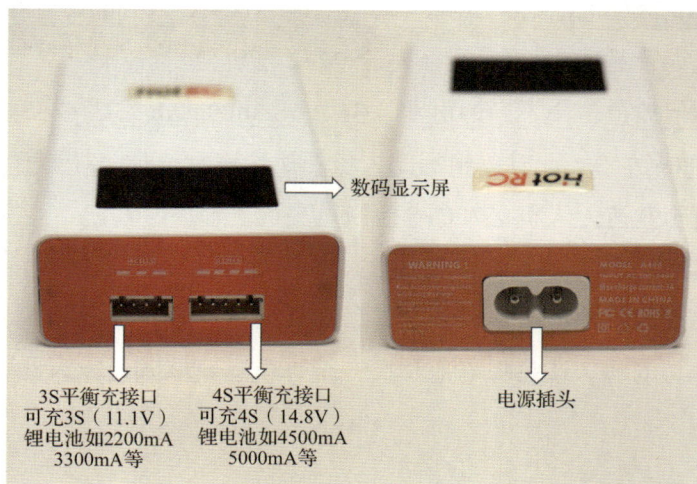

图 3.35　HOT RC A400 充电器

高端平衡充电器则支持多种电芯数的电池进行充电。通过使用图 3.36 所示的平衡充转接板，可以将一个平衡充接口拓展为多个平衡充接口，以适配不同电芯数的电池。

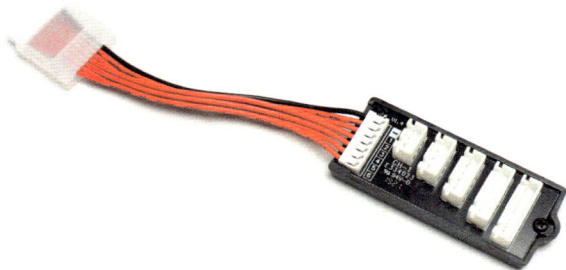

图 3.36　平衡充转接板

3. 最大充电电流和功率

平衡充电器的最大充电电流和功率决定了电池的充电速度。前文提到，电池具有最大充电电流这一参数。如果需要快速充电，可以将充电电流设置为大于推荐充电电流，但不超过最大充电电流，前提是所使用的平衡充电器能够支持如此大的电流输出。

图 3.35 所示的平衡充电器的最大充电电流为 3A，最大功率为 40W。这意味着在为 3S 电池充电时，平衡充电器会以每个电芯 4.2V 的电压输出，即总充电电压为 12.6V，此时充电电流为 3A，充电功率为 37.8W。考虑到充电过程中电流的损耗，充电功率可能接近 40W，即平衡充电器最大充电功率。

对于 4S 电池，满电流情况下充电功率将达到 50.4W，已超出该充电器设计的最大充电功率。此时，充电器的输出电流不会是 3A，而是低于 3A 的电流，以尽可能接近 40W 的功率运行。具体功耗和电流由充电器内置的电流芯片实时控制。因此，选购平衡充电器时，既要查看其支持的最大输出电流，也要注意其最大输出功率。可以根据电池类型进行手动计算，以确保平衡充电器满足需求。

4. 显示屏和用户界面

好的显示屏和用户界面可以使操作更简单明了，查看当前的充电状态、电压、电流和已充电量等信息是很有帮助的。低端的平衡充电器不具备显示屏，无法进行模式选择或者更改电流。而具有模式选择功能的平衡充电器当中，绝大部分为英文界面，用户友好性不高，只有部分高端的平衡充电器才具有中文界面。但此类充电器的价格相比其他类型的充电器来说会更高，需要用户根据自身预算进行考虑。

5. 安全功能

平衡充电器的安全功能包括过充保护、输出过流保护、输入过流保护、输出过压保护、过热保护、短路保护和电压监测等。这些安全功能能防止充电时发生意外，确保充电过程的安全，直接关系到电池的使用安全和充电器的可靠性。市面上主流的充电器都具备以上功能，甚至具有更多安全保护功能。但也有少部分劣质平衡充电器产品并不具备此类功能，在选购时务必查看商品详情页是否介绍安全功能。若平衡充电器连基础的安全保护功能都不具备，请不要购买！

6. 附加功能

高端充电器除了基础的充电功能，还提供附加功能，例如可选的电池放电模式、电池储存模式和电池内阻测试等。

电池放电模式是指将电池连接平衡充电器后，平衡充电器不是给电池充电，而是消耗电池的电量直至电池电量完全放完，用户可以设置电池的截止电压。

电池储存模式是指针对需要长期存储的电池，通过平衡充电器将电池电压调整至适合长期存储的电压，通常为 3.85V。该模式是智能模式，当检测到电池电压低于 3.85V 时，平衡充电器会为电池充电；若电池电压过高，则会进行放电操作。

电池内阻测试是指通过平衡充电器检测电池各电芯的内阻大小，从而判断电池的健康状态。一般来说，新的或健康的电池内阻较低，而随着电池老化或损坏，内阻会逐渐增大。对于多电芯组成的电池包（如无人机所用的 Li-Po 电池），电池内阻测试可以帮助用户确认所有电芯的一致性。如果某个电芯的内阻显著高于其他电芯，表明该电芯可能存在缺陷或损耗严重，需要特别注意或更换，以防止电池鼓包产生危险。

3.4.2 平衡充电器的选购建议

平衡充电器的选购相对其他组件来说较为简单，主要根据预算决定。

对初学者而言，第一台无人机通常是体积较小的机型，所需电池通常为 3S 或 4S。此时，选择图 3.35 所示的 HOT RC A400 充电器即可，该充电器能够满足大部分无人机的充电需求，且价格较低，对初学者来说是一个不错的选择。部分读者可能使用电芯数更少的 2S 电池，对于这些读者，如果预算不足，可以选择 Imax B3 Pro 充电器。这款充电器属于入门级，具有 10W 功率的 2S 和 3S 平衡充电接口，适用于容量较小的 2S 和 3S 电池。上述两款充电器的优点是价格较低，适合只需要为单块电池充电、不追求充电速度且预算有限的用户。

对于预算在 100 元以内，追求更快充电速度和更高充电效率的用户，建议选择功率更大的充电器，如 Imax B6AC。这款充电器提供更高的充电功率和更多功能，适合为多块电池或较大容量的电池充电。

对于预算在 200 元左右，或者对于充电速度有一定要求，希望能尽快充满电池的进阶用户，推荐购买 C1-XR 平衡充电器，如图 3.37 所示。该充电器具备进阶用户需要的各种功能，如充电保护、电池放电、电池存储功能、电池内阻测试，并且适配多种电池类型，可以为高电压 Li-Po 电池充电。C1-XR 平衡充电器的最大充电功率为 100W，最大放电功率为 5W，最大充电电流为 10A，最大放电电流为 2A，属于性价比较高的高端充电器。它的缺点是只有英文界面，且描述较少，对于新手用户不太友好，但代理商提供的中文操作说明手册对各类功能的介绍足够详细，用户可按照操作手册进行操作。

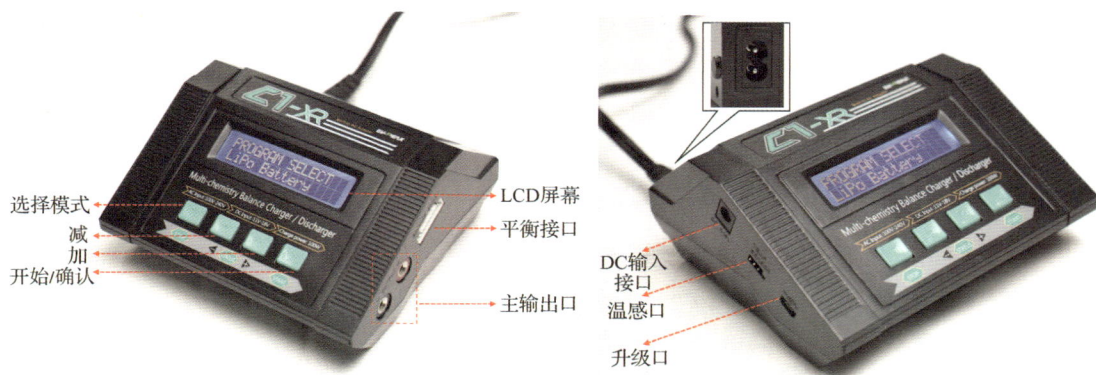

图 3.37　C1-XR 平衡充电器

　　针对预算较高的用户，推荐 ToolkitRC M7AC、ToolkitRC M6D、HOTA D6 Pro 3 款充电器。

　　ToolkitRC M7AC 充电器兼容多种电池类型，最大充电功率为 300W，最大放电功率为 15W，最大充电电流为 15A，最大放电电流为 3A。且该充电器具备多种功能，只需使用原厂附带的电源线进行供电，整体小巧轻便，并能提供高功率充电。

　　ToolkitRC M6D 和 HOTA D6 Pro 充电器属于双输出充电器，可同时为两块电池进行大功率充电，适合对充电功率要求较高的用户。ToolkitRC M6D 双口输出最大功率 500W（25A），单口输出最大功率 250W（15A）；HOTA D6 Pro 双口输出最大功率为 650W。这两款充电器的缺点是需要使用体积较大的开关电源进行供电，不能像前面几款充电器仅通过电源线连接机器本体进行供电。这 3 款充电器均具备中文显示界面，用户体验更好。

　　若有大功率单块电池充电的需求，推荐购买 ToolkitRC M7AC；若需要对多块大容量电池同时进行高功率充电，推荐购买 ToolkitRC M6D 与 HOTA D6 Pro。

3.5　遥控系统

3.5.1　遥控系统简介

　　遥控系统是无人机飞行控制的核心组成部分，允许操作者通过无线电信号远程控制无人机的飞行。无人机遥控系统通常包括遥控器和接收机两部分，如图 3.38 所示。遥控器将用户的控制操作转换成电信号，并通过无线通信方式发送给接收机。接收机接收到信号后，将其解码并转换成控制信号，随后传递给无人机的飞控。飞控根据接收到的控制信号，控制无人机的电机、舵机、螺旋桨等部件，从而实现预期的飞行操作。

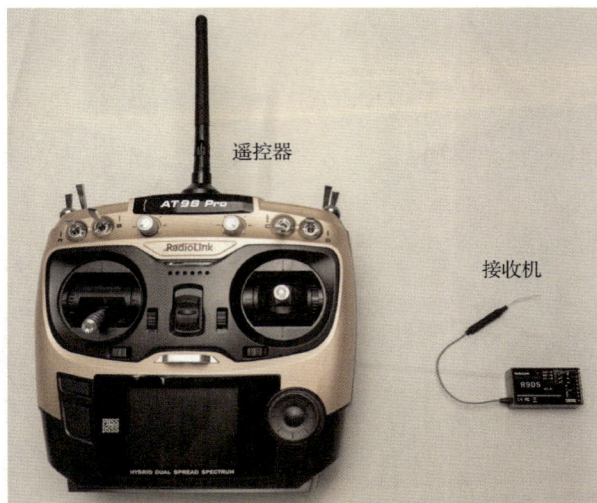

图 3.38　遥控器与接收机

无人机遥控系统的工作原理涉及无线通信技术、编码解码技术和防干扰技术等多个方面。无线通信技术是无人机遥控器与接收机进行数据传输的基础，常见的无线通信技术包括射频遥控、蓝牙、Wi-Fi 和通信卫星等技术。

下面将介绍一些遥控系统的基础知识，以便为读者挑选和搭配不同的遥控系统提供理论依据。

3.5.2　遥控系统的基础知识

遥控系统用于航模飞手操作航模飞行器，通过无线电的发送和接收实现对航模飞行器（如航模飞机、航模直升机、无人机等）的远程操控。遥控系统通常由两部分组成：遥控器和接收机。

（1）遥控器

遥控器是由操作者手持并用来控制舵机、电机等部件的设备。它通常包括手柄、按钮、摇杆等控制元件，通过操作这些控制元件可以实现对航模飞行姿态的调整、速度的控制等。现代的航模遥控器通常拥有多个通道，允许操作者对多个舵机或电机进行独立控制，从而实现更复杂的飞行动作。

（2）接收机

接收机是安装在航模上的设备，负责接收遥控器上的发射器发送的信号，并将其转换为对航模各部分（如电机、舵机）的控制信号。接收机通常通过无线信号（如 2.4GHz 频段）与发射器进行通信，以实现远距离操控。

1. 2.4G 遥控器的技术特点

遥控器主要可分为红外线遥控器和 2.4GHz 遥控器（简称 2.4G 遥控器）。其中红外线遥控器是传统的遥控器，例如玩具、电视与空调的遥控器等。这类遥控器的控制距离极短，但价格低廉，常用于对遥控距离要求不高的设备。

而对于需要远距离遥控的无人机、航模、无人车、无人船等，通常使用 2.4G 遥控器。2.4G 遥控器相比传统的红外线遥控器具有穿透能力强、稳定性高、多通道支持、频率跳跃等优势。

① 穿透能力强：相比传统的红外线遥控器，2.4G 遥控器发射的电磁波具有更强的穿透力，可以穿透障碍物，如墙壁和其他物体。因此，无论使用者在室内的哪个位置以及以何种角度，都可以使用 2.4G 遥控器来操作设备，而无须担心设备无法接收到信号的问题。

② 稳定性高：2.4G 遥控器的信号稳定性更高，不会受到光线、温度等环境因素的影响。这使得它在遥控距离较远时，也能保持良好的性能。

③ 多通道支持：2.4G 遥控器通常支持多个通道，可以控制多个功能。例如，飞行器的油门、飞行动作、航向等都可以通过不同的通道进行控制。这使得 2.4G 遥控器适用于各种复杂的设备。

④ 频率跳跃：2.4G 遥控器采用跳频扩频技术，即遥控器会在多个频道之间快速跳跃，避免信号受到干扰或拦截，可提高通信的安全性和稳定性。

由于航模遥控器使用的信号频段通常为 400MHz、800～900MHz、2.4GHz，在国际无线电波频段划分（详见表 3.7）中均处于特高频区域，因此航模遥控器也可以称为高频电磁波发射器。

表 3.7　国际无线电波频段划分

频段	频率范围	主要传播方式
甚低频（VLF）	3～30kHz	地波（双绞线）
低频（LF）	30～300kHz	地波（双绞线）
中频（MF）	300kHz～3MHz	地波、天波（同轴电缆）
高频（HF）	3～30MHz	地波、天波（同轴电缆）

频段	频率范围	主要传播方式
甚高频（VHF）	30～300MHz	天波、直线传播（同轴电缆）
特高频（UHF）	300MHz～3GHz	天波、直线传播
超高频（SHF）	3～30GHz	直线传播
极高频（EHF）	30～300GHz	直线传播

注：频率范围含左不含右。

2. 通道

通道是指遥控器可以控制的独立信号数量。每个通道都对应着遥控器上的一个控制元件（如摇杆、旋钮、开关等），操作者可以通过这些控制元件来操控航模上相应的设备，例如舵机、电机等。

遥控器有几路通道控制，就称这个遥控器是几通道。例如常见的天地飞 6 就是六通道。对航模固定翼飞机来说，有一些部件需要人为通过遥控器控制，例如油门、升降舵、方向舵、副翼、襟翼、起落架、拉烟器、灯光等，每一个部件需要一个单独的通道进行控制。有些部件控制需要很精确且为无级操作，如油门、升降舵、方向舵、副翼；有些部件控制固定为几挡操作，如襟翼、起落架、灯光。

针对上述部件，遥控器分别用摇杆与拨杆进行对应，对油门、升降舵、方向舵、副翼这类需要无级变化的部件，使用摇杆进行操作；对襟翼、起落架、灯光等固定为几挡的部件，则使用拨杆进行操作。

而对于多旋翼无人机，由于只需要控制无人机的升降（上升/下降）、俯仰（前进/后退）、横滚（左/右侧向运动）、偏航（水平面上顺时针/逆时针旋转）4 个动作，因此最基础的无人机只需要遥控器包含左、右两个摇杆外加一个开关控制器，共 5 个通道即可。对于"美国手"遥控器，左摇杆负责控制无人机的油门与偏航、右摇杆负责控制无人机的俯仰与横滚，另外用一个三段开关控制器用来控制无人机的飞行模式。

图 3.39 所示为 RadioMaster 公司设计并生产的 TX12 遥控器，该款遥控器左上部和右上部各有 4 个通道，左、右摇杆各控制两个通道，共计 12 个通道。通常来说，通道数越多的遥控器越高端。

3. "美国手"与"日本手"

遥控器的左、右摇杆用于控制无人机的升降、偏航、俯仰和横滚 4 个动作。然而，不同遥控器的左右摇杆控制的功能有所不同，分为"美国手"和"日本手"两种模式。

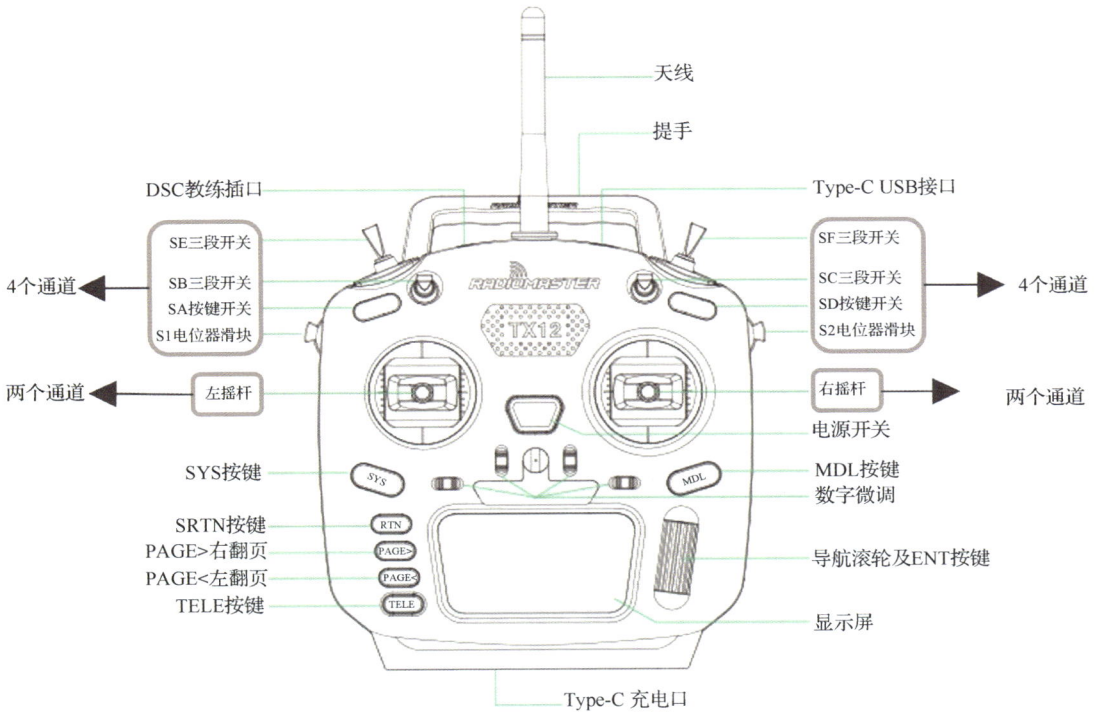

图 3.39 TX12 遥控器

由于航模活动最早在日本和北美地区开展，这两个地区对控制器中两个摇杆的功能定义有所不同。"日本手"操作如图 3.40 所示。遥控器的左摇杆负责控制无人机的前进/后退以及原地顺时针/逆时针旋转，右摇杆负责控制无人机的上升/下降和左/右运动。由于早期航模遥控器大多从日本进口，因此国内许多有经验的飞手习惯使用"日本手"。

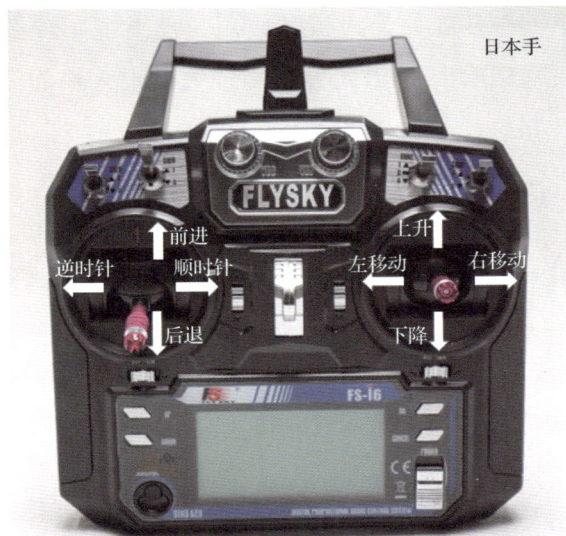

图 3.40 "日本手"操作

"美国手"操作如图 3.41 所示。遥控器的左摇杆负责控制无人机的上升/下降以及原地顺时针/逆时针旋转，右摇杆负责控制无人机的前进/后退和左/右运动。由于控制无人机俯仰与升降的功能与"日本手"操作相反，因此也称为"反日本手"。

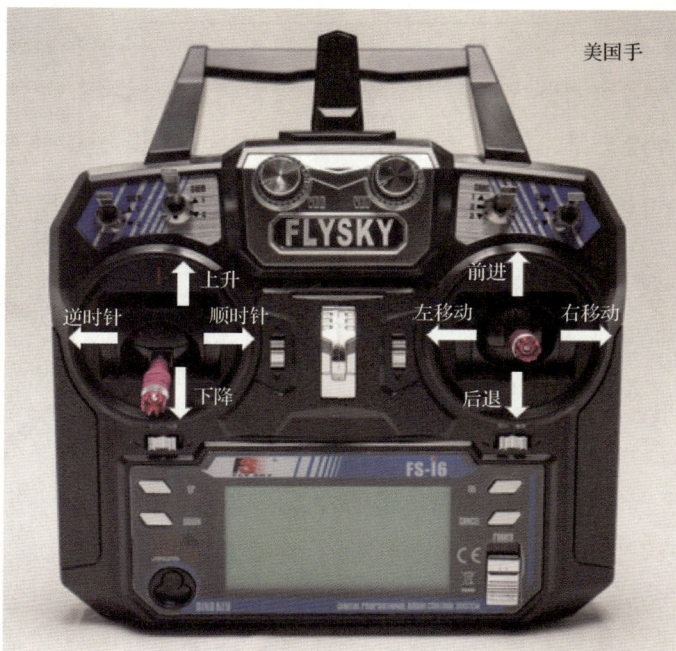

图 3.41 "美国手"操作

具体选择哪种操作方式可根据个人喜好进行，"美国手"与"日本手"的差异通常只体现在执行一些超高难度动作的时候。通常，控制固定翼无人机时使用"日本手"较多，而控制航模直升机和多旋翼无人机时使用"美国手"较多。大疆创新旗下的无人机的操作模式默认为"美国手"，因此曾使用过大疆无人机的用户可以继续使用"美国手"操作。

4. 回中与双回中

回中是指将遥控器上的控制杆从任意位置调整回中间位置，以确保飞行器的控制输入在不需要操作时保持中性状态。传统的遥控器（以"美国手"为例）用于控制俯仰、横滚、航向的摇杆在停止操作后都会回中，只有在控制油门（升降）时左摇杆不会回中，这种遥控器称为单回中遥控器，如图 3.42 所示。这是由于在早期的竞速无人机以及航模直升机中，并没有配备能够自动补偿油门量大小的飞控。当控制无人机向前飞行时，无人机机头会向前倾，需要操作者手动上推油门杆以加大无人机油门，并在飞行过程不断微调无人机油门大小，将无人机升高，防止摔落在地面。

图 3.42 单回中遥控器

随着大疆创新等无人机企业的崛起，多旋翼航拍无人机中的飞控能够自动补偿无人机前/后/左/右运动时油门的大小，从而实现平滑运动以及稳定悬停，因此对油门杆也做了回中处理。当油门杆处于中位时，向上推油门杆无人机上升，向下推油门杆无人机下降，不操作时无人机悬停。这种左、右摇杆都能实现回中的情况被称为双回中。

除了大疆航拍无人机，无人船以及无人车一般会使用双回中遥控器，如图 3.43 所示。

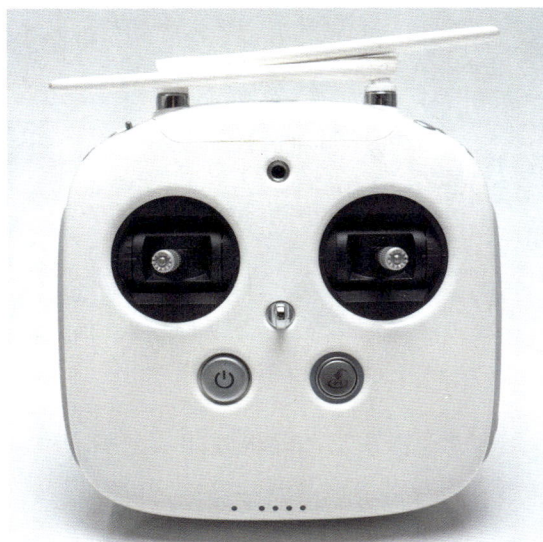

图 3.43 双回中遥控器

5. 霍尔摇杆与电位器摇杆的区别

霍尔摇杆通过霍尔传感器进行控制，与电位器摇杆相比，反应快速，具有较高的精度和可靠性，且不易受到摩擦和磨损的影响，因此具有较长的使用寿命。

电位器摇杆内部包含电阻刷，是一种通过改变电阻值来调节输出电压的电子元件。当移动摇杆时，电阻刷的电阻值随之变化，输出电压发生改变，从而确定摇杆位置。电位器摇杆精度和耐用性通常不如霍尔摇杆，容易受到摩擦和磨损的影响，响应速度也较慢。电位器活动时，内部的电阻刷一直处于摩擦状态，长时间使用容易损坏。

霍尔摇杆是目前较好的遥控器摇杆，适用于需要高精度和快速响应的应用场景，如竞速无人机以及特技固定翼航模等，但价格也较高。用户可根据自身需求与预算选择合适的摇杆。

6. 回传功能与失控保护

航模遥控器的回传功能与失控保护是为了提升飞行安全性和飞行体验而设计的两项重要功能。

（1）回传功能

回传功能是指将无人机上的一些数据实时回传到遥控器上进行显示，最简单的回传功能是回传飞行器的电池电压值和接收机电压值。要使用遥控器的回传功能，需要额外购买一个回传模块（见图 3.44）并将其连接在飞控或接收机对应接口上。

图 3.44　回传模块

另外，搭配特定的组件可以实现更多的回传功能，例如搭配电流计可以回传电流值，搭配 GPS 可回传无人机当前速度、高度，搭配陀螺仪可以回传飞行姿态，搭配液位计可以回传油动机的油量或是植保机的药量等。通过回传功能，操作者可以在飞行过程中监测飞行器的各项参数，并及时做出调整或应对，以确保飞行安全和顺畅。

（2）失控保护

失控保护是一种安全机制，旨在避免因遥控信号丢失或其他故障导致飞行器失去控制而发生事故。当遥控器与飞行器的连接中断或出现其他异常情况时，失控保护系统会自动采取预设的应对措施，以确保飞行器安全返回或自主降落。这些措施可能包括自动返回起飞点、悬停降落、自动返航等，具体取决于失控保护系统的设置和飞行器的配置。

7. 遥控器与接收机对码

遥控器发出的无线电信号是没有目的性的广播，在无线电传输范围内的所有接收机都可以接收到信号。遥控器需要和接收机建立一对一的连接，进行对码（或称为对频）操作。

每个遥控器的发射器都有独立的 ID 编码，开始使用设备前，接收机必须与发射器对码。只有进行对码的接收机和遥控器才能进行通信，没有对码的接收机，即使接收到了信号也不会做出反应。

对码完成后发射器的 ID 编码将储存在接收机内，且下次使用不需要再次对码。当用户购买了新的接收机，必须重新对码，否则接收机将无法正常使用。

对码的操作根据接收机和遥控器厂商的不同有所差异，具体参照厂商的说明书进行即可，这里以乐迪接收机举例说明。

① 将遥控器和接收机放在一起，两者距离在 1m 以内。

② 打开遥控器电源开关。

③ 按下接收机侧面的对码键（ID SET）1s 以上，指示灯闪烁，表示开始对码。接收机将寻找与之最近的遥控器进行对码。

④ 当指示灯停止闪烁，对码完成。

⑤ 查看遥控器与接收机连接信号是否正常，并解锁无人机观察电机是否旋转。

8. JR 仓与高频头

JR 是一家日本航模产品开发生产公司，全名是日本远隔制御株式会社（Japan Remote）。

JR 公司设计了一个模块化的硬件扩展接口，将遥控器预留一个带接口的槽（俗称 JR 仓），如图 3.45 所示。可以将不同的模块（如高频发射头模块）插入这个预留槽中。

图 3.45　JR 仓

此设计后来被大量使用，遥控器厂家或者第三方公司都可以设计一个跟 JR 仓大小相同、接口兼容的硬件模块，插入这个预留槽中。常用的扩展模块有各种用于不同距离和频率的无线通信模块——高频头，TBS 915 高频头如图 3.46 所示。

图 3.46　TBS 915 高频头

3.5.3　常见遥控器品牌型号及选择

国内外较为知名的遥控器品牌有 Futaba、Spektrum、RadioMaster、Jumper、睿思凯（FrSky）、富斯（FlySky）、乐迪（RadioLink）、黑羊（Team BlackSheep）等。

1. Futaba

Futaba 遥控器是由双叶电子工业株式会社生产的。自 1962 年以来，Futaba 一直是无线电控制产品的全球领先制造商。

Futaba 遥控器在信号传输距离以及产品可靠性和稳定性方面有着极高的水平，得到市场的广泛认可。并且产品线丰富，具有各式各样的遥控器。

虽然 Futaba 遥控器的功能十分强大，但其售价高，更适合高阶用户购买，并且更适合固定翼飞机或者航模直升机。对于具有飞控的多旋翼无人机，绝大多数的功能都可以在飞控上实现，因此并不推荐多旋翼无人机初学者入手。

2. Spektrum

Spektrum 是美国地平线模型（Horizon Hobby）公司旗下的品牌，专注于提供高性能的遥控设备。

地平线与 Futaba 类似，也是一家老牌的航模遥控器生产公司，以产品的稳定性和可靠性而闻名，特别适用于对航模直升机和固定翼飞机进行飞行控制，受到许多航模爱好者的青睐。但 Spektrum 遥控器价格与 Futaba 相近，让众多航模爱好者望而却步。并且由于多旋翼无人机有飞控，使得遥控器内置的许多功能并不能完全发挥作用。

3. RadioMaster

RadioMaster 是一家成立于 2020 年的高科技企业，专注于航模遥控器及周边产品的研发、生产和销售。该品牌以创新为根基，致力于推动模型行业的革新发展。RadioMaster 的遥控器以其人体工程学设计、大屏幕液晶显示器（Liquid Crystal Display，LCD）、可调行程的霍尔传感器、内置 USB Type-C 充电和数据端口等特点受到市场的认可。

RadioMaster 不仅注重产品的功能性和用户体验，还致力于开源硬件标准的推广和维护，响应全球爱好者的呼唤。虽然在品牌影响力上和 Futaba、Spektrum 还有一定差距，但凭借其可靠的品质，搭配的 OpenTX 开源系统和多模块固件，能够不断更新特性和功能。并且积极适配多种通信协议，可玩性与性价比较高，逐渐获得广大航模爱好者的认可。

从 2020 年开始，RadioMaster 陆续推出旗下各式各样的专业遥控器，如 TX16、TX12、Boxer 等，并鼓励开发者和用户积极参与开源项目的建设，主动为多旋翼无人机（如竞速穿越机和航拍无人机）做出针对性优化。随着用户社区的逐渐完善，RadioMaster 旗下的各类型遥控器逐渐具备与老品牌抗衡的实力。

对于预算充足、希望未来在航模领域长期学习的爱好者，以及想要更换遥控器的进阶飞手，建议入手 RadioMaster 旗下的产品。手较大的飞友可以购买 TX16S 遥控器，而手较小的飞友则可以选择 TX12 或者 Boxer。这 3 款遥控器均带有 JR 仓，方便加装外置配件。

4. Jumper

Jumper 是一家专注于生产航模遥控器的公司，其产品线涵盖多款型号的遥控器，如 T-Pro V2、T16 PRO、T20 等，这些遥控器支持多协议 OpenTX 系统，具有开源的特点。

Jumper 的遥控器以高性能和便携性著称，例如 T16 PRO 采用 STM32F429BIT6 作为微控制单元（Micro Controller Unit，MCU），配备工业级 4.3 寸 480×272 户外可读彩色屏，且预留外接高频头插槽，支持 JumperTX 系统。

此外，Jumper T-Pro V2 遥控器以小巧而强大的特点受到用户的喜爱。相比于传统方方正正的"板控"遥控器，Jumper T-Pro V2 遥控器采用游戏手柄造型，在极大地缩小遥控器尺寸并且提升握持手感的情况下，仍然具有较高的性能。不喜欢"板控"遥控器的飞友可以考虑入手。

5. 睿思凯（FrSky）

睿思凯是我国一家成立于 2010 年的科技公司，该公司以研发为导向，专注于技术进步与创新，致力于电子产品的开发和制造。

睿思凯的产品因其卓越的可靠性和高质量而闻名于世，特别是在遥控器领域，使用

Open TX 固件开发的 Taranis 2.4GHz 无线电发射器，以及通过 ACCST 跳频系统将旧式 35MHz 发射器转换为更可靠的 2.5GHz 系统的插件模块，都获得了极高的评价。

2019 年，睿思凯凭借旗下的 X9D 产品在竞速无人机遥控器市场中展现了极强的竞争力，几乎成为当时初学者的首选遥控器。然而，随着时间推移，X9D 的屏幕和系统相对于当前市场中的遥控器略显落后，但整体性能依然强劲。对新手来说，同价位下有更好的选择，但如果价格合适，X9D 仍是一个值得考虑的选择。睿思凯 X9D Plus 2019 如图 3.47 所示。

图 3.47　睿思凯 X9D Plus 2019

6. 富斯（FlySky）

富斯是一家成立于 2006 年的中国公司，专注于遥控模型的研发和生产。富斯的产品线涵盖从入门到高端的各种遥控器，如 FS-PL18S、FS-EL18、FS-i6（见图 3.48）等多款产品。

图 3.48　FS-i6

其中，FS-i6 因其优良的性能、轻量级、低功耗、合理的价格，以及极高性价比在飞友之间广受好评。富斯在 FS-i6 的六通道基础上继续迭代升级，推出 FS-i6X 遥控器，支持十通道遥控，并且价格适中，对于多旋翼无人机的入门者无疑是一个不错的选择。

7. 乐迪（RadioLink）

乐迪是国内一家专注于无人机研发的公司，于 2003 年成立，在国内航模遥控领域深耕至今，是国内极为老牌的遥控器厂家。

乐迪也是主打性价比的品牌，其经典产品 AT9S Pro（见图 3.49）拥有 12 个通道以及高清的彩色液晶仪表，搭配乐迪自主研发的中文系统，对初学者来说更加容易上手。此外，该产品采用直接序列扩频（Direct Sequence Spread Spectrum，DSSS）与跳频扩频（Frequence Hopping Spread Spectrum，FHSS）混合双扩频技术，具有低噪声（7dBi）高增益双天线，能够实现 4km 的远距离操控。并且支持交火串行协议（Crossfire Serial Protocol，CRSF），可以加装黑羊高频头，进一步提高遥控稳定性并增长传输距离。美中不足的是其没有配备 JR 仓，需要考虑外置配件。

图 3.49　乐迪 AT9S Pro

8. 黑羊（Team BlackSheep）

黑羊（Team BlackSheep）简称 TBS，是一个无线电遥控飞机发烧友团队，成立于 2011 年，总部位于瑞士。该团队的前身是一家美国机构，专注于多轴飞行器的研发和飞行事务，包括航拍、穿越竞速及穿越表演等。

该公司最为人熟知的不是遥控器，而是其高性能的高频头配件。TBS 的两款 915MHz 高频头被飞行爱好者亲切地称为"大黑羊"和"小黑羊"。

对于支持加装外接高频头的遥控器，通过连接 TBS 高频头，可以显著提高遥控器的稳定性和穿透性。特别是对于竞速无人机，飞手通常需要在固定位置操控无人机在比赛场地或废弃建筑物中穿梭，在此期间，遥控信号会受到建筑物、障碍物的遮挡及地面杂波的干扰，导致信号衰减或失联。对于速度可达近百千米/时的无人机，极其细微的传输中断都会导致失控坠毁。因此，TBS 高频头对竞速无人机高阶选手来说，是一件难得的"神器"。

3.5.4　通信协议

无人机的遥控信号传输流程可以简化为图 3.50 所示。遥控器将飞手操控的指令信号转换为电信号，并通过无线电的形式发送给无人机上搭载的接收机，接收机将接收到的电信号转换为飞控能够理解的操作信号。

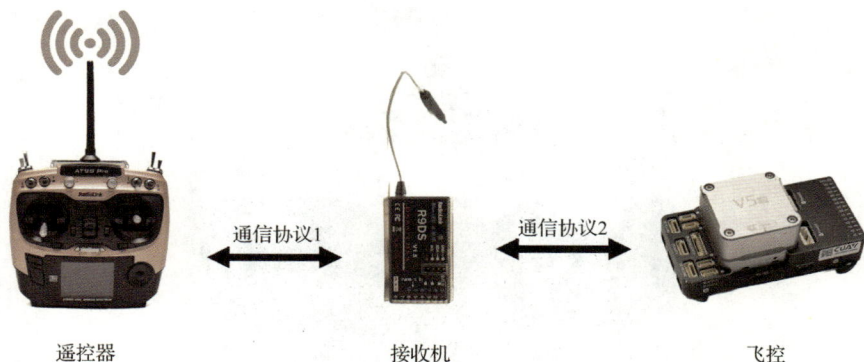

图 3.50　遥控信号传输流程

遥控器发射的信号属于电磁波。在现代社会，尤其是互联网快速发展后，无线电干扰源很多。例如，移动信号基站、手机及路由器等，这些信号源都会不断发射不同频段的电磁波，从而干扰接收机接收遥控器发出的信号。

为了让接收机准确接收遥控器发出的信号而不是其他干扰信号，需要为遥控器发射的无线电信号引入加密传输协议，这里称为通信协议 1。这类似于两个人用家乡方言交谈，只有懂这种方言的人才能理解其内容，不懂方言的人则无法理解。

早期，这种通信协议没有统一标准，而遥控器生产厂家众多，各厂家各自研究的加密跳频技术不尽相同，因此无法互相兼容，仅能由遥控器向接收机发射信号。现在接收机不仅能接收信号，还可以将无人机的信息（如电池电压、飞行模式、飞行姿态等）回传给遥控器，实现双向通信。各个厂家的协议还分为一代和二代等版本，增加了复杂性。

例如，Futaba 的 FASST 作为第一代通信协议，仅支持单向通信功能；而 T-FHSS 协议支持双向回传功能。除了 Futaba，其他资深品牌也有自己的通信协议，如地平线的 DSM、DSM2，睿思凯的 ACCESS 和 ACCST，以及富斯、乐迪、黑羊等品牌的协议。

除了遥控器与接收机的通信协议，接收机将信号传输到飞控的过程中也会使用一种通信协议，这里称为通信协议 2。相比通信协议 1，通信协议 2 相对简单。目前主流的 3 种通信协议 2 是脉冲宽度调制（Pulse Width Modulation，PWM）协议、脉冲位置调制（Pulse-Position Modulation，PPM）协议和串行总线协议。

PWM 协议是较早使用的通信协议，通常搭载在早期的固定翼航模无人机当中。PWM协议的特点是每个通道均使用一根 3 针杜邦线与飞控进行数据传输，因此接收机后部通常有多排针脚。乐迪 R9DS 接收机 PWM 模式如图 3.51 所示。

PWM模式：
接收机指示灯为红色，R9DS输出8个通道的普通PWM信号

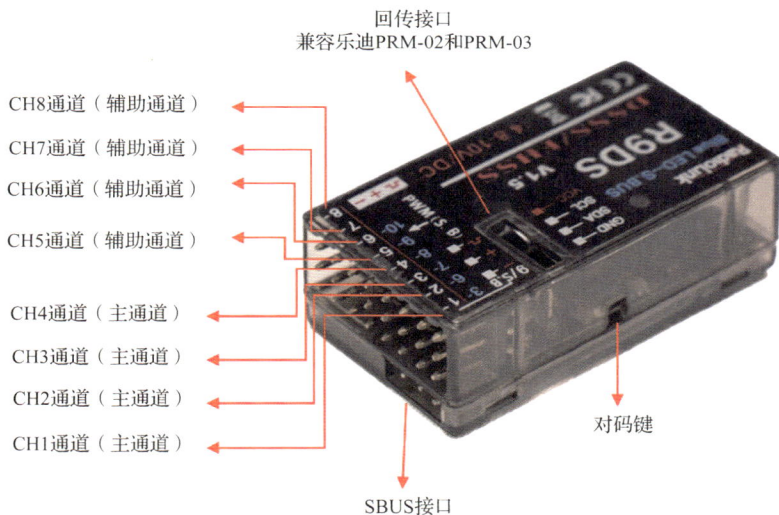

图 3.51 乐迪 R9DS 接收机 PWM 模式

从图 3.51 中可以看到接收机右侧有密密麻麻的多排接口，在 PWM 模式下，右侧是 8排接口，总共提供 8 组通道信号。遥控器上每个使用的通道都需要在接收机上连接一根杜邦线至飞控，并且由于通道数目较多，PWM 模式的接线会十分烦琐，在多通道信号传输的过程中还会产生较大的延迟并出现拥挤的情况。为了简化接线的过程，第一批总线传输协议即 PPM 协议被推出。

采用PPM协议的接收机只需使用一根3针杜邦线与飞控相连即可进行多通道的数据传输，大大降低了理线的压力。然而，PPM协议并未完全解决PWM协议通道信号传输堆积的问题。由于将多路PWM信号叠加到一条线路上，虽然简化了接线过程，但在传输较多信号时仍会出现较长时间的延迟。为完全解决上述问题，串行总线协议被推出。

与前两个国际通用协议不同，串行总线协议是穿越机厂商为了解决接线烦琐并且信号传输延迟较大的问题而推出的。各厂商均推出了自己的串行总线协议，如Futaba的SBUS协议，地平线的SPEKTRUM1024和SPEKTRUM2048协议，睿思凯的FPORT协议等。尽管各厂商有不同的串行总线协议，目前使用最广泛的仍是Futaba推出的SBUS协议，各厂商穿越机基本都兼容该协议。因此，可以将接收机与飞控间的通信协议简化为PWM、PPM和SBUS这3种。

读者可能对众多协议感到困惑，不知道应该选择哪种。其实，目前许多厂商已逐渐适配不同的通信协议。如Jumper、RadioMaster等新兴航模品牌没有自己的通信协议，因此会尽可能适配多种厂商的通信协议。对于较为老牌的厂商，如Futaba、地平线、睿思凯、富斯和乐迪，建议购买同品牌的接收机以确保兼容性。

通常，多旋翼无人机的飞控都会兼容SBUS协议，因此选择支持SBUS的接收机即可。如果仍然无法确定，建议在购买时咨询卖家，了解遥控器需要搭配的接收机与飞控。本书在此总结常见的主流品牌通信协议，如表3.8所示，供读者参考。

表3.8　主流品牌通信协议

品牌	通信协议1	通信协议2
Futaba	FASST	SBUS
地平线	DSM、DSM2	SPEKTRUM1024/2048
睿思凯	ACCST、ACCESS	FPORT
富斯	AFHDS、AFHDS2	IBUS

第4章 PX4飞控与QGC地面站

4.1 PX4飞控构成

4.1.1 PX4飞控简介

PX4是一款开源的飞行控制器,源于苏黎世联邦理工学院洛仑兹·迈尔(Lorenz Meier)的硕士课题——利用机器视觉使得无人机自动飞行。当发现无人机的软、硬件都得由自己研制时,他便组建了一个有14名同学的团队。

2009年,该团队获得欧洲微型飞行器比赛的室内自主飞行类别冠军,当时团队名为Pixhawk。随后,他们将代码开源,并被开源社区接纳。社区采用了MAVLink协议,并开发了图形化地面站——QGroundControl(简称QGC)。

2011年,迈尔和团队重新对软、硬件进行设计,软件的第4个重写版本才达到他们的期望,由此命名为PX4。

2013年,PX4的第一个稳定版面世,其硬件也经历了两个版本迭代。同年,全名为FightManagement Unit version 2(FMUv2)的硬件被命名为Pixhawk并发布,以纪念最初的学生团队。

现在,PX4被誉为"开源飞控之王",旨在为爱好者和工业团体提供一款低成本高性能的高端自动驾驶仪。PX4支持无人机、无人车和无人船等,并且能够控制多种不同的飞行器框架,如多旋翼无人机、固定翼飞机、VTOL无人机、地面车辆和水下潜航器等。

严格意义上的飞控是指飞控硬件、飞控固件及地面站这一整体,而口头上常说的飞控通常指的是飞控硬件,即无人机搭载的部分。除了Pixhawk,还有其他厂商基于PX4开源协议推出的飞控,例如雷迅V5+、赫星H7等。

PX4飞控硬件品类繁多,本书以两款硬件为例进行介绍,分别是Pixhawk 2.4.8以及雷迅V5+。前者是Pixhawk飞控的经典型号,价格较低,适合初学者上手学习。而后者可以代表较为新的Pixhawk飞控(如Pixhawk4、Pixhawk6)以及第三方厂商自行研制的PX4飞控(如赫星H7等)。

4.1.2　Pixhawk 2.4.8 飞控

1. Pixhawk 2.4.8 硬件组成

Pixhawk 2.4.8 采用性能较高的 32 位双处理器系统，包括一个拥有强大运算能力的 32 位 STM32F427 Cortex-M4 核心 168MHz/256KB RAM/2MB Flash 处理器，还有一个主要定位于工业用途的 32 位 STM32F100C8T6 协处理器，双处理器协同保证飞行安全。

传感器则搭载 MPU6050 三轴加速计和三轴陀螺仪，用于测量飞行器的加速度和角速度；MS5611 气压计，用于测量飞行器的高度和大气压力；LSM303D 加速度计和磁力计（磁罗盘），用于测量飞行器的线性加速度（不考虑重力）和磁场强度，以确定飞行器的方向。

Pixhawk 2.4.8 飞控接口及连接配件如图 4.1~图 4.5 所示。

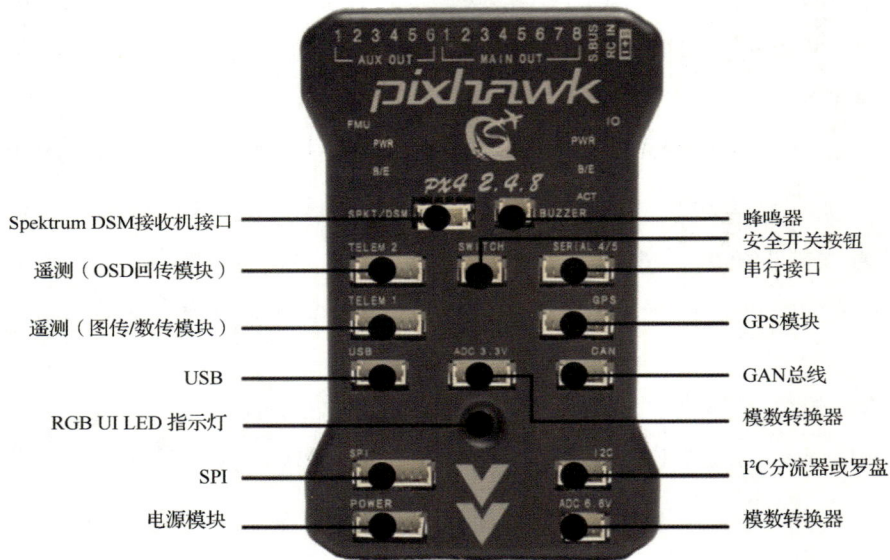

图 4.1　Pixhawk 2.4.8 飞控接口及其功能介绍

注：SPI 即 Serial Peripheral Interface，串行外设接口。

图 4.2　安全开关和蜂鸣器

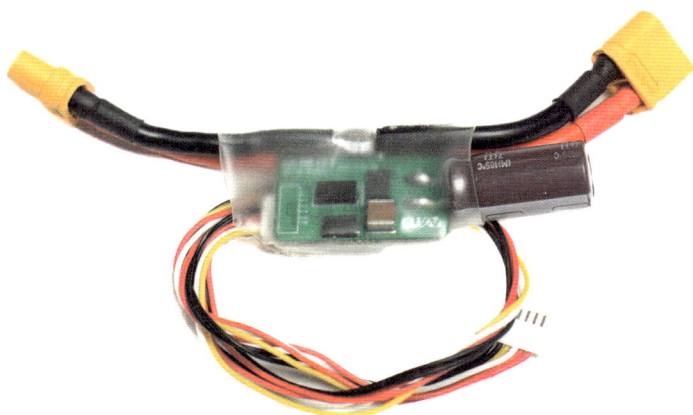

图 4.3　电流计

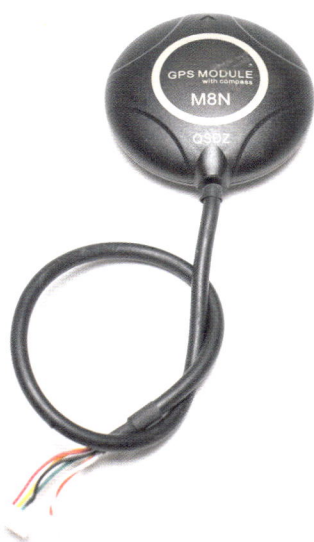

图 4.4　GNSS 模块

图 4.5　电调

2. Pixhawk 2.4.8 飞控接线

Pixhawk 飞控至今已更新了许多代，但各版本更新后接口的变化并不大，改动更多的是内部处理器与传感器，而对于硬件接口基本保持原有的通用性。图 4.6 所示为 Pixhawk 2.4.8 的接线示意，对于其他飞控硬件，可根据硬件的不同进行针对性的学习。

3. Pixhawk 飞控 LED 灯

Pixhawk 飞控 LED 灯可以分为两部分，分别是飞控上方的 FMU 与 I/O 指示灯，以及飞控下部的 RGB UI LED 指示灯，如图 4.7 与图 4.8 所示。

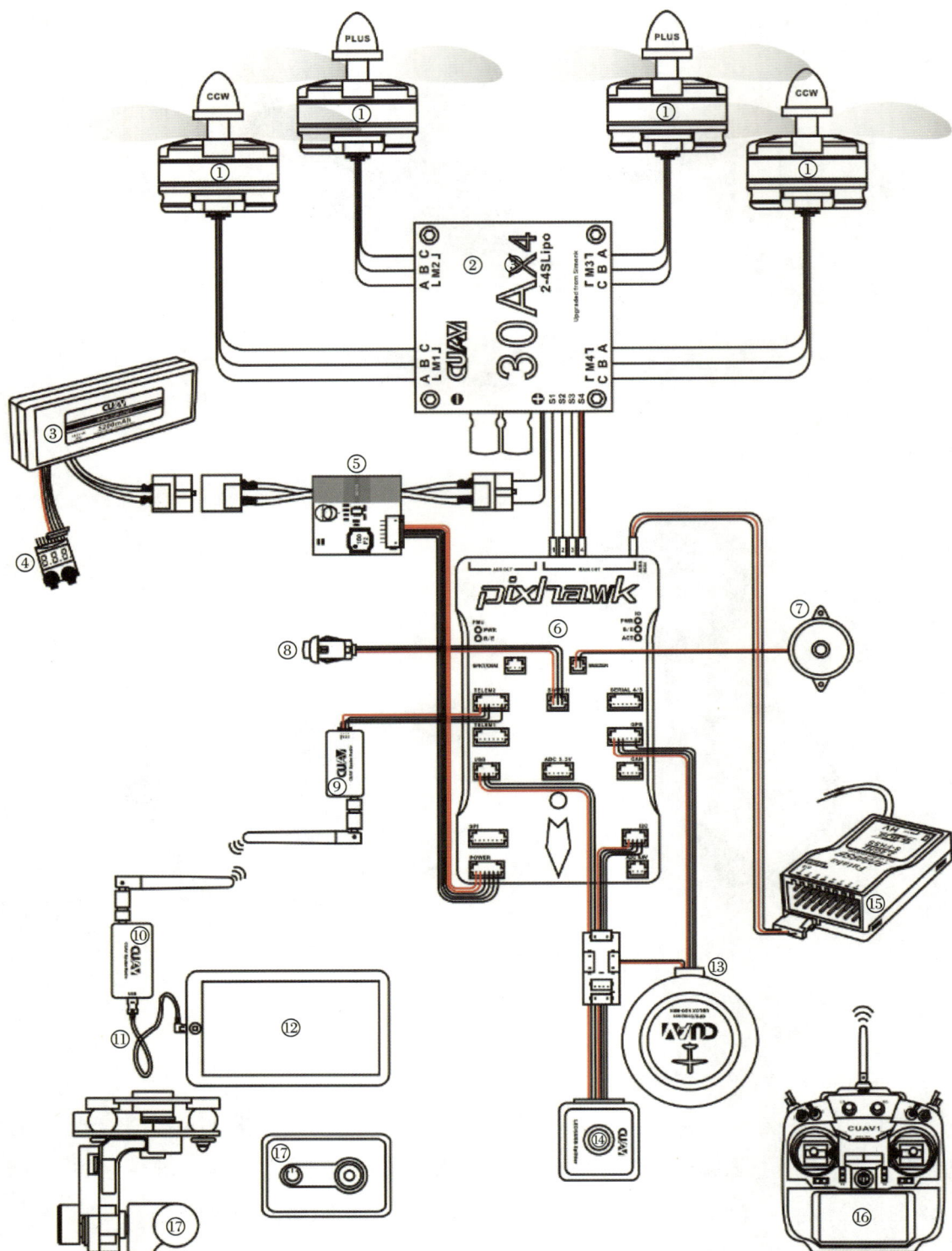

①—电机；②—电调；③—动力电池；④—BB 响（低压报警器）；⑤—电流计；⑥—飞控；⑦—蜂鸣器；
⑧—安全开关；⑨—数传发射端；⑩—数传接收端；⑪—OTG 线；⑫—手机或平板计算机；⑬—GNSS 模块；
⑭—LED 及扩展板；⑮—接收机；⑯—遥控器；⑰—无刷云台/相机

图 4.6　Pixhawk 2.4.8 飞控接线示意

图 4.7　FMU 与 I/O 指示灯

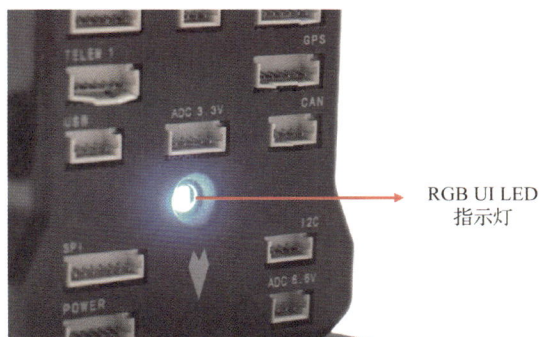

RGB UI LED
指示灯

图 4.8　RGB UI LED 指示灯

（1）FMU 与 I/O 指示灯含义

飞行管理单元（Flight Management Unit，FMU）和 I/O（输入/输出）模块是飞控中的关键组成部分，它们各有不同的作用。

FMU 是飞控的大脑，负责处理飞行控制算法，确保飞行器的稳定性和可操控性。FMU 收集并处理来自陀螺仪、加速度计、磁力计、气压计、GPS 模块等的数据，提供飞行器的实时状态信息，并执行导航算法，根据预定的飞行路径或实时的指令调整飞行器的飞行方向和速度等。

I/O 模块负责驱动飞行器的执行器，如电机控制器、舵机等，根据 FMU 的指令执行相应的动作。I/O 模块通常具备电源管理功能，能够为飞控及其组件提供稳定的电源供应，并且提供接口以连接外部设备，如额外的传感器、通信模块等。

在图 4.7 中，左侧为 FMU 指示灯，右侧为 I/O 指示灯。从上电开始，FMU 和 I/O 模块的 CPU 首先运行引导程序（Bootloader），然后运行应用程序（App）。各指示灯含义如下。

① FMU PWR（Flight Management Unit Power）：飞行管理单元电源（飞控板供电正常时此灯常亮）。

② FMU B/E（FMU Processor in Bootloader mode or Error）：FMU 处理器的 Bootloader 模式，正常时闪烁，报错时常亮。

③ I/O PWR（Input/ Output Power）：输入/输出电源（电调供电正常时此灯常亮）。

④ I/O B/E（I/O processor in Bootloader mode or Error）：输入/输出处理器 Bootloader 模式/报错，正常时闪烁，报错时常亮。

⑤ ACT（Activity）：飞控活动，此灯闪烁表明一切正常（此处的活动指解锁成功或数传连接成功等）。

（2）RGB UI LED 指示灯含义

RGB UI LED 指示灯用于表示当前无人机状态，该指示灯一般安装在飞控板中，但也有部分飞控没有集成该指示灯，需要额外安装，或与 GPS 指示灯同步。RGB UI LED 指示灯含义如下。

① LED 蓝色常亮：表示无人机已经解锁但 GPS 未定位。当无人机已经解锁，PX4 会解除对电机的控制，允许飞手操纵无人机飞行。但是在解锁时要小心，因为大型螺旋桨在高速旋转时很危险，而在无 GPS 定位的情况下，无人机无法执行需要 GPS 定位的任务或切换到与 GPS 相关的模式。

② LED 蓝色闪烁：表示无人机处于未解锁且 GPS 未定位的状态，这意味着电机仍然是被锁定的，飞手无法控制电机，但除了 GPS 外的其他子系统都在工作。

③ LED 绿色常亮：表示无人机已经解锁且 GPS 已定位。当无人机解锁后，PX4 将解除对电机的限制，允许飞手驾驶无人机。同样地，在解锁时要小心，因为大型螺旋桨在高速旋转时很危险。在此状态下，无人机可以执行自主任务和切换到与 GPS 相关的模式。

④ LED 绿色闪烁：表示无人机未解锁但 GPS 已定位。这意味着电机仍然是被锁定的，飞手无法控制电机；但其他子系统，包括 GPS 子系统都在工作。

⑤ LED 紫色常亮：表示进入故障保护模式。当无人机在飞行中遇到故障时，此模式将被触发，例如遥控器失控、电池低压或者系统故障。在故障保护模式期间，无人机将尝试返回至起飞位置或在当前位置降落。

⑥ LED 黄褐色常亮：表示无人机电池电量处于危险线。在低于设定阈值之后，无人机将进入故障保护模式。当出现该报警时，请在第一时间使无人机返航并降落，否则可能会因为失去动力导致无人机坠落。

⑦ LED 红色闪烁：表示需要在飞行之前对飞控硬件进行重新配置或校准，可将飞控硬件连接到地面站以查找问题。如果已完成设置，但该指示灯仍闪烁，则可能是其他错误。

（3）Pixhawk 安全开关指示灯

① 快速闪烁，持续闪烁：表示飞控执行系统自检中，请稍等。

② 间歇闪烁：系统准备就绪，第一次按下安全开关按钮可激活系统。第二次按下安全开关按钮启用电机输出（在无人机解锁的前提下）。

③ 常亮：无人机准备就绪，已启用电机输出。

（4）Pixhawk 外置 GPS 指示灯

乐迪 SE100 M8N 外置的 GPS 指示灯有两种状态，如图 4.9 所示。当 GNSS 模块上电后，靠近天线一端的指示灯常亮；当 GNSS 模块搜索到卫星信号后，靠近天线一端的指示灯常亮，其他指示灯闪烁。

GNSS模块上电后，靠近
天线一端的指示灯常亮

GNSS模块搜索到卫星信号后，
靠近天线一端的指示灯常亮，
其他指示灯闪烁

图 4.9　乐迪 SE100 M8N 外置的 GPS 指示灯

4.1.3　雷迅 V5+飞控

雷迅 V5+飞控是一款由 CUAV 与 PX4 团队共同设计并由 CUAV 制造的高级自动驾驶仪，基于 Pixhawk FMUv5 设计标准，并且完美兼容 PX4 和 ArduPilot 固件。

相比 Pixhawk 2.4.8，雷迅 V5+采用更加先进的处理器和传感器，能够提供更加强大的性能。并且它采用可拆卸核心的模块化设计，将飞控核心部分集成于 V5+核心上，底板可拆卸，且底板只作为对外接口载体，用户可根据自身需求自行设计底板。图 4.10 所示为雷迅 V6X 分体模块，中间的银色立方体即为核心（CORE）。

1. 雷迅 V5+硬件组成

雷迅 V5+选用了高性能的 STM32F765 处理器，主频高达 216MHz，拥有 2MB 的 Flash 存储器和 512KB 的随机存取存储器（Random Access Memory，RAM），它的处理速度和响应能力显著提升。

图 4.10　雷迅 V6X 分体模块

雷迅 V5+支持实时动态测量（Real Time Kinematic，RTK）厘米级定位，可以实现精准定位，满足更高定位要求。它内置 5 组传感器，包括加速度计、陀螺仪、电子罗盘和气压计，实时监控多路传感器数据，一旦出现故障可立即执行冗余切换，提高飞行安全性与稳定性。雷迅 V5+接口如图 4.11～图 4.14 所示。

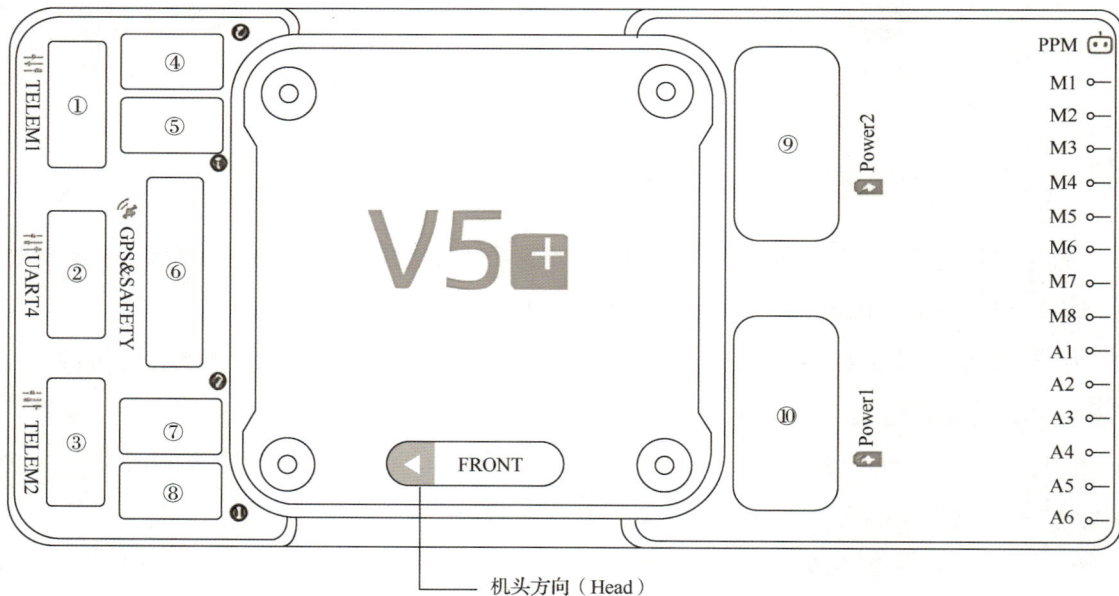

①—TELEM1；②—UART4；③—TELEM2；④—CAN2；⑤—CAN1；
⑥—GPS&SAFETY；⑦—I²C2；⑧—I²C1；⑨—POWER2；⑩—POWER1

图 4.11　雷迅 V5+接口（俯视）

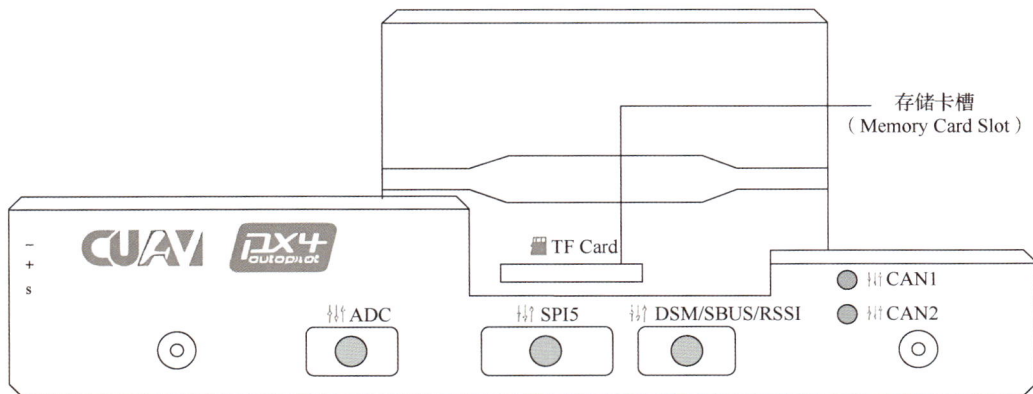

图 4.12　雷迅 V5+ 接口（右视）

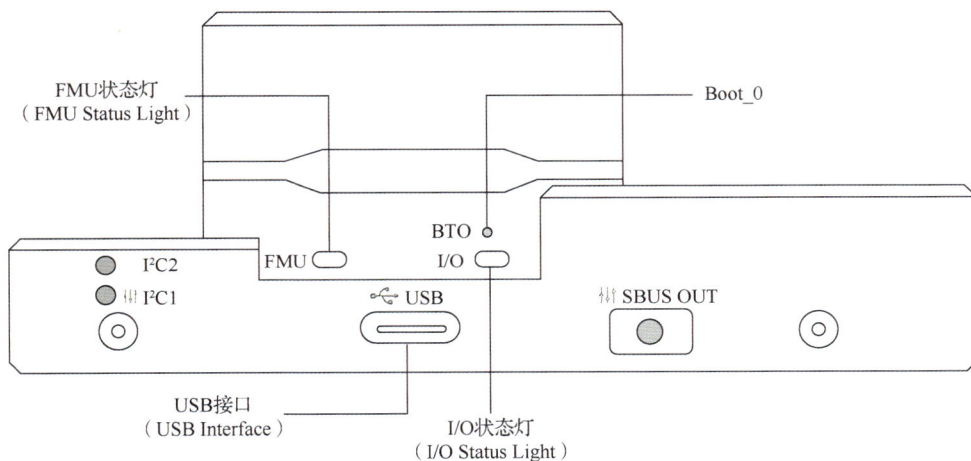

图 4.13　雷迅 V5+ 接口（左视）

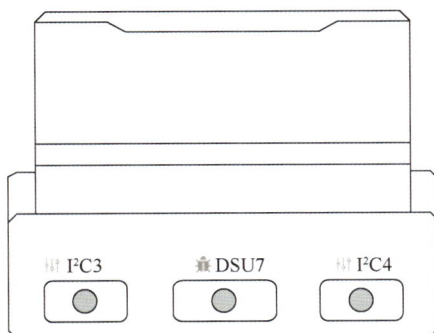

图 4.14　雷迅 V5+ 接口（前视）

2. 雷迅 V5+ 飞控接线与各接口作用

图 4.15 展示了如何连接最重要的传感器和外围设备（电机和舵机除外）。

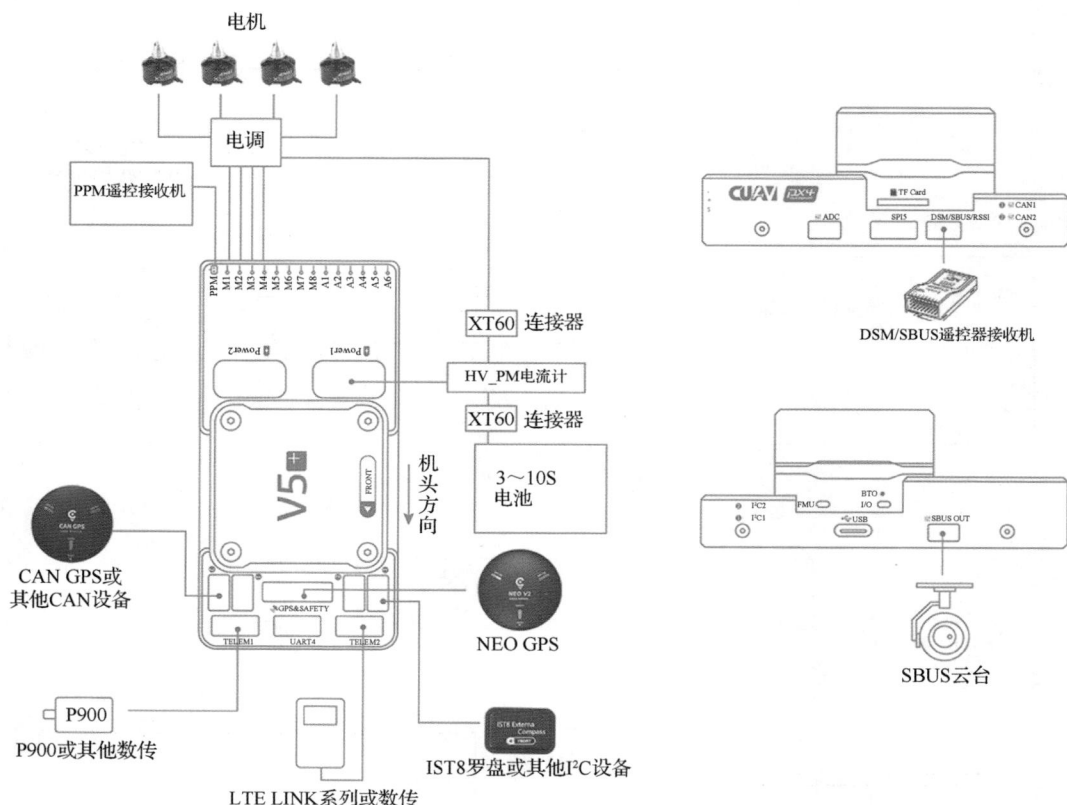

图 4.15　雷迅 V5+接线示意

雷迅 V5+飞控接口功能如表 4.1 所示。

表 4.1　雷迅 V5+飞控接口功能

接口	功能
Power1	连接到电源模块（电流计），带有模拟电压和电流检测的电源输入
Power2	连接 I^2C 总线的智能电池
Memory Card Slot	用于存储日志的 TF 卡（出厂时已经装配好）
M1～M8	用于连接电机，适用于多旋翼飞行器中的主电机，每个接口可以输出 PWM 信号，用于控制电机的速度
A1～A6	用于连接辅助设备（如舵机），这些接口同样输出 PWM 信号，但通常用于控制非推进系统的部件
DSU7	用于 FMU 调试，读取调试信息
$I^2C1/I^2C2/I^2C3/I^2C4$	连接 I^2C 总线设备，例如外部指南针
CAN1/CAN2	用于连接 UAVCAN 设备，例如 CAN GPS
TYPE-C(USB)	用于连接计算机，建立飞行控制器和计算机之间的通信，例如可用于刷写固件

续表

接口	功能
SBUS OUT	连接 SBUS 总线控制的相机和云台
GPS&SAFETY	连接到 NGPS，其中包括 GPS、安全开关、蜂鸣器接口
TELEM1/TELEM2	连接到数传
DSM/SBUS/RSSI	DSM 接口用于连接 DSM 卫星接收机，SBUS 接口用于连接 SBUS 总线的遥控器接收机，RSSI 接口用于连接 RSSI 信号强度回传模块

3. 雷迅 V5+飞控 LED 指示灯含义

由于雷迅 V5+同样是根据 PX4 开源协议进行设计的飞控，其 LED 指示灯含义与 Pixhawk 2.4.8 一致，因此可直接参考 Pixhawk 飞控 LED 指示灯含义的内容，此处不再详细介绍。

4.2　PX4 飞控与各部件安装

4.2.1　飞控与 GNSS 模块的安装

1. 确定飞控安装方向

大部分飞控外壳上均有一个箭头标记，该箭头代表飞控的朝向。一般情况下飞控都应该朝上放置在机架上，安装时应注意机头方向与箭头指向一致，如图 4.16 所示。

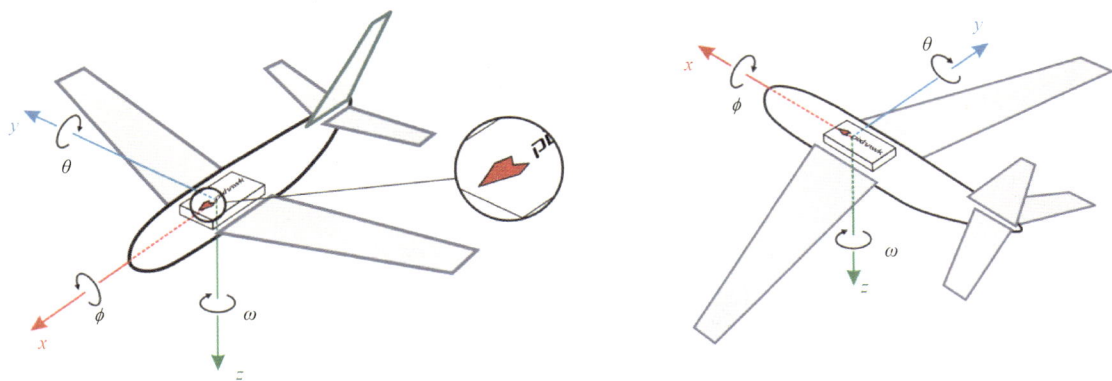

图 4.16　飞控安装方向

需要注意的是，如果飞控无法安装在与机头朝向相同的方向（如受到机架物理空间限制），需要将飞控连接地面站，并在地面站设置当中将飞行控制器调整至与飞机机头朝向相同的方向，飞控与机身夹角如图 4.17 所示。

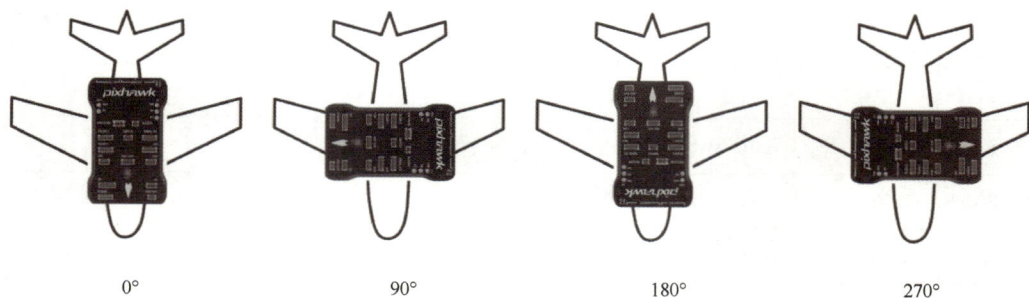

0°　　　　　　90°　　　　　　180°　　　　　　270°

图 4.17　飞控与机身夹角

2. 飞控安装

飞控当中的各类传感器精度较高，无人机在飞行过程中的抖动与颠簸都会被传感器记录，且具有内置加速度计或陀螺仪的飞行控制板对振动更加敏感。高振动水平会引起一系列问题，包括飞行效率与无人机性能降低、飞行时间缩短以及加剧无人机损坏等。在极端情况下，振动可能会导致传感器故障，从而可能使无人机姿态估算错误导致无人机坠毁。

为了尽量减少飞控的传感器元件受到无人机振动的影响，保证飞行过程中数据采集的精确性，高端的飞控（如雷迅 V5+）会内置传感器减振模块，如图 4.18 所示。而低端的飞控（如 Pixhawk 2.4.8）的传感器则直接焊接在飞控主板上并与飞控外壳硬性连接，没有减振结构，如图 4.19 所示。

图 4.18　雷迅 V5+减振模块

图 4.19　Pixhawk 2.4.8 飞控主板

对于这类没有减振结构的飞控，需要将飞控安装在减振板上再与无人机连接。首先在飞控底部粘贴泡沫双面胶，以起到一定的缓振作用，如图 4.20 所示。然后将飞控粘贴在飞控减振板（见图 4.21）上，再使用泡沫双面胶将减振板粘贴在机架正中心的位置，观察此时飞控的方向与机头朝向是否一致，若不一致需要记录其与机头的夹角。

图 4.20　在飞控底部粘贴泡沫双面胶

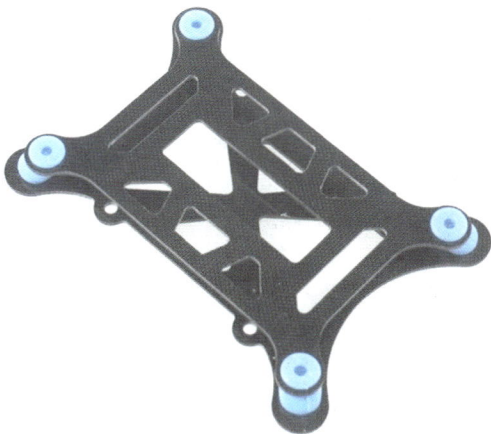

图 4.21　飞控减振板

3. GNSS 模块安装

在常规情况下，飞控与 GNSS 模块安装在无人机机架的最上层。为了避免其他信号对 GPS 信号造成干扰，通常需要使用 GPS 支架将 GNSS 模块架高。

在安装飞控时，需要确认飞控与机头的朝向一致；而在安装 GNSS 模块时，需要保证 GNSS 模块与飞控的方向一致，即保证飞控上的标识箭头与 GNSS 模块上的标识箭头朝向一致，如图 4.22 和图 4.23 所示。若飞控与机头的朝向不同，只需确保飞控与 GNSS 模块方向一致，后期可以在地面站中对飞控方向进行校正。

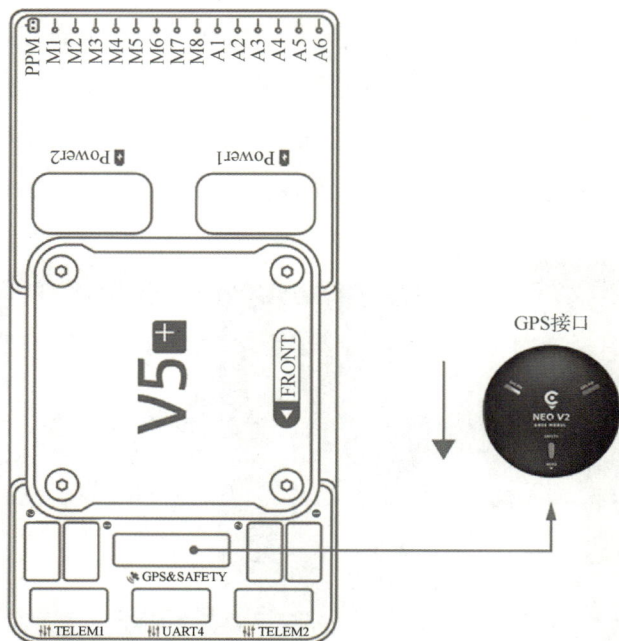

图 4.22　雷迅 V5+连接 GNSS 模块

图 4.23　Pixhawk 2.4.8 连接 GNSS 模块

　　由于不同飞控的 GNSS 模块接口不同，在选购和安装 GNSS 模块时需要购买对应接口的型号。对于雷迅 V5+飞控推荐使用 NEO 2/3 GNSS 模块，该模块集成了 GPS、罗盘、安全开关、蜂鸣器和 LED 指示灯。NEO GNSS 模块应安装在支架上，并远离其他电子设备。安装方向需与飞控方向保持一致，即 NEO GNSS 上的箭头与飞控箭头方向一致，并通过连接线连接到飞控的 GPS 接口。

Pixhawk 2.4.8 采用分离式设计，GNSS 模块与安全开关接口并未集成，GNSS 模块单独负责 GPS 和磁罗盘，其中 GPS 使用 6 针接口、磁罗盘使用 4 针接口。因此，在选购 Pixhawk 2.4.8 的 GNSS 模块时需要注意接口类型。

在连接 GNSS 模块时，需要注意区分插头的正反方向，避免插反。Pixhawk 2.4.8 飞控接口的针脚通常位于接口较下方，且接口下部有对应卡槽开口，如图 4.24 所示，将连接线缆接口处的凸起与其对齐即可顺利插入。

图 4.24　Pixhawk 2.4.8 飞控连接 GNSS 模块

雷迅 V5+飞控接口在设计时专门留有对应的防呆接口卡槽，连接方向错误则无法顺利插入，如图 4.25 所示。因此，当将线缆插入飞控时，应先确认插入方向是否正确，若在连接过程中无法顺利插入，应检查是否插反，以防止用力过大导致接口损坏。

图 4.25　雷迅 V5+防呆接口

4.2.2　安全开关、蜂鸣器与电流计安装

安全开关与蜂鸣器是保证飞控能够正常工作的必要设备，必须安装。对于 Pixhawk 2.4.8 飞控，需要分别连接安全开关与蜂鸣器。将购买的安全开关连接至飞控中的 SWITCH 接口，将蜂鸣器连接至飞控的 BUZZER 接口，如图 4.26 所示。

图 4.26　安全开关与蜂鸣器连接

若已经购买雷迅飞控配套的 NEO GNSS 模块，该模块已集成安全开关与蜂鸣器的功能，不需要再连接安全开关与蜂鸣器。若选择的是第三方不具备集成功能的 GNSS 模块，则需要另外购买适配雷迅 V5+飞控的安全开关与蜂鸣器。

Pixhawk 2.4.8 与雷迅飞控的电流计连接方法基本相同，使用适配对应飞控的电流计，将电流计的 6 针杜邦线接头连接至飞控的 POWER 接口即可，如图 4.27 所示。电流计两端为 XT60 接头，一端与无人机的动力电池连接；另一端与无人机机架的分电板连接，为无人机其余设备供电。

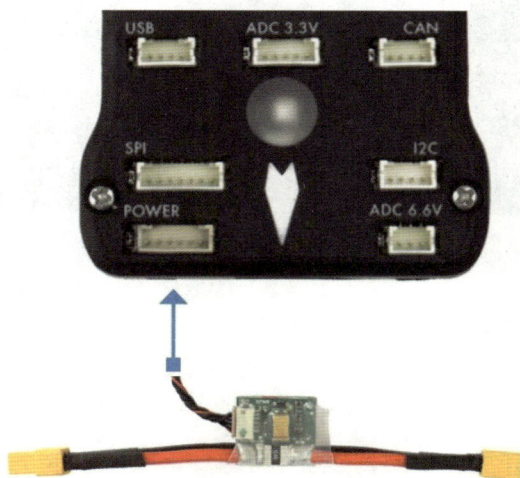

图 4.27　电流计连接

4.2.3　遥控器安装

在前文中，已详细介绍了如何选择遥控器及其配套的接收机。当选择好遥控器与接收机后，需要将其连接至飞控。尽管 PX4 在自动飞行模式下不需要遥控器的操控，但在飞行前仍需检测无人机是否已正确连接遥控器，此操作是 PX4 进行飞行前安全检查的一部分。因此，建议每架无人机均安装遥控器，以确保通过起飞准备检查。

在选择好遥控器与接收机后，应先确认当前接收机所支持的通信协议。采用不同协议的接收机，安装方式也不同。下面说明如何将不同类型的接收机连接至 Pixhawk。

支持 Spektrum 与 DSM 协议的接收机应当连接 Pixhawk 飞控的 SPKT/DSM 接口，如图 4.28 所示。

图 4.28　SPKT/DSM 接口

支持 PPM-SUM 和 SBUS 协议的接收机应连接 Pixhawk 飞控的 RC 接口，如图 4.29 所示。需要注意的是，RC 接口有 3 个针脚，分别代表不同的功能，可从右侧的标识看出。最上方的"–"代表地线，中间的"+"代表电源线，最下方的"S"代表信号线。

图 4.29　RC 接口及连线

通常情况下，黑线为地线，红线为电源线，白线为信号线。因此，连接顺序从上至下分别为黑线、红线、白线。注意不要接错，否则接收机将无法正常工作。

雷迅 V5+的接口与 Pixhawk 飞控略有不同，相比 Pixhawk 飞控，雷迅飞控将 DSM 与 SBUS 接收机的接口进行了集成，使用购买雷迅飞控随机附带的 SBUS 信号线与遥控接收机进行连接即可，如图 4.30 所示。

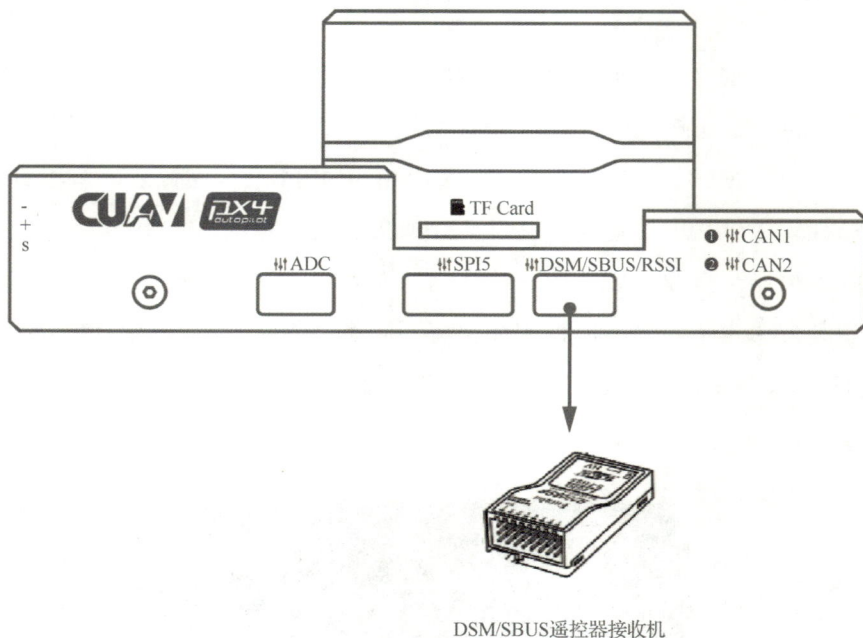

DSM/SBUS遥控器接收机

图 4.30　雷迅 V5+飞控与接收机连接

4.2.4　电机、电调与飞控连接

电机需与电调相连，电调将电池的直流电转换为三相交流电，并通过 3 根导线为电机供电。电调所需的输入电流为电池提供的直流电，电调通过杜邦线与飞控进行通信。

4 组电机可由一个四合一电调供电，对于所需电流不大的无人机，四合一电调可以大大减少电调所占用的空间，但缺点是提供的电流通常较小。无论是四合一电调还是单独供电的电调，在连接时均需要区分电机编号。

图 4.31 所示为"X"形无人机电机布局，其中逆时针旋转的是 1 号和 2 号电机，顺时针旋转的是 3 号和 4 号电机。

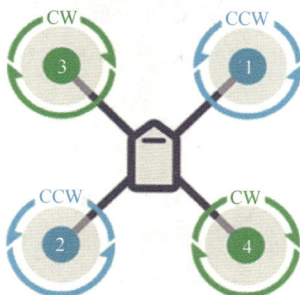

图 4.31　"X"形无人机电机布局

飞控输出端口通常分为两部分，MAIN OUT 代表主输出端口（见图 4.32），用于与电机、电调相连；AUX OUT 代表辅助输出端口，常用于连接无人机各类舵机（用于控制脚架收放、降落伞开启等）。

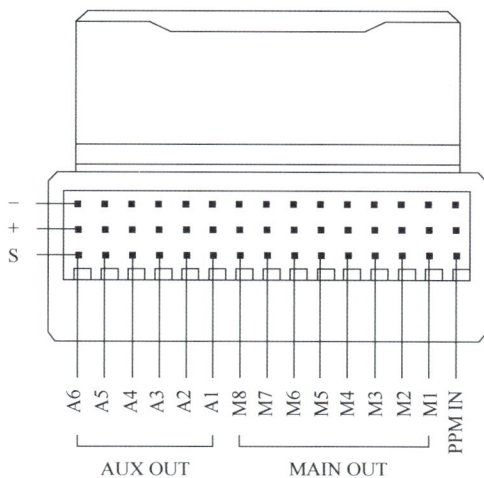

图 4.32　飞控输出端口

电调信号线与飞控的连接步骤如下：首先，确认 1 号电机的电调信号线，将其与飞控 MAIN OUT 端口中的 M1 相连（见图 4.33）；其次，确认 2 号电机的电调信号线，并与飞控 M2 接口相连（见图 4.34）；其他电机依次类推。同样需要注意的是，飞控主输出端口、辅助输出端口有 3 个针脚，连接时需要注意线的顺序。

图 4.33　1 号电机电调信号线连接

图 4.34　2 号电机电调信号线连接

4.2.5　数传安装

数传可用于无人机与地面站通信和进行飞行控制（例如，可以通过地面站规划无人机的航线，指定无人机飞行至特定位置，或上传新的任务）。图 4.35 所示为数传分别与 Pixhawk 飞控、雷迅 V5+飞控连接的方式，另一个数传连接到地面站所在计算机或移动设备（通常使用 USB 连接线）。

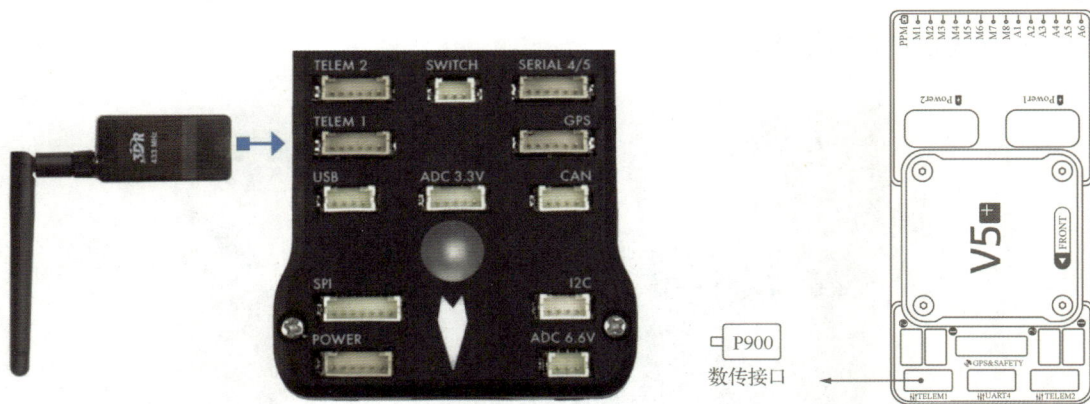

图 4.35　数传与飞控连接

4.3　QGC 地面站简介与安装

4.3.1　QGC 地面站简介

QGC 是一款基于 MAVLink 协议的直观而强大的地面站，专为 PX4 飞控设计。它不仅支持全面的飞行控制和任务规划，还提供开源代码，使用户可以自行改进软件。与其他地面站相比，QGC 的显著优势是易用，它旨在为专业用户和开发者提供简便的操作体验。此外，QGC 还具有良好的兼容性和扩展性，支持多种无人机品牌和型号。

与 MissionPlanner（以下简称 MP）等其他地面站相比，QGC 由全球开发者共同维护，具备完整的通信协议和对不同通信链路的支持，这使它在开发、学习及日常作业中都非常有价值。QGC 允许用户通过二次开发来扩展功能，以满足特定的应用需求，这一点对于无人机开发者、研究者和爱好者来说是一个重要的优势。QGC 与 MP 在地面站的功能和性能上有显著的差异，具体说明如下。

① 用户界面和操作系统支持：QGC 提供更现代化、更清晰的用户界面，这使它在视觉上更加吸引人。此外，QGC 支持跨平台使用，而 MP 主要支持 Windows 操作系统。

② 功能特性：QGC 具有一些 MP 不具备的高级功能，如 2D Google Earth 视图，这可以帮助用户从不同的角度了解飞行路径和环境。此外，QGC 还支持多设备控制和插件模型，这使它在扩展性和适用性方面更为强大。在任务规划方面，QGC 更直观易用，而 MP 则提供了更多的选项。

③ 固件和飞控支持：QGC 支持 PX4 和 ArduPilot 两种飞控固件，而 MP 主要支持 ArduPilot 固件。这意味着如果用户使用的是 PX4 固件，需选择 QGC 作为地面站。

④ 兼容性和可访问性：QGC 是唯一可用于移动设备的地面站，这一点对于需要在移动设备上操作的用户来说是一个重要优势。

4.3.2 QGC 地面站安装

QGC 地面站目前提供 Windows、macOS、Ubuntu Linux 以及 Android 4 个主流系统的版本，可以通过源码编译进行安装，也可以通过安装包直接安装。对于初学者，建议直接使用安装包进行安装，下面基于 Windows 系统进行安装演示。

① 使用搜索引擎搜索"QGroundControl"，进入 QGC 地面站的官网。在网页中单击"DOWNLOAD"（下载）按钮进入程序下载页面，该页面提供多个系统的安装程序。找到 Windows 系统对应的安装程序，单击"Download"后方的程序名以下载，如图 4.36 所示。

② 双击下载完的 QGroundControl-installer.exe 安装包，弹出 QGC 地面站安装界面，如图 4.37 所示。单击"Next"按钮，进入程序安装路径设置界面。软件默认安装路径为系统盘，若不希望在系统盘安装程序，可以手动更改路径（建议安装路径中没有中文）。路径设置完毕后单击"Install"（安装）按钮，如图 4.38 所示。

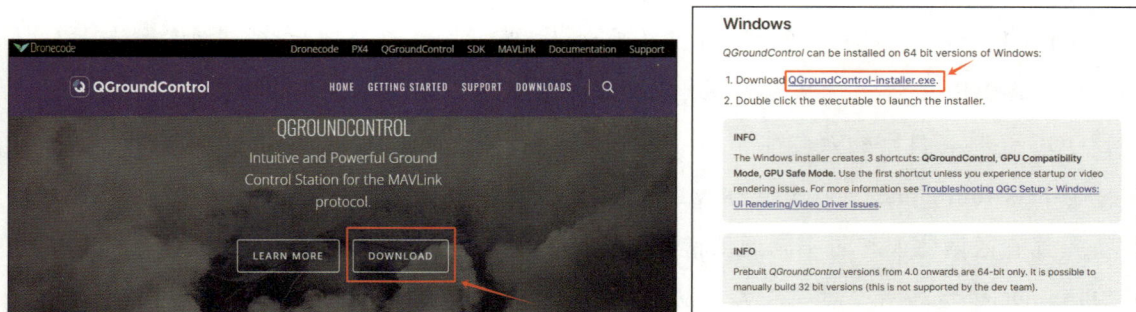

图 4.36　QGC 地面站安装程序下载

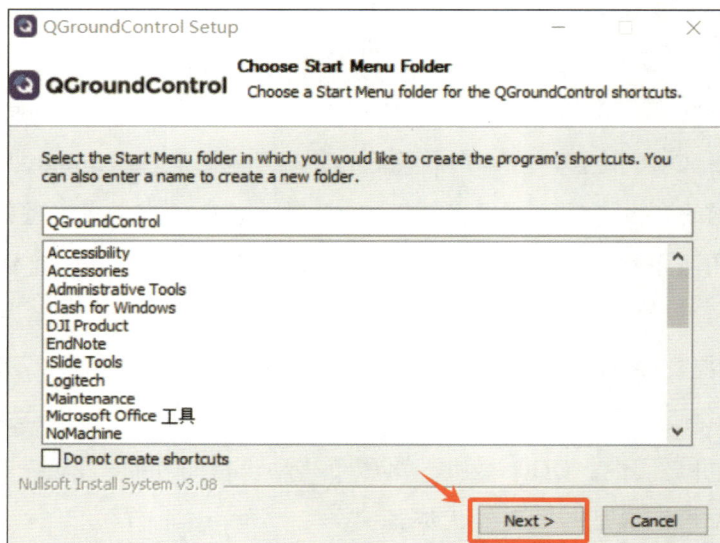

图 4.37　QGC 地面站安装界面（一）

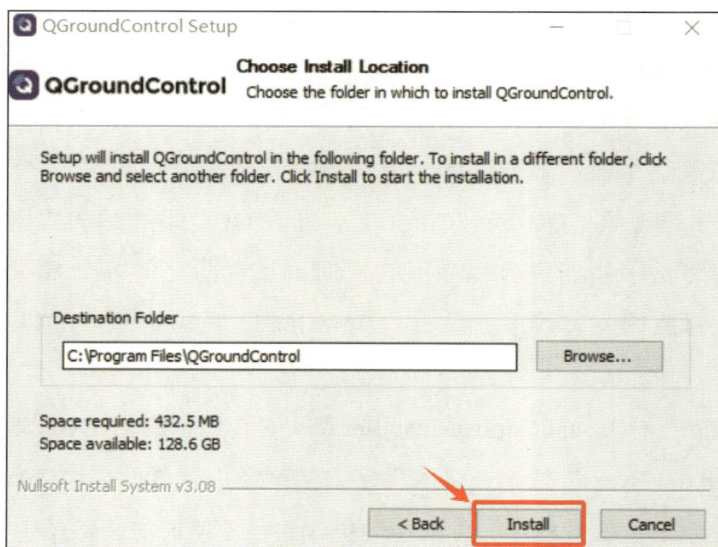

图 4.38　QGC 地面站安装界面（二）

③ 安装程序加载后会弹出 UAV 驱动程序安装界面，根据图 4.39 所示流程操作即可（驱动安装位置可以自行更改）。

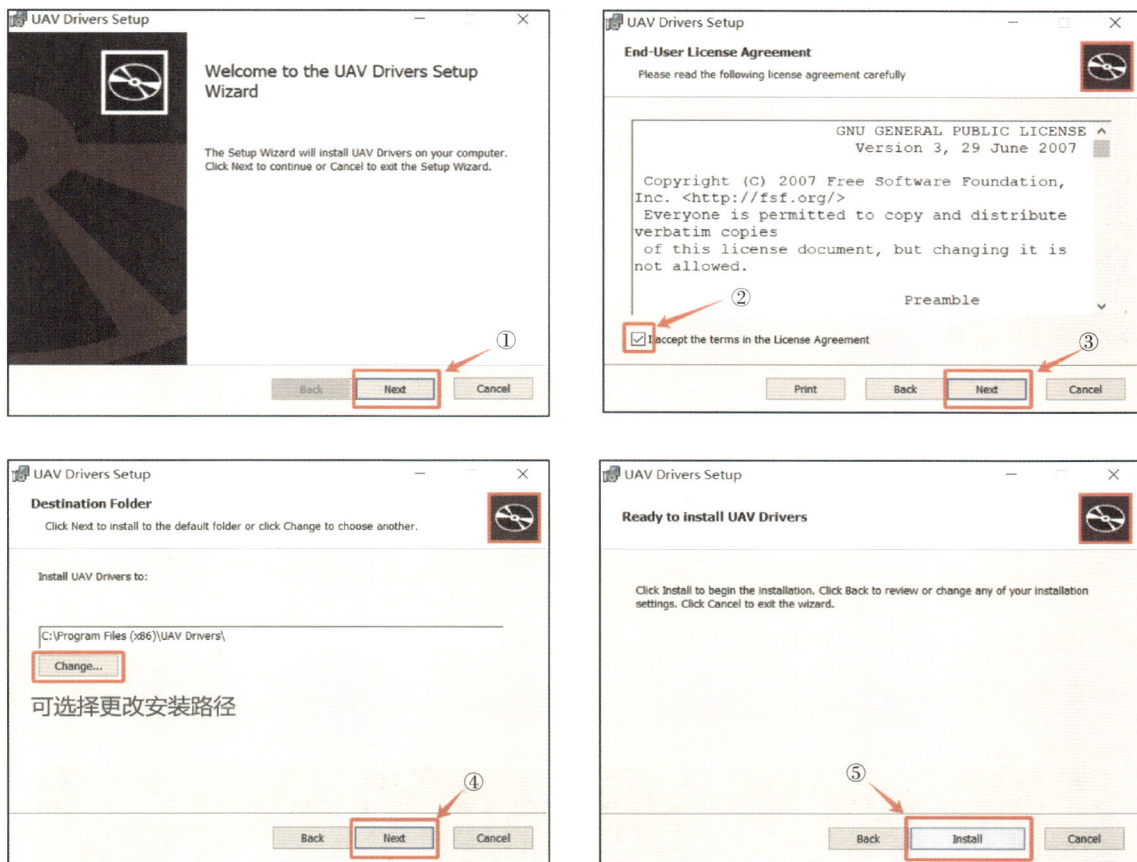

图 4.39　QGC 地面站安装界面（三）

此时将弹出驱动程序安装向导，单击"下一页"按钮，当界面如图 4.40 右图所示时，代表各驱动程序均安装完成，单击"完成"按钮即可。

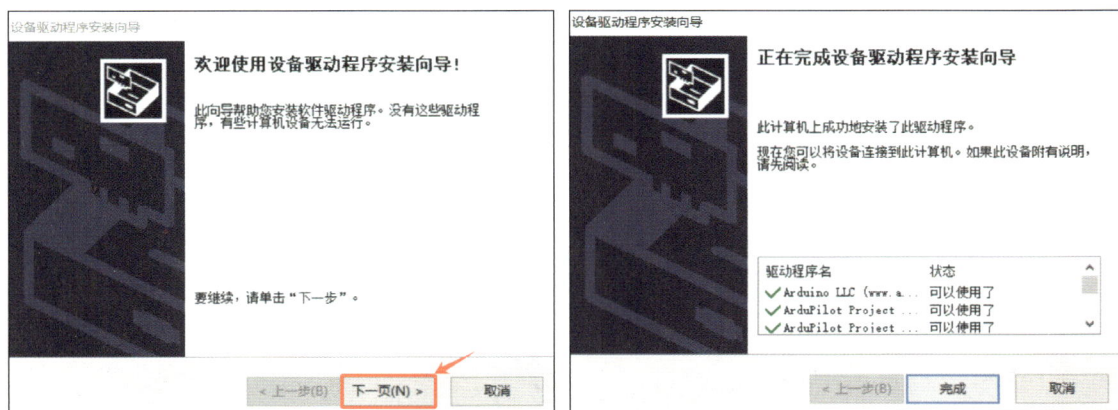

图 4.40　QGC 地面站安装界面（四）

④ 单击"Finish"以及"Close"按钮，如图 4.41 所示，QGC 地面站安装完毕。

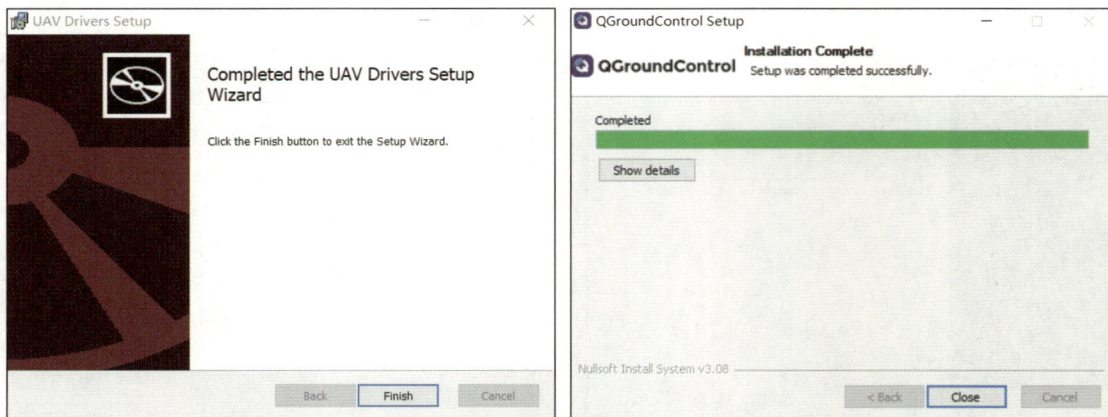

图 4.41　QGC 地面站安装界面（五）

4.3.3　QGC 地面站界面

1．首次配置界面

首次打开 QGC 地面站时，会弹出图 4.42 所示的界面。该界面用于设置 QGC 地面站飞行信息显示情况。

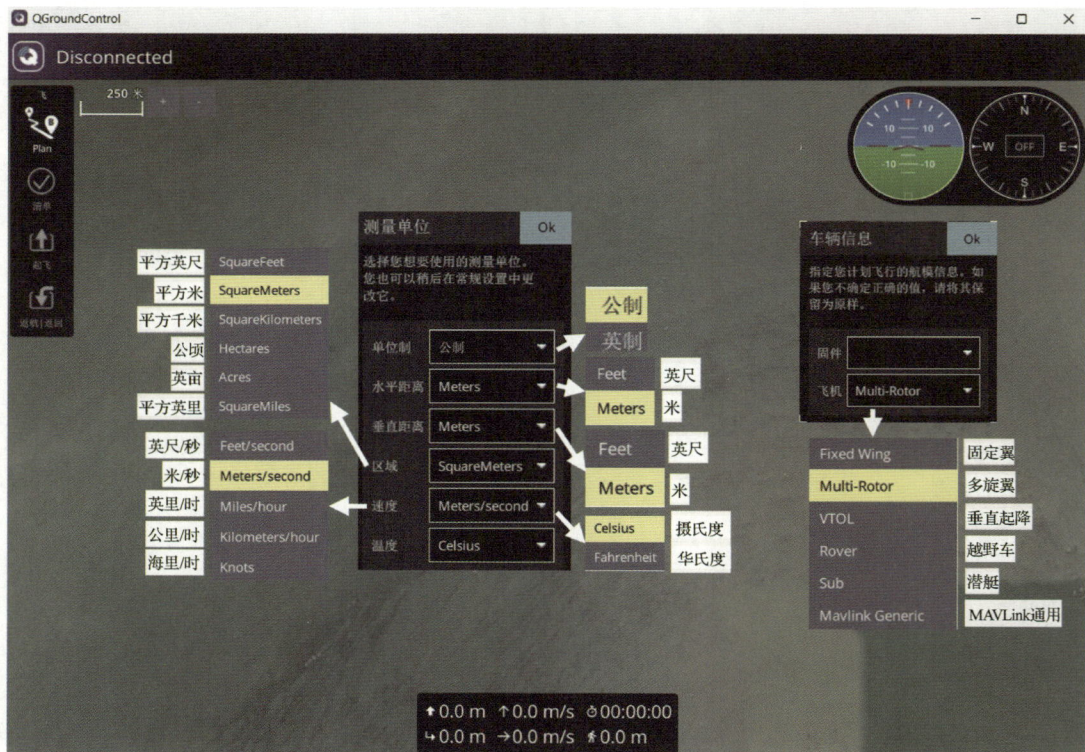

图 4.42　QGC 地面站首次设置界面

在测量单位设置中，将单位制设置为公制；水平距离与垂直距离均设置为米；区域可根据需要设置为平方米或平方千米；速度设置为米/秒；温度设置为摄氏度。在车辆信息中，将飞机设置为多旋翼。

若在第一次进入 QGC 地面站时，软件界面显示为英文，可根据图 4.42 所示的注释进行选择。亦可先选择 QGC 的默认选项，待进入软件设置界面将界面语言调整为中文后再进行更改操作。

2. 中文界面设置

安装完成后，双击 QGC 地面站快捷方式启动软件。进入 QGC 地面站飞行界面后，单击左上角的地面站图标，此时将会弹出设置工具选项，第一个选项为载具设置，可对飞控固件、载具类型、传感器校正、遥控器校正、电机设置、安全保护措施等进行详细设置。第二个选项为分析工具，包含无人机日志下载、MAVLink 控制台以及振动检测功能，通常在无人机飞行出现异常、需要检查飞行过程中的数据时使用。第三个选项为应用设置，用于对地面站进行常规设置，如飞行界面配置、任务菜单配置、单位制配置、杂项（如语言、地图等）、载具日志配置、设备连接、RTK 配置等。

单击第三项进入应用设置界面，在常规设置界面中找到"Miscellaneous"（杂项），将"Language"更改为中文即可完成中文界面设置。具体操作流程如图 4.43、图 4.44 所示。

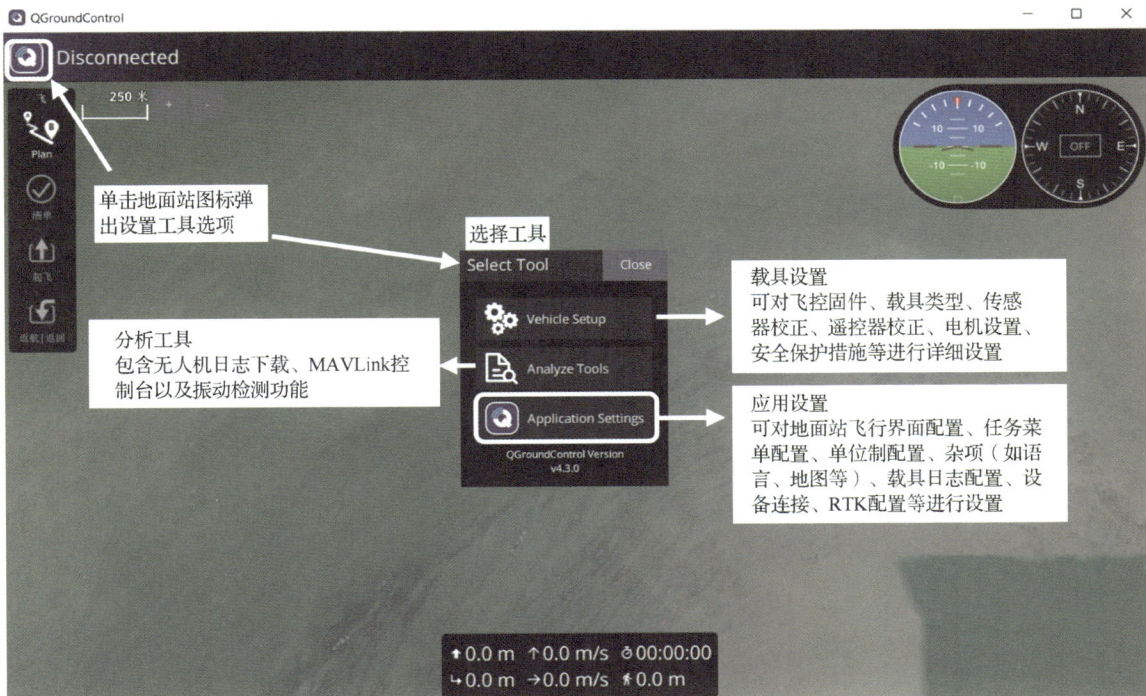

图 4.43 中文界面设置（一）

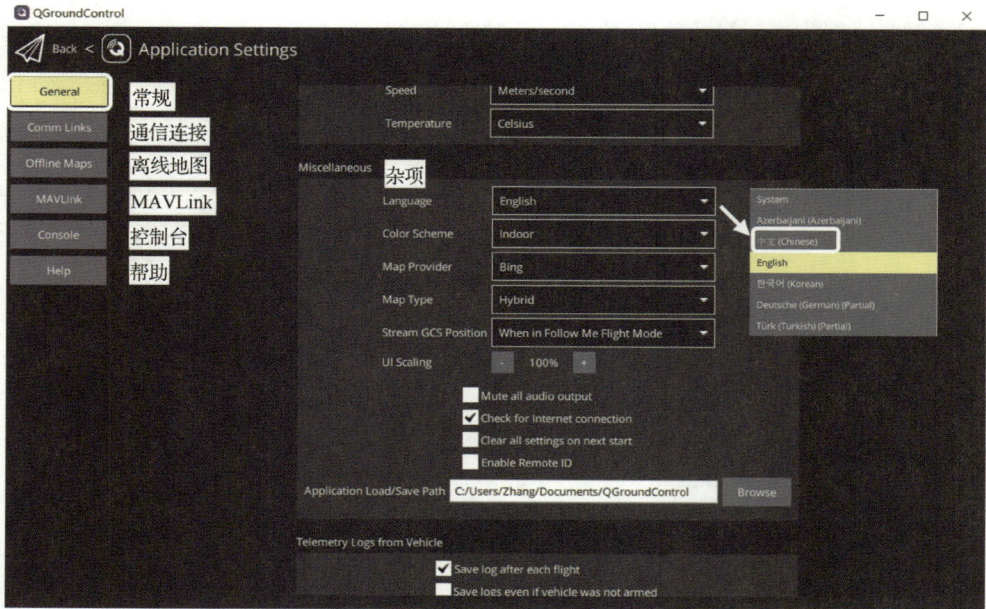

图 4.44 中文界面设置（二）

3. 飞行界面

QGC 地面站的飞行界面用于在飞行时指挥和监控无人机，如图 4.45 所示。通过该界面可以进行自动化飞行前检查、解锁无人机（或检查解锁失败原因），控制任务的开始、继续、暂停和恢复，还可以指挥无人机解锁/紧急停止、起飞/降落、改变高度、前往或盘旋于特定位置以及返回/返航等。该界面能够在地图视图和视频视图（如果有）之间切换，显示当前无人机实时拍摄的视频图像、遥测及其他信息，并可在所连接的无人机之间切换。

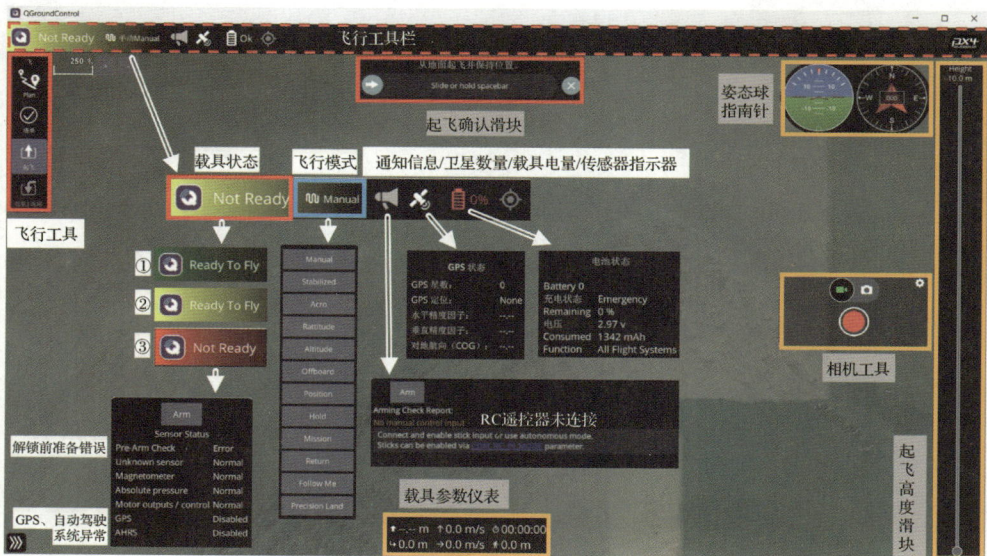

图 4.45 飞行界面

（1）飞行界面概述

图 4.45 显示了飞行界面的主要元素：地图（背景）、飞行工具栏、飞行工具、载具参数仪表、姿态球/指南针、相机工具，下面将对各元素进行详细讲解。

① 地图：显示所有与地面站连接的无人机当前的实时位置以及当前无人机的任务（规划好的航线），可以通过拖动地图来移动显示位置，地图会在一定时间后，以无人机当前位置为中心居中底图。

需要注意的是，QGC 的地图需要连接互联网才能显示。如果无人机处于新飞行地点、设备没有联网并且未下载该地区 QGC 的离线地图，此时 QGC 地图将为空白画面。

如果设备已连接互联网但地图仍显示为全球地图或上次飞行时的地图，而未切换至新地图区域，应检查 GNSS 模块与飞控的连接是否正常、GNSS 模块是否搜索到卫星信号。当飞控未连接 GNSS 模块或未搜索到卫星信号时，地面站无法获取无人机的实时位置，此时也无法显示地图。

② 飞行工具栏：飞行工具栏显示传感器的关键状态信息（如卫星数量、载具电量）和载具状态（如飞行模式、无人机准备状态）。选择传感器指示器可以查看更多详细信息。

单击卫星图标，将会显示此时 GNSS 模块搜索到的卫星数量以及定位地点。水平精度因子与垂直精度因子用来衡量当前 GNSS 模块定位的精细程度，数值越大说明此时定位误差越大，定位的精度就越低。定位误差过大，可能造成无人机起飞后出现漂移或者抖动等，因此建议当卫星数目较多、水平精度因子数值小于 2、垂直精度因子小于 3 时进行飞行，在这个范围内，无人机可以获得较好的 GPS 信号，从而确保定位精度和飞行安全。当周围存在遮挡导致无人机在地面无法搜索到足够卫星信号时，可以在无人机起飞后立即升至高于周围遮挡物的高度，然后保持无人机悬停一段时间再继续飞行。

单击电量图标，此时将显示电池电量信息，包括电池当前状态、电池当前电压、电池剩余电量百分比以及电池总容量等。若需要地面站显示电池信息，首先，需要将电池与电流计连接，并且将电流计接入飞控；其次，需要在地面站设置当前使用电池的参数，例如电池的电芯数、电池单芯满电电压（一般设置为 4.2V，高压电池需要根据电池介绍另行修改）、电池单芯空电电压（一般设置为 3.7V）；最后，通过 BB 响获取当前电池电压，在地面站中输入正确电池电压即可显示正确的电池电量信息。

单击飞行模式图标可选择新模式（如 "Manual" 手动模式），将弹出可选择的飞行模式列表。并非所有模式都可用，若无法更改模式，飞控 LED 指示灯将快速闪烁红色并发出提示音。后文将详细介绍具体模式。

③ 载具状态：地面站图标旁边的文本显示当前无人机的飞行准备情况，包括 "Not Ready"（未准备好）、"Ready To Fly"（准备飞行）、"Flying"（正在飞行），并用颜色指示

状态，包括绿色（正常）、黄色（警告）、红色（严重问题）。在图 4.45 中，①为绿色、②为黄色、③为红色。当为黄色或红色时，可以单击相应状态以查找出现问题的原因（QGC 4.2.0 及更高版本支持此功能）。还可以点击相应状态旁的按钮以解锁/锁定/紧急停止无人机。

④ 飞行工具：飞行工具用于在起飞/着陆（返航）/航线规划之间切换，或暂停/重新启动当前操作（如着陆或执行任务）。选择执行以上操作时，将弹出确认滑块按钮，需要拖动滑块以确认当前操作，以防止误触导致无人机异常操作。启用预检清单（默认情况下禁用工具选项）可在无人机起飞前对起飞准备工作进行详细检查。启用航线规划功能可为无人机设定自动执行的任务。

⑤ 载具参数仪表：载具参数仪表为显示无人机遥测数据的小部件，通常显示高度（相对高度，即无人机相对于起飞点的高度）、升高速度、移动速度、距离（通常为无人机距离起飞点/地面站的直线距离）、飞行时间等。

⑥ 姿态球/指南针：姿态球根据无人机 IMU 回传的姿态信息提供虚拟水平线和航向信息，帮助飞手了解无人机的当前姿态，特别是在视觉条件不佳或无人机距离较远时。例如，当无人机在自动飞行时，飞手可以通过姿态球监控无人机的姿态变化，以确保飞行的稳定性和安全性。指南针在需要无人机飞向特定目标点或沿特定路径飞行时使用，帮助飞手在无人机的飞行中保持方向感，即使飞手在视距外操作无人机，也能确保无人机按照预定航线飞行。

⑦ 相机工具：相机工具用于在静态和视频模式之间切换、开始/停止拍摄以及控制相机设置的小部件。

除此之外，还有许多其他元素在默认情况下不显示或仅在某些条件下显示。例如，仅当拥有多台无人机时才会显示多无人机选择器，或仅在启用适当设置时才会显示预检清单工具按钮。接下来将对飞行界面中常用的工具或常用的操作进行详细介绍。

（2）载具参数仪表

载具参数仪表显示当前无人机的遥测数据，默认包括相对于起始点位置的高度、水平和垂直速度、总飞行时间以及无人机和地面站之间的距离。可以通过将鼠标指针悬停在该面板上并选择左侧的方形工具来配置数据的显示位置，该工具可以在面板的底部中心和右侧中心之间切换位置。

要配置显示的数据，可选择编辑工具（铅笔图标），此时网格上会显示"+"和"-"按钮，可使用这些按钮添加或删除行、列，并且编辑工具将被替换为锁定图标，可使用该工具保存设置。

单击任意一个需要更改的值即可启动"Value Display"编辑器，该编辑器允许更改所选遥测数据的图标、文本、大小、单位等。左上角的下拉列表用于更改遥测数据来源（例如无人机、电池、距离传感器等），默认为无人机，但可以根据需要选择特定的传感器类型。右上角的下拉列表用于选择无人机或传感器的具体遥测数据，如俯仰角、偏航角、高度、速度等，如图 4.46 所示。

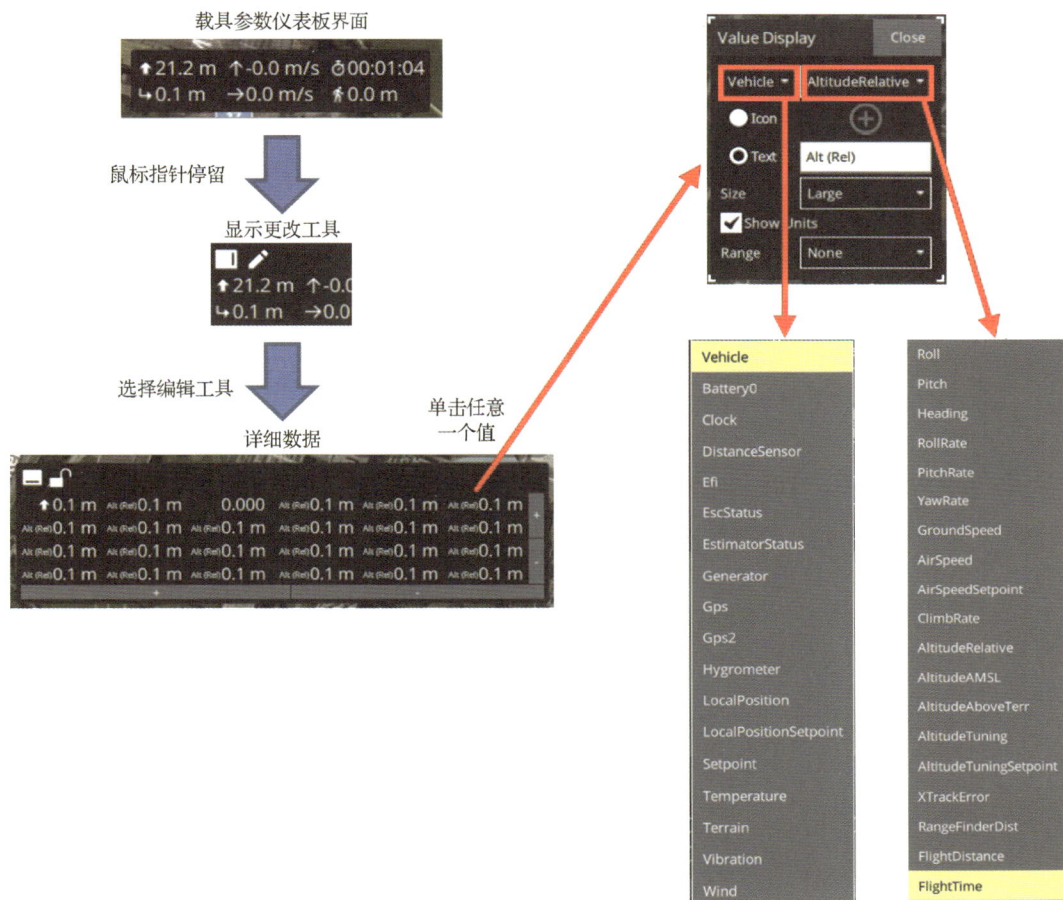

图 4.46 载具参数仪表操作示意

（3）飞行前检查清单

飞行前检查清单是无人机在执行自动飞行任务前检查各项准备工作是否完成的辅助表格，如图 4.47 所示，以确保无人机配置正确且飞行安全。

飞行前检查清单默认情况下处于关闭状态。要查看该清单，首先打开 QGC 地面站应用程序，确保无人机已经连接到地面站。在 QGC 界面，单击左上角的齿轮图标，进入设置菜单，在"常规"设置界面中找到"飞行界面"，勾选使用起飞前检查清单复选框，该工具将被添加到飞行工具当中。单击"清单"按钮即可打开飞行前检查清单。

在准备起飞时，如果已经启用了飞行前检查清单功能，QGC 会自动弹出检查清单。检查清单中会列出一系列检查项目，操作人员需要逐项检查并确认。例如，检查电池电量是否充足，检查所有传感器是否正常工作，确认所有螺旋桨牢固安装，检查 GPS 信号是否足够，检查飞控的模式和设置是否正确等。

在完成每一项检查后，可在清单上标记已检查的项目，这有助于确保不会遗漏任何重要的检查项目。当所有检查项目都完成并标记后，可关闭检查清单。此时，QGC 将允许继续进行飞行操作。

使用飞行前检查清单的注意事项如下。

① 定期更新检查清单：根据具体的飞行任务和无人机的特点，需要定期更新和调整飞行前检查清单，以确保其始终适应当前的飞行需求。

② 严格完成检查项目：严格完成飞行前检查清单中的检查项目，可以大大提高飞行安全性，降低意外发生的可能性。

③ 培训操作人员：确保所有操作人员都熟悉并了解如何使用飞行前检查清单功能，以保持一致的操作标准。

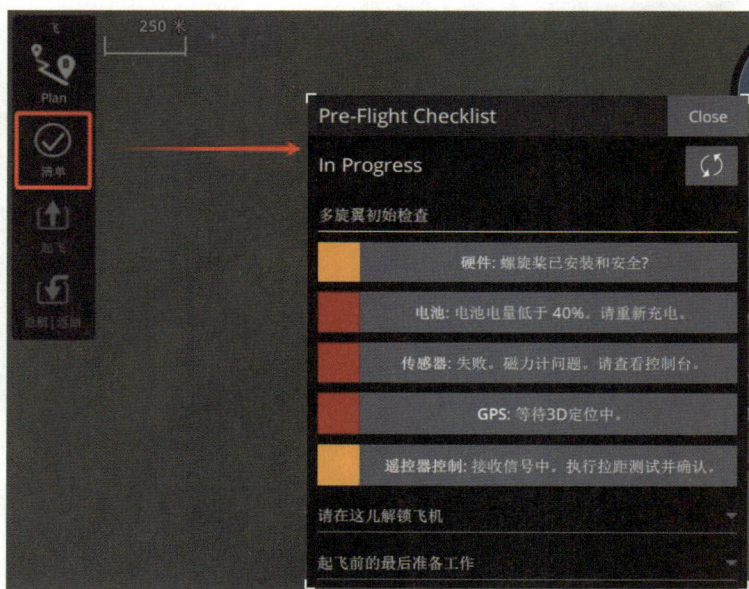

图 4.47　飞行前检查清单

（4）解锁和飞行前检查

只有在无人机安全并准备好飞行时，才能解锁无人机并启动电机准备起飞。如果开启了飞行前检查清单功能，需要完成所有检查项目后才能解锁起飞。

如果载具状态显示"Ready To Fly"且背景为绿色，说明无人机已准备好在所有模式下飞行。此时，可以直接解锁无人机进行手动飞行，也可以使用航线规划功能让无人机自动飞行。

如果背景为黄色且载具状态显示"Ready To Fly"，则表明无人机已准备好在当前模式下起飞，但可能无法切换到其他模式。如果载具状态显示为"Not Ready"，则说明当前无人机有部分设备未通过检查，此时无法解锁无人机。

如果背景为红色且状态为"Not Ready"，说明无人机存在比较严重的问题，无法解锁无人机，需要排查完问题后才可以解锁无人机。

从 QGC 4.2.0 起，可以通过通知信息找出警告或错误的确切原因及可能的解决方案。常见的导致无人机无法解锁的错误及解决方法如下。

① RC 遥控器未连接，此时 QGC 地面站会发出"警告"，自动执行任务的无人机仍然可以起飞。如果无法起飞，可确认当前飞行是否是自动飞行模式。解决办法是检查遥控器是否开启且电量充足，检查遥控器是否与接收机建立连接，或者切换为自动飞行模式（但要确保无人机在自动飞行过程中的安全，否则不推荐仅通过更改模式起飞）。

② GPS 未连接，此时 QGC 地面站会"报错"，在这种情况下无人机无法起飞。解决办法是检查 GNSS 模块连接是否牢固，地面站中是否显示已搜索到卫星信号。如果搜索不到卫星信号，可能是 GNSS 模块连接问题，可以通过插拔 GNSS 模块检查。如果重新插拔后仍然无法搜星，可以尝试断电重启。如果以上操作都无效，请联系产品客服进行售后处理。

③ 地平线校准异常/指南针异常，此时 QGC 地面站会"报错"，在这种情况下无人机无法起飞。该问题通常是传感器未正确校准导致，解决办法是重新校准传感器。如果多次校准后仍然无法解决问题，可以尝试对飞控进行初始化操作。如图 4.48 所示，操作步骤为：单击地面站图标→载具设置→参数→工具→全部重置为固件的默认值，然后重新进行无人机选择与传感器校准。如果仍然存在该问题，可以尝试重刷低版本飞控固件或寻求飞控客服、QGC 官方社区帮助。

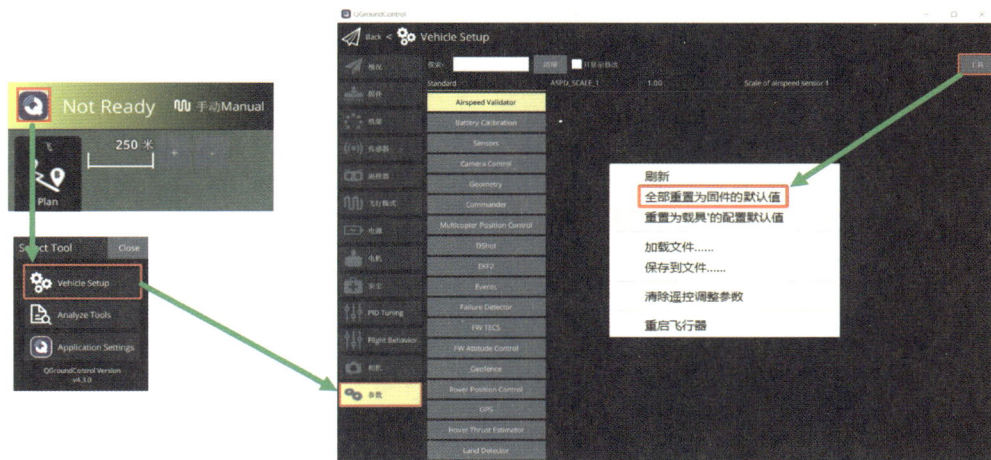

图 4.48 无人机初始化操作

④ 低电量报警，在此情况下，无人机无法解锁，但地面站不会提供具体的报错信息。该问题通常出现在刚装配无人机尝试起飞或长时间未使用无人机后首次使用时。

产生此问题的原因可能是无人机电池电量不足，且未在地面站对电池电量进行设置校准，导致地面站无法准确显示电池电量。此时，飞控蜂鸣器会持续发出"哔哔"声报警，但地面站未提供明显提示，因此难以准确判断问题。

遇到飞控报警时，应检查电池电量是否过低。可更换电量充足的电池，如果飞控蜂鸣器停止报警，则说明问题得到解决。也可在安全设置中降低低电量故障报警触发器阈值，以便在拆卸桨叶的情况下在地面解锁无人机进行检查，但严禁起飞无人机。

如图 4.49 所示，具体操作步骤为：单击地面站图标→载具设置→安全→低电量故障报警触发器，将电量警告水平设置为 12%。

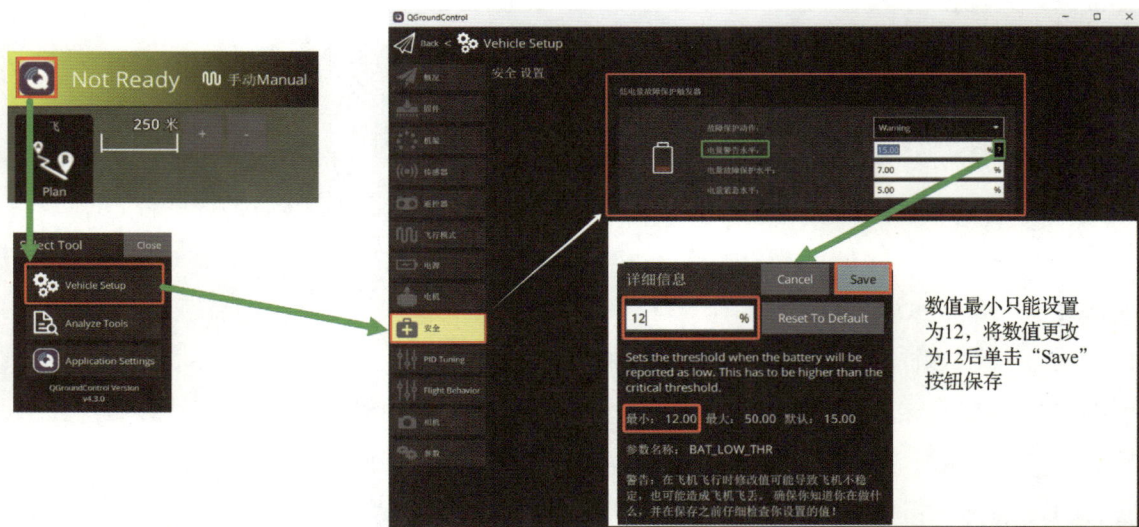

图 4.49　低电量保护设置操作

一旦所有问题解决，载具状态中的相关警告将会消失。此时可以单击解锁按钮显示无人机解锁确认滑块，并解锁无人机，或者直接单击起飞按钮一键起飞。

在无人机飞行过程中，会显示当前无人机的状态。例如，解锁但未起飞时显示"Armed"，飞行过程中显示为"Flying"。即使在飞行中，解锁界面仍可打开，以便进行紧急上锁或紧急制动。用户可以单击载具状态，单击"Disarm"按钮来锁定无人机。当无人机着陆时，为了确保周围人员安全，飞控会在着陆后几秒内停止电机旋转并将电机上锁。

因此，通常情况下，无须主动为无人机上锁，无人机将在着陆后自动上锁。如果无人机在解锁后一定时间内未起飞，飞控也会在超过设定时间后自动上锁。有关手动锁定操作，可参考图 4.50 所示的解锁与锁定无人机操作。

解锁无人机操作   锁定操作

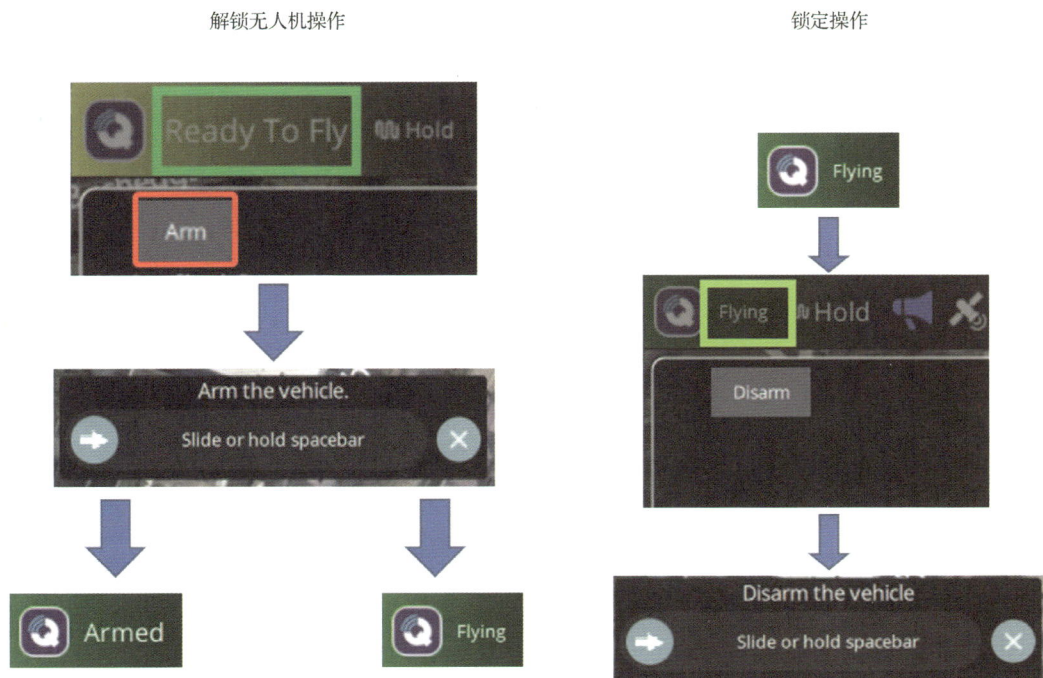

图 4.50　在 QGC 中解锁与锁定无人机操作

（5）起飞、降落、返航操作

① 起飞（Take off）：首先，单击飞行工具中的起飞按钮（起飞后该按钮将切换为着陆按钮）。其次，在右侧垂直滑块中设置起飞高度（首次飞行时建议飞行高度不要设置过高）。最后，滑动滑块确定起飞。

② 降落（Land）：降落操作仅在无人机起飞后可用。在飞行过程中，可以随时降落在当前位置。单击飞行工具中的着陆按钮（着陆后该按钮将切换为起飞按钮），使用滑块确认着陆。

③ 返航（Return To Launch，RTL）：返航操作通常在无人机自动执行任务时使用。单击飞行工具中的 RTL 按钮，使用滑块确认返航。需要注意的是，返航操作为无人机自动执行，因此相比手动操控无人机返航有一定风险。

返航操作有以下注意事项。

• 在无人机起飞之前，确认返航点设置是否正确。若返航点设置有误，可能导致无人机在返航过程中出现意外或降落在错误位置。

• 没有避障功能的无人机在返航过程中容易碰到障碍物导致坠毁，为尽量避免出现此情况，建议将返航高度设置得尽可能高。具体操作为：单击地面站图标→载具设置→安全→返回启动设置→爬升至高度。起飞、降落、返航的具体操作如图 4.51 所示。

起飞操作　　　　　　　　　　　　　　　　降落返航操作

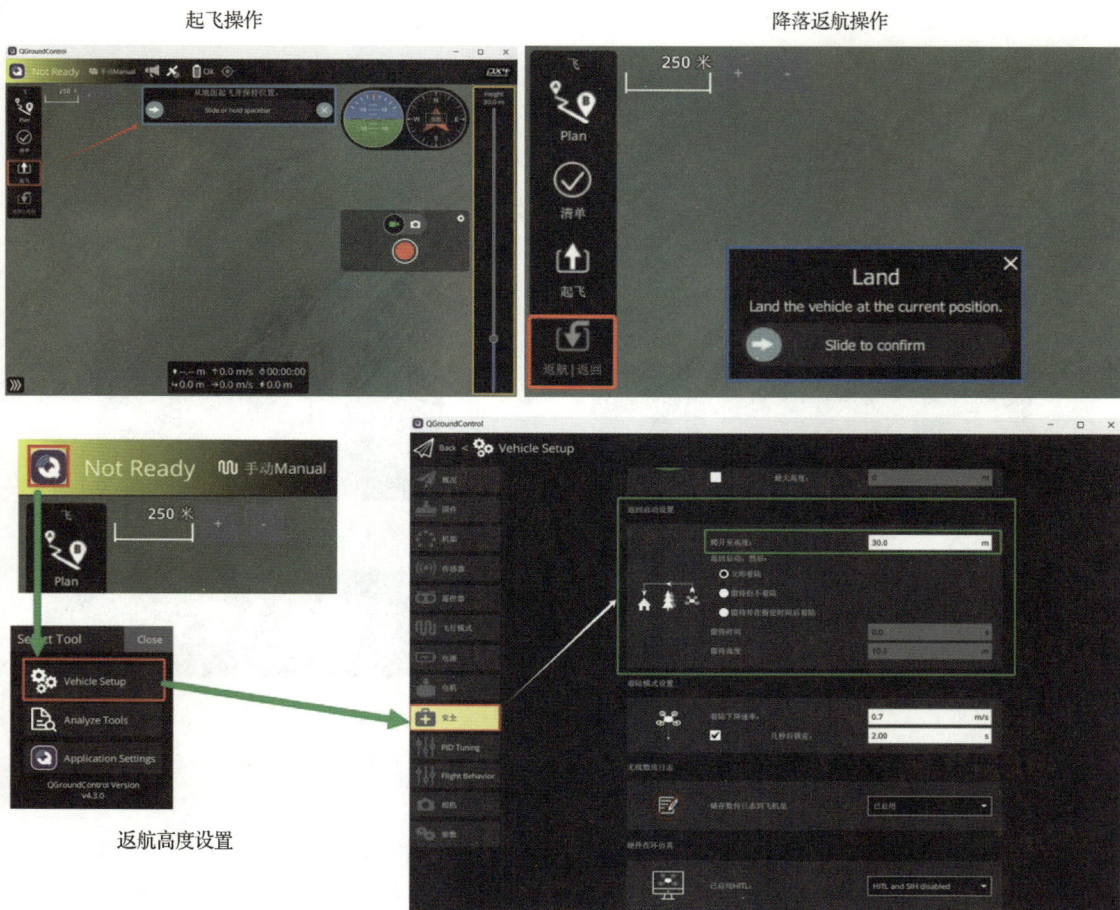

返航高度设置

图 4.51　起飞、降落、返航操作

4.4　飞控固件烧录与传感器校准

本节将介绍如何使用 QGC 地面站对飞控进行固件烧录及传感器校准。

4.4.1　飞控固件烧录

Pixhawk 和雷迅 V5+属于飞控硬件，可类比为手机或计算机；而 PX4 和 APM 属于飞控固件，可类比为手机或计算机的操作系统。一般来说，飞控硬件被称为"飞控"，而 PX4 与 APM 被称为"固件"。Pixhawk 2.4.8 和雷迅 V5+飞控均支持 PX4 与 APM 固件烧录，QGC 地面站也支持这种两种固件，读者可以根据个人经验进行烧录。

由于 QGC 地面站专门针对 PX4 固件进行研发，因此对初学者来说，本书更推荐使用 PX4 固件。固件烧录的具体方法如下。

1. QGC 直接烧录固件

桌面版 QGC 可以将 PX4 Pro 或 ArduPilot 固件安装到 Pixhawk 系列飞行控制器板上。默认情况下，QGC 将安装所选固件的稳定版本，也可以选择安装 Beta 版本、日常版本或自定义固件文件。

需要注意的是，固件烧录功能目前在移动端的 QGC 上不可用，需要使用计算机进行操作。QGC 直接烧录固件的具体操作步骤如下。

① 在安装固件之前断开地面站与飞控的连接，打开 QGC 地面站，单击地面站图标→载具设置→固件。此时界面如图 4.52 中①所示，使用 Micro USB 数据线将飞控与计算机相连。

请注意，在烧录固件的过程中需使用带有数据传输功能的数据线将飞控和计算机连接，不能使用不具备数据传输功能的充电线。同时确保数据线与笔记本电脑自带的 USB 接口相连。如果使用台式计算机，请连接机箱后侧的 USB 接口（主板 USB 接口），不要连接机箱前部的 USB 接口或拓展坞的 USB 接口，以防止在固件烧录过程中因连接不稳定导致烧录失败。此外，不建议使用数传烧录固件。

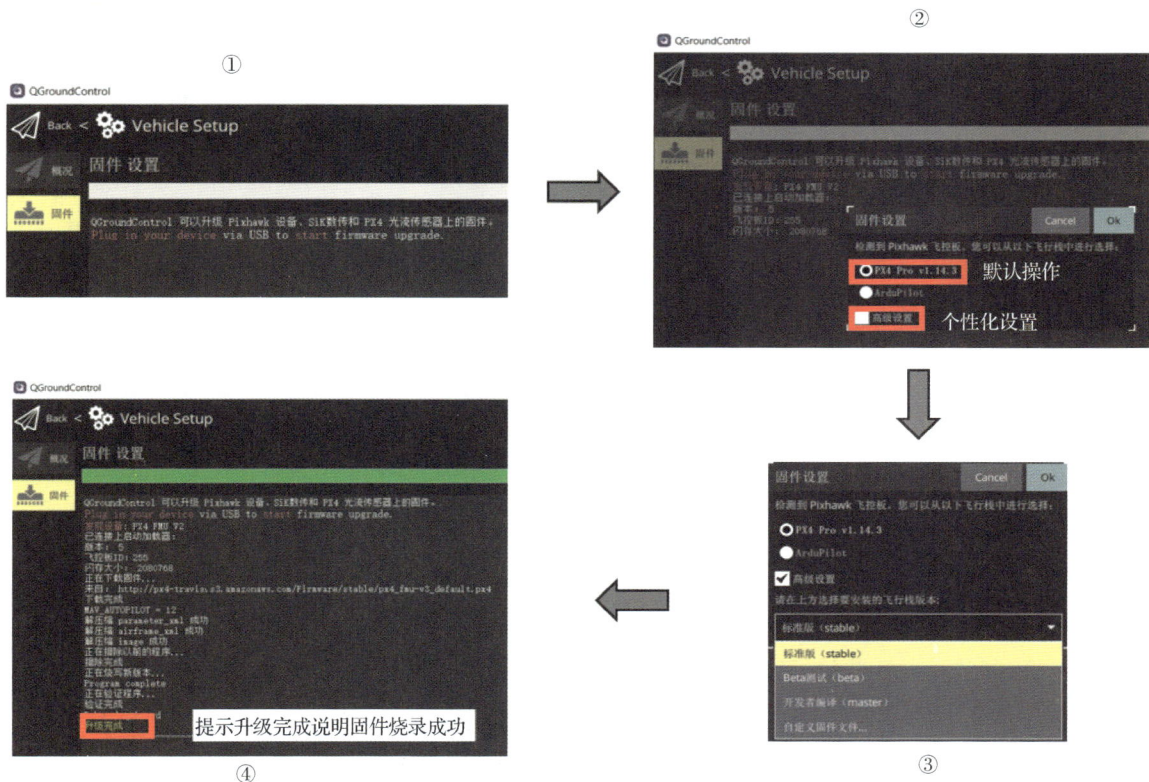

图 4.52 QGC 固件直接烧录操作

② 当出现图 4.52 中②所示界面，说明此时 QGC 地面站已经识别飞控。在弹出的"固件设置"界面中展示了目前连接的 Pixhawk 飞控，由于该款飞控支持 PX4 固件与 APM 固件，因此地面站会同时给出 PX4 固件与 APM 固件的烧录选项（默认选择 PX4 固件）。

QGC 地面站默认选取了 PX4 固件的最新版本 PX4 Pro v1.14.3，并自动获取 PX4 固件的最新版本且提供安装方式。如果需要安装其他版本的固件，请勾选下方的"高级设置"复选框。此时界面如图 4.52 中③所示，在"高级设置"的下拉列表中可以选择安装标准版（官方发布的稳定版固件）、Beta 测试版固件（测试版本虽然有新功能但可能并不稳定，请谨慎选择）、开发者编译固件或其他自定义固件。对于初学者，通常选择标准版固件即可。

③ 确定需要的版本后，单击图 4.52 中③所示界面右上角的"OK"按钮。此时，QGC 地面站将从亚马逊提供的云服务器中下载所选版本固件，并一键烧录至飞控中。接下来只需等待固件下载并烧录完成。在此过程中，请勿触碰数据线与飞控，以防接口松动导致烧录失败。

如果长时间处于下载固件阶段，请检查电脑的网络连接是否正常。如果网络连接正常但仍无法下载固件，可能是由于传输不佳，可以尝试关闭 QGC 并重新进行烧录操作。如果重新尝试后仍无法解决问题，可以尝试手动下载固件并手动安装。

当出现图 4.52 中④所示画面，提示升级完成或安装成功，则代表固件已经顺利烧录至飞控中。

2. QGC 自定义烧录固件

当无法使用 QGC 直接烧录固件或者想要安装特定版本的固件时，可以使用高级设置中的自定义固件进行手动烧录。具体操作步骤如下。

① 与直接安装固件时的操作一致，在安装固件之前断开地面站与飞控的连接，打开 QGC 地面站，单击地面站图标→载具设置→固件，界面如图 4.52（a）所示。使用数据线将飞控与计算机相连，等待地面站界面变为图 4.52（b）所示。注意当前设备型号，如图 4.53 所示。

PX4 飞控的硬件属于开源硬件，由 PX4 组织指定标准，不同厂商根据该标准设计飞控硬件。虽然不同厂商生产的飞控硬件型号众多，但最初都参照 PX4 组织的标准制定，有对应的 PX4 设备型号。

图 4.53（a）所示为 Pixhawk 2.4.8 的 PX4，设备型号为 PX4 FMU V2；图 4.53（b）所示为雷迅 V5+的 PX4，设备型号为 PX4 FMU V5。设备型号不同，下载的固件版本也不同。

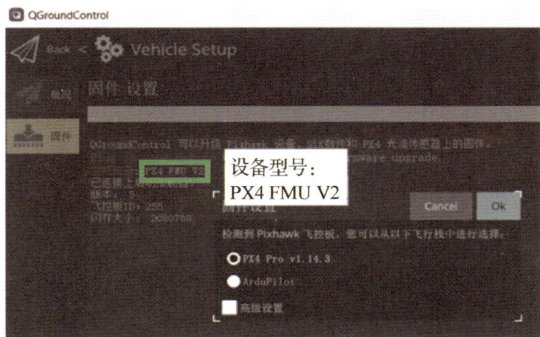

（a）Pixhawk飞控设备型号　　　　　　　　　　（b）雷迅V5+飞控设备型号

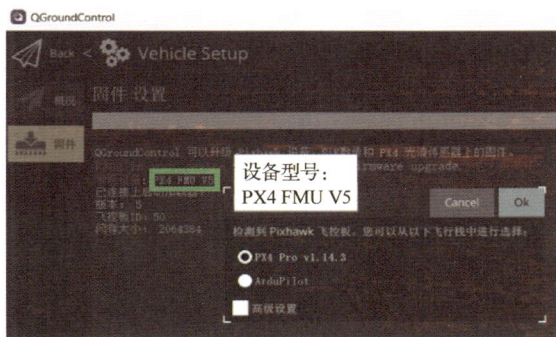

图 4.53　不同飞控设备型号

② 在确认当前设备型号后，使用搜索引擎搜索"GitHub"，进入官方网站，在该网站中搜索"PX4/PX4-Autopilot"。

PX4 组织在 GitHub 上的官方固件下载页面如图 4.54 中①所示。单击 PX4-Autopilot，在弹出的页面右侧找到 Releases（发布）侧边栏，单击其中的"releases"超链接，如图 4.54 中②所示，进入 PX4 固件往期发布版本页面。

在该页面中，单击"Tags"按钮，切换为版本号缩略形式，如图 4.54 中③与图 4.54 中④所示。在图 4.54 的④中找到需要下载的固件版本，此处选取 v1.11.0 版本。单击"v1.11.0"超链接进入固件下载页面，将页面拉至最下方，找到"Assets"列表，如图 4.54 中⑤所示。"Assets"列表中显示当前版本适配的不同 PX4 硬件的固件版本，根据当前设备型号选择对应的固件即可。

对于 Pixhawk 2.4.8 硬件，可以选择 PX4_FMU-V3_default 版本或 PX4_FMU-V2_default 版本。V3 版本相对 V2 版本拓展了内存大小，运行性能提高，因此尽量选择 V3 版本。"default"表示默认版本。

对于雷迅 V5+，仅可使用 PX4_FMU-V5_default 版本，不能安装 V3 或 V2 版本。同理，Pixhawk 2.4.8 也无法安装 V5 版本固件。需注意，雷迅 V5+的 FMU-V5 硬件为 PX4 组织较新的硬件型号，不能支持过于老旧的固件版本。根据雷迅官网描述，雷迅 V5+最低可使用 v1.9.1 版本固件。针对其他型号飞控硬件的最低版本固件，可咨询官方客服了解。

确定需要下载的版本后，单击相应版本文件名称超链接并等待下载完成。

③ 回到 QGC 固件烧录界面（图 4.55 中①），勾选"高级设置"复选框，在下拉列表中选择自定义固件文件，完成后单击右上角的"OK"按钮，如图 4.55 中②所示。在弹出的文件选择界面中，找到下载的 PX4 文件，选择对应的飞控固件单击"打开"按钮，然后等待固件烧录完成，直至界面弹出升级成功的提示，如图 4.55 中③和④所示。

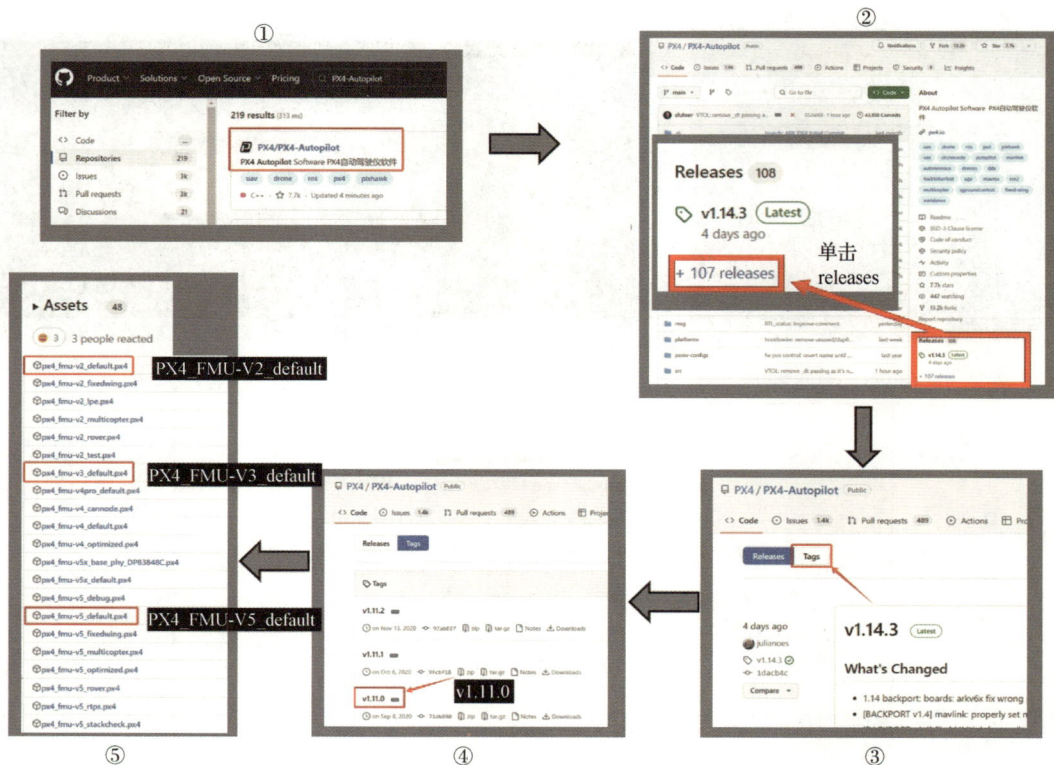

图 4.54　固件下载操作

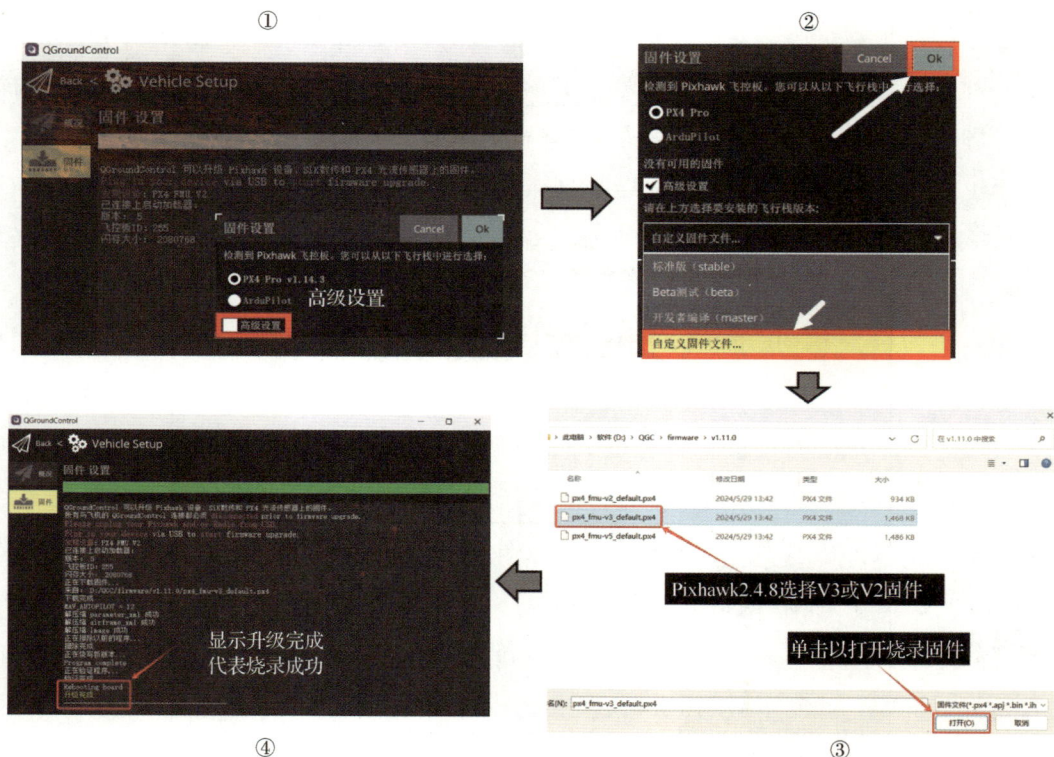

图 4.55　自定义固件烧录操作

4.4.2　机型选择

1．概况界面

在完成固件烧录后，连接飞控进入载具设置界面，此时 QGC 载具设置界面新增多个选项，例如机架、传感器、遥控器、飞行模式、电源、电机和安全等，如图 4.56 所示。

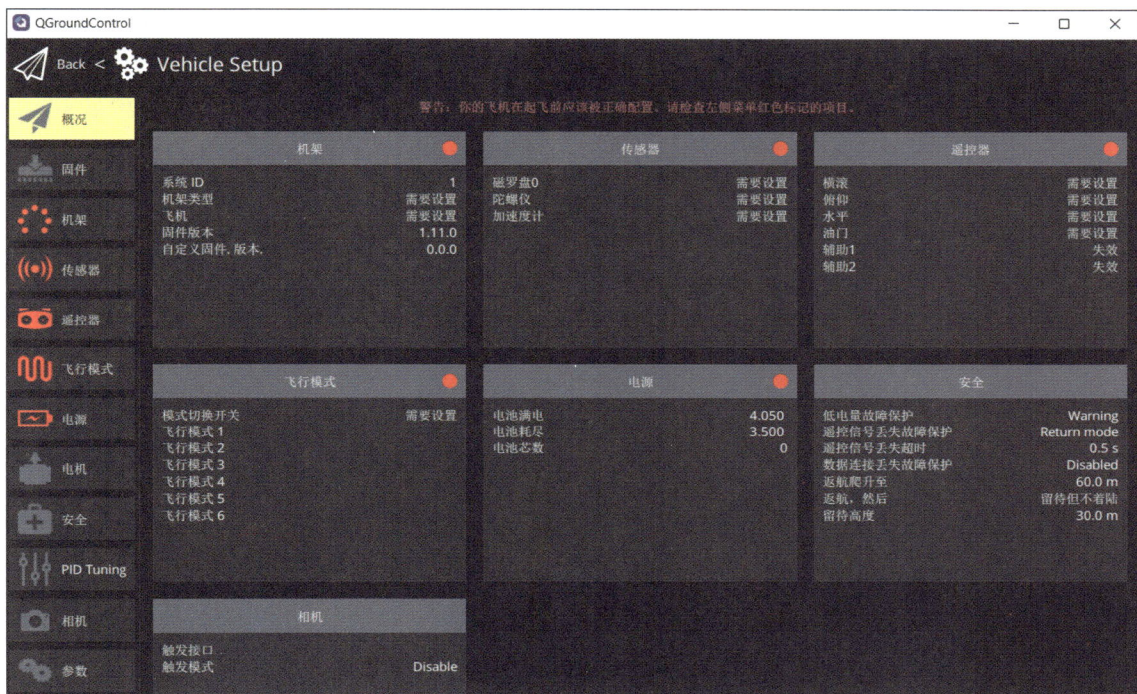

图 4.56　QGC 载具设置界面

查看概况界面时，该界面对飞控各项子系统进行简单展示，可以看到当前的飞控、机架设置情况、传感器与遥控器校准情况，以及安全设置中关键选项的简要概况，方便在无人机起飞前进行检查。

在首次为飞控烧录固件时，由于飞控尚未进行正确配置操作，该界面右侧项目栏与左侧菜单栏对应项目均会显示红色标记。完成各项操作后，左侧菜单栏的红色标记会消失，右侧项目栏的红色标记将变为绿色，表示已完成校准。

读者可根据后续介绍的操作内容使用飞控进行跟练，但建议在将飞控安装在组装好的无人机上以后重新执行一遍操作。飞控在未安装在无人机上进行校准的传感器数据和安装在无人机上时的数据并不一定一致，因此需要针对不同机型与飞控的不同安装位置进行相对应的校准操作，以保证无人机在飞行过程中的安全性与稳定性。

2．机架设置

在载具设置界面，选择左侧的"机架"选项卡，进入机架设置界面。QGC 地面站与 PX4 飞控支持多种载具类型，如飞艇，直升机，固定翼、多旋翼、VTOL 无人机，车辆等。在多种机架中，适配四旋翼无人机的机架有 4 种，分别是 Quadrotor +、Quadrotor H、Quadrotor Wide 与 Quadrotor X。

笔者使用的是"X"形布局的四旋翼无人机，因此选择 Quadrotor X。打开 Quadrotor X 下拉列表，可以选择具体机型，如图 4.57 中③所示。

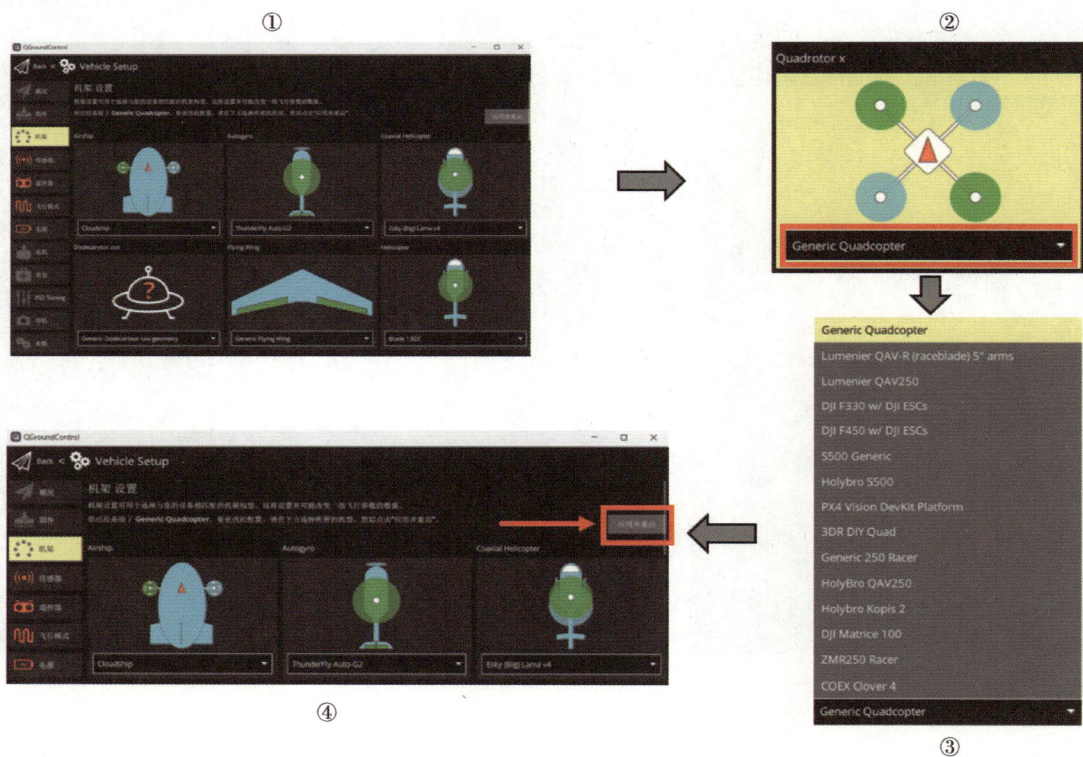

图 4.57　机架设置

QGC 内置多款无人机机架型号，在下拉列表中可以选择与自身机架尺寸相同或相近的选项，例如，若为 F330 机架可选择 DJI F330 选项。如果自身机架与下拉列表中给定的机架尺寸参数相差较大，则选择第一个选项"Generic Quadcopter"（默认四旋翼飞行器）。

选择好对应的机架后，在界面顶部单击右上角的"应用并重启"按钮，飞控将应用所选项并重新启动。QGC 与飞控的连接将短暂中断，飞控重启后将与 QGC 恢复连接。

4.4.3　传感器校准

传感器校准是确保无人机飞行安全和稳定的一个重要步骤。传感器校准主要包括对加速度计、陀螺仪、磁罗盘和气压计等关键传感器的校准，这些传感器提供的数据信息是无人机姿态估计和导航的基础。如果不进行校准，传感器在长期使用或环境变化（如起飞位置变化）后，可能会出现偏差，从而导致飞控在解算无人机的姿态、位置和速度时出现错误。

例如，加速度计和陀螺仪未校准会导致姿态估计不准确，使无人机在飞行中无法保持平稳；磁罗盘未校准可能会影响航向数据的准确性，导致导航误差；气压计未校准则会影响高度估计，导致无人机在自动起降或定高飞行时出现高度偏差。

因此，传感器校准是保障无人机飞行安全和性能的基石。在 QGC 地面站中进行定期、准确的传感器校准，能够确保传感器提供精确的数据，使无人机能够稳定、安全地飞行。未经校准或校准不当的传感器数据会导致飞行控制系统出现错误，严重时可能导致无人机失控。接下来将分别对各个传感器的校准进行详细讲解。

在校准时，需将 GNSS 模块与飞控相连，并使两者的相对位置保持不变。因此，建议将飞控与 GNSS 模块安装在无人机上后再进行校准。

1. 磁罗盘（指南针）校准

磁罗盘用于确保无人机具有精确的方向感知和导航能力，从而实现精确导航、稳定飞行和可靠的避障与返航功能。校准后的磁罗盘数据能够抵消环境干扰，提升飞行控制的准确性，无论在自动飞行模式还是手动操控模式下，都能显著提高飞行安全性。因此，在每次飞行前，尤其是更换飞行地点或受到外界干扰后，进行磁罗盘校准是确保无人机以最佳状态执行飞行任务的关键。

在无人机磁罗盘校准过程中，QGC 通过三轴磁力计采集各个方向的环境磁场强度数据，形成三维磁场数据集。用户按照 QGC 提示将无人机在前、后、左、右、上、下等不同方向上旋转，系统通过多点采样记录每个方向的磁场强度。

数据采集后，QGC 采用椭球拟合算法处理这些数据，通过计算得出磁罗盘的最佳拟合椭球模型，校正磁罗盘的偏移量和比例因子，以修正由于硬件制造误差或环境因素导致的零点偏移和各轴向之间的比例失衡。

除此之外，QGC 还会考虑软铁效应（环境中的铁磁材料导致的磁场变形）和硬铁效应（无人机内部固定磁性材料引起的磁场偏移），通过数学建模和算法调整来消除或减轻这些效应对磁罗盘数据的影响。最终，QGC 将计算得到的校准参数应用到磁罗盘的数据读取过程中，生成经过校正的磁场强度数据，确保无人机在飞行中具备准确的方向感知和导航能力。

因此，在进行磁罗盘校准的过程中，请确保无人机远离大型金属物体（如车辆、金属建筑结构、金属家具等）、电力设备（如高压电线、电力变压器）以及具有磁性的物体，这些物体产生的强磁场会干扰磁罗盘的正常校准工作。磁罗盘校准的具体操作步骤如下。

① 选择载具设置界面左侧的"传感器"选项卡，进入传感器校准界面。单击该界面中的"罗盘"按钮，为磁罗盘进行校准。

② 在进行正式校准之前，需要对飞控位置进行设置。如果飞控方向与机头方向一致，此时选择"ROTATION_NONE"，表示飞控方向与无人机机头方向一致，可以开始校准，如图 4.58（a）所示。如果不一致，请根据 4.2 节的内容进行判断，并选择代表正确朝向的选项，以便后续校准工作的顺利进行，如图 4.58（b）所示。

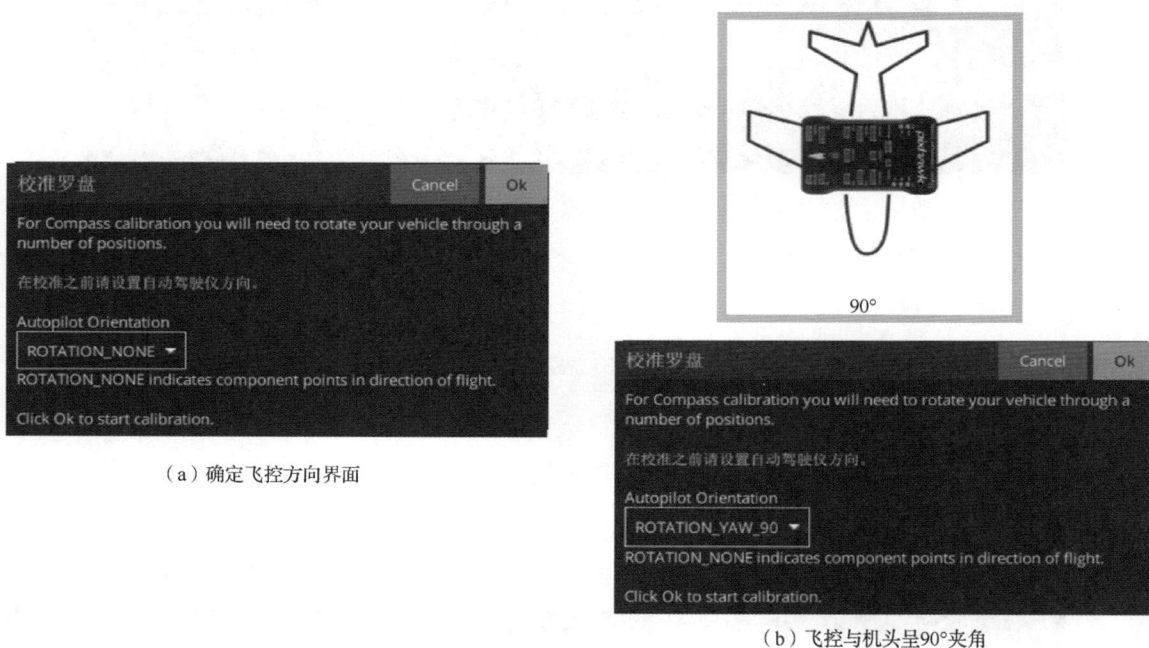

（a）确定飞控方向界面

（b）飞控与机头呈90°夹角

图 4.58　飞控朝向设置

③ 磁罗盘校准界面如图 4.59（a）所示，该界面显示无人机的 6 个姿态。使无人机与任意一张红色边框的图片中的无人机姿态一致，并保持无人机静止。一旦出现提示（即该图片边框变为黄色），便可以抱起无人机，将无人机沿 z 轴逆时针方向旋转，如图 4.60 所示。一旦在该方向上完成校准，屏幕上的相关图片边框将变为绿色。

④ 重复步骤③的操作，直至所有图片边框均变为绿色，如图 4.59（c）所示。在校准过程中 QGC 会自动判断 GNSS 方向与飞控方向是否一致，图 4.59（d）表示 GNSS 模块与飞控方向偏差 270°（与实际情况符合），单击"重启飞行器"按钮即可。若 GNSS 模块方向与飞控方向一致，此处选项为"ROTATION_NONE"。

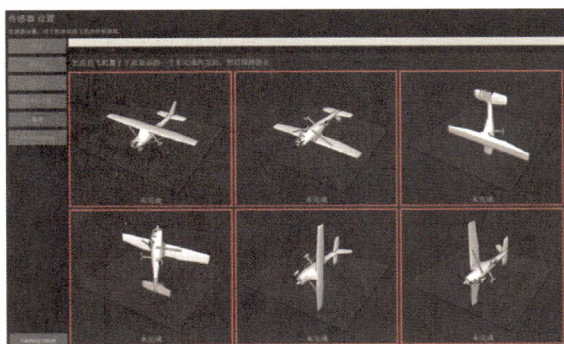

（a）磁罗盘校准界面　　　　　　　　　　　　（b）磁罗盘校准过程界面

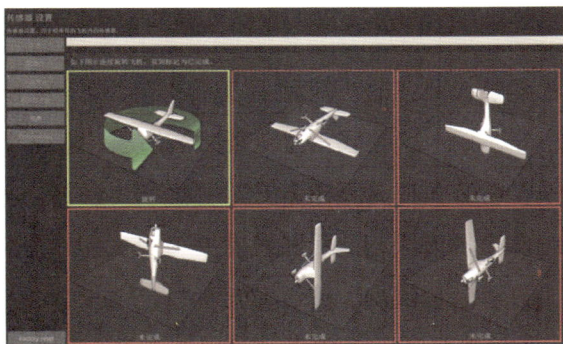

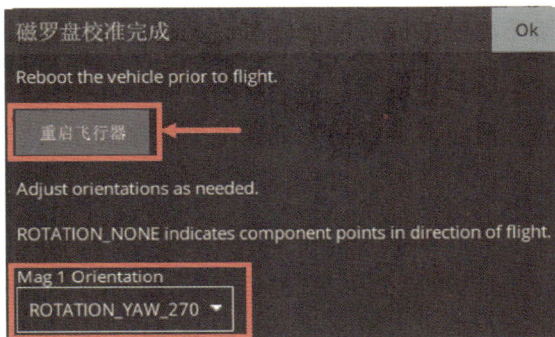

（c）磁罗盘校准完成界面　　　　　　　　　　（d）重启飞行器并设置GPS与飞控方向

图 4.59　磁罗盘校准操作

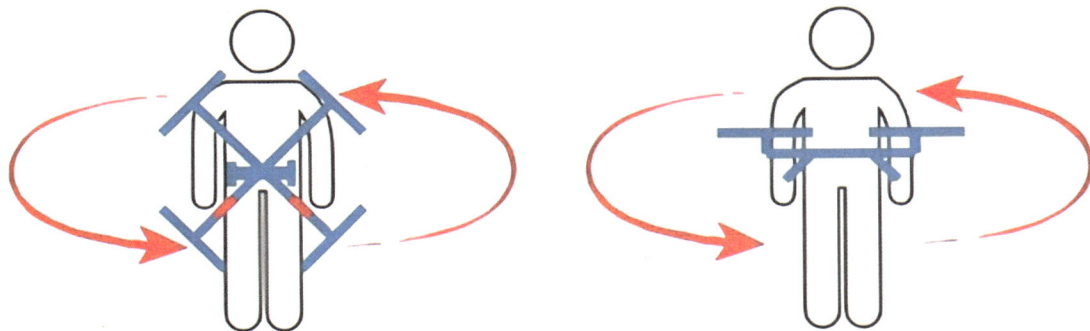

图 4.60　磁罗盘校准动作示意

2. 陀螺仪校准

陀螺仪用于测量无人机的角速度，对其进行校准可以消除传感器零点偏移和噪声，从而提供精确的姿态信息。准确的陀螺仪数据有助于无人机保持平稳飞行、执行精准的动作控制、实现自动平衡和导航功能。未经校准的陀螺仪可能导致飞行器在空中失稳、无法正确执行飞行指令，甚至引发飞行事故。

在陀螺仪校准过程中，QGC 通过一系列步骤采集和处理数据，以确保陀螺仪提供准确的角速度信息。首先，QGC 要求用户将无人机放置在稳定且水平的位置，并保持静止，此时陀螺仪应测得角速度为零，但由于传感器偏移（即零点偏移）和噪声，实际读数可能不为零。QGC 通过测量每个轴的平均偏移量来校正零点漂移。

QGC 通过多轴旋转采集数据，计算标度因子，确保陀螺仪输出的角速度与实际角速度一致。高端系统还可能进行温度补偿，在不同温度下采集数据，建立温度与偏移/标度因子之间的关系模型，在实际飞行中动态调整校准参数。

QGC 还使用滤波算法去除高频噪声，确保数据平滑。最终，校准参数存储在飞行控制系统中，实时应用于飞行过程中，以确保无人机获得准确的姿态感知和响应能力，保证飞行的稳定和安全。

在进行陀螺仪校准时，建议将无人机放置于水平地面上，保证无人机处于水平状态。若不清楚无人机是否处于水平状态，可以在无人机顶部平面放置简易的小型气泡水平仪或打开智能手机的水平仪 App 以检测水平情况。

QGC 地面站已经将陀螺仪校准尽可能简化，单击传感器校准界面中的"陀螺仪"按钮，确保无人机处于水平静止状态，单击"OK"按钮等待 QGC 自动完成校准即可，如图 4.61 所示。图片出现绿色边框，代表陀螺仪校准完毕。

图 4.61　陀螺仪校准操作

3.　加速度计校准

加速度计的准确与否直接影响到无人机姿态解算估计和控制的精度。通过校准，可以减少动态环境下机体振动和非重力加速度对测量结果的干扰，从而降低误差并提升无人机姿态解算的准确度。

校准后的加速度计能够更精确地测量无人机运动时的加速度，进而提高导航系统的精度。在动态环境中，经过校准的加速度计有助于确保非重力加速度对姿态解算的影响最小化。将加速度计与其他传感器（如陀螺仪）结合使用，校准操作可以显著提升姿态估计的整体精度。

此外，加速度计校准还有助于实现传感器在高频环境下的有效响应，确保无人机启用振动监控和结构健康监测等高级功能时的性能。因此，尽管在某些情况下可能不强制要求校准加速度计，但对于追求高精度控制和稳定性的应用场景，加速度计的校准是不可或缺的。

QGC 通常采用六面校准法来校准加速度计，原理是通过将加速度计在 3 个正交轴上分别朝上或朝下水平放置，采集 6 个面的数据，从而确定加速度计的确定性误差和尺度因子。这种方法基于惯性定律，即在静止状态下，加速度计应只测得重力加速度的分量。

具体来说，在每个轴都需要测量到两个不同的值，以便根据两点确定一条直线的原则来计算偏移量和尺度因子。通过这种方式，可以有效地修正加速度计的测量误差，提高其精度。具体操作步骤如下。

① 单击传感器校准界面中的"加速度计"按钮，此时将弹出图 4.62（a）所示的"校准加速度计"对话框。如果已在前面的磁罗盘校准步骤中设置了飞控的方向，保持默认选项，单击"OK"按钮即可。如果尚未设置，可以在此进行设置。

② 进入加速度计校准界面，根据屏幕上的提示，将无人机放置成与图 4.62（b）中任意一个红色边框图片相同的姿态，然后保持无人机静止几秒，等待图片边框由红色变为黄色再变为绿色，飞控发出"哔哔"两声后，切换至下一个姿态。

③ 重复步骤②，直至 6 个图片边框均变为绿色，此时 QGC 提示"校准完毕"。

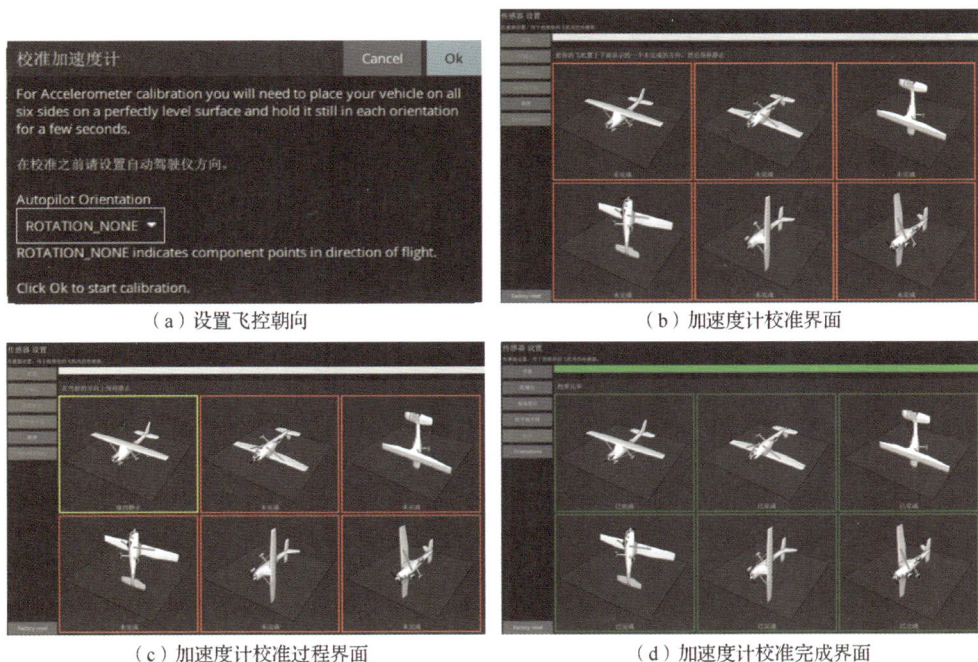

（a）设置飞控朝向　　　　　　　　（b）加速度计校准界面

（c）加速度计校准过程界面　　　　（d）加速度计校准完成界面

图 4.62　加速度计校准操作

4．地平线校准

地平线校准是为了确保无人机飞行控制系统能够正确感知水平面的位置，纠正传感器安装位置和角度的轻微偏差，使无人机在飞行过程中准确识别水平面。通过校准，飞行控制系统能够判断无人机的倾斜角度和姿态，进行相应调整，保持飞行的平衡和稳定。未经校准的水平面数据可能导致姿态控制不稳定、飞行航线偏移，甚至引发飞行事故。

在地平线校准过程中，QGC 通过采集和处理来自校准后陀螺仪的数据，确保无人机飞行控制系统能够准确感知水平面。若陀螺仪未成功校准，则无法显示地平线校准按钮。

QGC 要求用户将无人机放置在水平且静止的位置，系统会分析当前无人机传感器数据，确定最佳的水平面，并对飞控进行相应的参数调整，减少由于水平面偏差引起的飞行误差，从而提高飞行轨迹的精确度和飞行的稳定。具体操作步骤如下。

① 无人机的地平线校准操作与陀螺仪校准操作类似。单击"校平地平线"按钮，将无人机放置于水平的地面或桌面上，确保无人机处于水平状态，检测方法可参照陀螺仪校准。

② 单击"OK"按钮开始校准，等待校准结束。当显示"calibration done: level"，如图 4.63（b）所示，代表地平线校准完成。

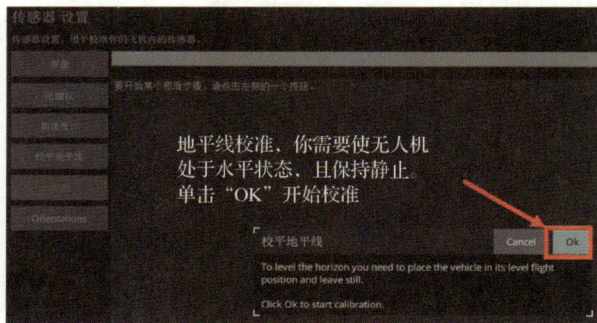

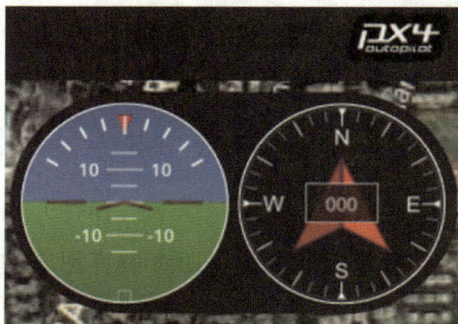

（a）地平线校准

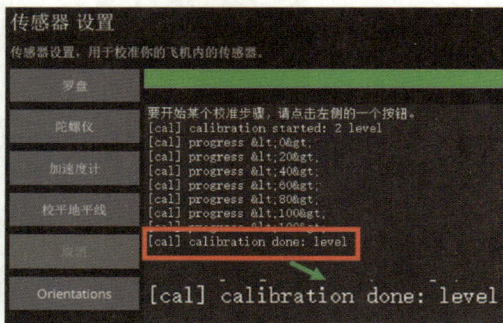

（b）地平线校准完成

（c）检查姿态球与指南针

图 4.63　地平线校准

③ 验证地平线校准是否成功。完成地平线校准后，返回 QGC 飞行界面进行检查，当将无人机机头方向指向现实中的正北方时，右侧磁罗盘中的航向显示的值是否约为 0（可以使用手机中的指南针进行辅助检测）。

④ 若不为 0，检查此时卫星定位信号是否正常、有没有搜索到卫星信号，或进行重新校准。检查左侧姿态球是否水平（即顶部为蓝色，底部为绿色）。

5. Orientations

Orientations（操作）选项卡用于设置飞控与 GNSS 的方向。在磁罗盘校准时已经对这两个参数进行了设置，因此该步骤可直接跳过。如果在校准后重新更改了飞控与 GNSS 模块的方向，可在此选项卡中设置正确的方向。但为保险起见，在更改飞控与 GNSS 模块位置后，建议重新对传感器进行校准，以保证飞行过程中的安全。

4.5 遥控输入与飞行模式设置

4.5.1 遥控器设置

1. 乐迪 AT9S Pro 遥控器简介

对于新购买的遥控器，需要进行部分设置后再使用 QGC 为遥控器进行校准。此处以乐迪 AT9S Pro 遥控器为例，乐迪 AT9S Pro 遥控器的按键说明如图 4.64 所示。

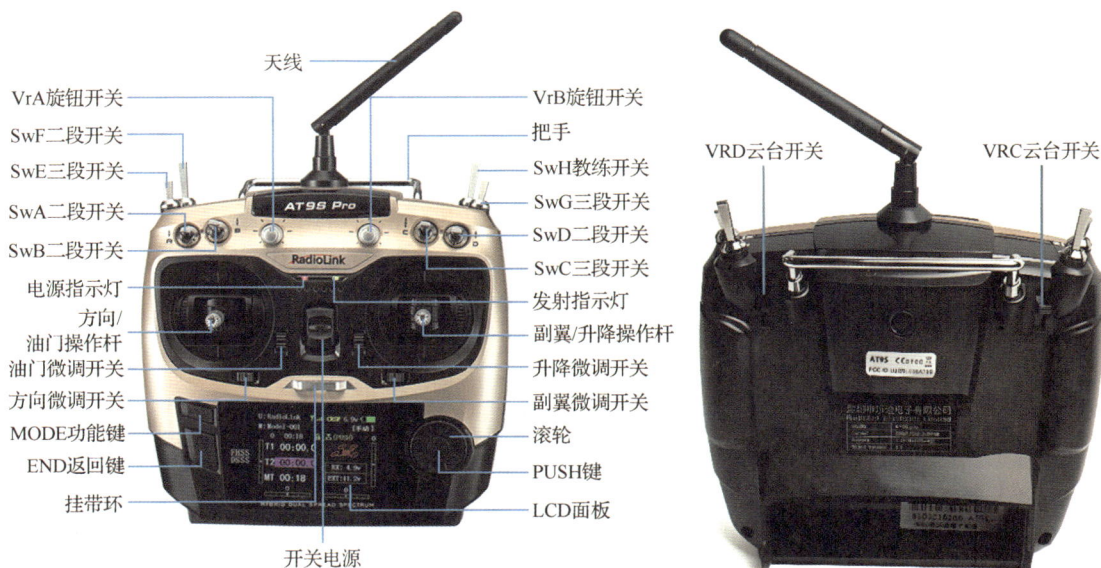

图 4.64　乐迪 AT9S Pro 遥控器按键说明

乐迪 AT9S Pro 遥控器共有 12 组通道，左、右摇杆控制 1～4 通道，其他旋钮与开关控制 5～12 通道。AT9S Pro 遥控器随机附带的是乐迪 R9DS 接收机，在使用 SBUS 协议的情况下只支持 10 通道。多旋翼无人机相比固定翼无人机所用通道较少，可以重新将遥控器的开关与旋钮分配给适合的通道。

在进行遥控器相关设置前，先简单了解一下遥控器屏幕两侧按键开关。

(MODE)功能键。在遥控器主界面长按"MODE"键，进入"基础菜单/高级菜单"，然后短按"MODE"键进行"基础菜单"和"高级菜单"之间的切换。

(END)返回键。在遥控器主界面短按"END"键可快捷进入"舵量显示"和"回传信息"界面，在"基础菜单""高级菜单"以及功能设置界面内短按"END"键可执行返回操作。

⚙选择和确认键。转动滚轮，可执行移动光标或加减功能设定值操作；短按"PUSH"键可进行选定或确认，长按"PUSH"键可执行确认或重置操作。

2. 遥控器设置

接下来将对遥控器的系统语言、机型、辅助通道以及其他功能进行设置。

（1）系统语言设置

AT9S Pro 遥控器支持中文界面，新购买的遥控器的系统语言一般默认为英语，需要手动将其更改为中文，以方便后续操作，步骤如下。

长按"MODE"功能键，进入"BASIC MENU"，在"PARAMETER"中，移动光标至"LANGUAGE"，按"PUSH"键，当光标变为方框且开始闪烁时，转动"PUSH"滚轮进行语言选择，选中"简体"，按"PUSH"键进行确认，按"END"键返回，具体操作如图 4.65 所示。

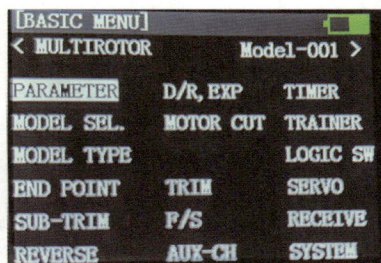

（a）遥控器基础菜单　　　　　　　　（b）遥控器语言设置

（c）遥控器语言更改为中文

图 4.65　系统语言设置

（2）机型设置

AT9S Pro 遥控器支持多种遥控机型预设，遥控器初始默认机型为固定翼，需要将其更改为多旋翼。在"机型选择"界面，可进行机型的选择、数据复位，以及不同机型的相关设置。

① 复位：执行此操作可清除当前模型的全部设置数据，恢复默认值。使用此功能只需移动光标至"复位"，长按"PUSH"键，等待一段时间即可。

注意： AT9S Pro 遥控器没有恢复出厂设置的功能，只能通过复位操作进行单个模型的数据清零。

② 机型：此功能用于切换不同的机型，可以根据当前模型选择合适的机型，可切换的机型包括固定翼、滑翔机（1 副翼 1 襟翼）、滑翔机（2 副翼 1 襟翼）、滑翔机（2 副翼 2 襟翼）、多旋翼模型、直升机模型、车模型以及船模型。

移动光标至"机型"，按"PUSH"键开始选择，转动"PUSH"滚轮，选择"多旋翼模型"后，长按"PUSH"键进行确认，按 END 键可返回，机型设置如图 4.66 所示。

不同的机型有不同的优点，具体说明如下。

① 固定翼模型具有怠速降低、油门关闭、油针混控、快速横滚等其他模型没有的功能。

② 滑翔机模型具有蝶式混控、可选择 5 种独立飞行条件的功能。

③ 车模型拥有 ABS 设置的功能等。

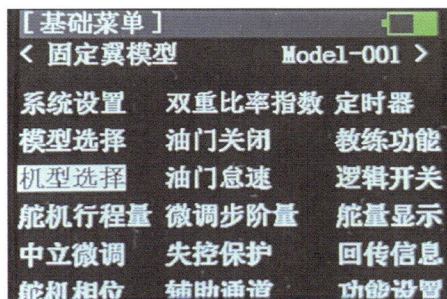

（a）遥控器适配机型选择　（b）将"机型"设置为"多旋翼模型"

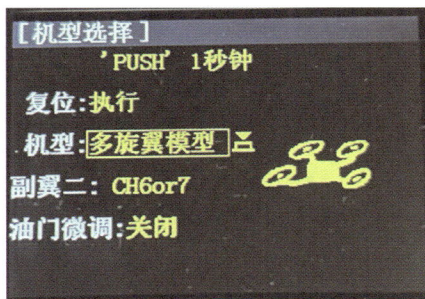

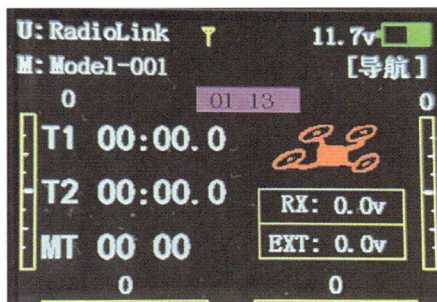

（c）确认更改设置　（d）遥控器主界面更改为多旋翼图标

图 4.66　机型设置

137

（3）辅助通道设置

航模一般为 4 个基本通道，遥控器中除了基本通道以外的通道均为辅助通道。辅助通道的作用是为不同的开关旋钮赋予不同的通道，从而让开关能用来执行操作，如打开或关闭投物舱、打开或关闭释放烟雾的控制机器等。

对每个辅助通道都可以自定义任意一个开关、滑杆或旋钮来控制（滑杆和旋钮通常用于控制云台相机），也可以将多个通道设置在同一个开关、滑杆或旋钮上，设置效果可在遥控器的"舵量显示"界面（见图 4.67）查看，在遥控器主界面按"END"键即可进入该界面。

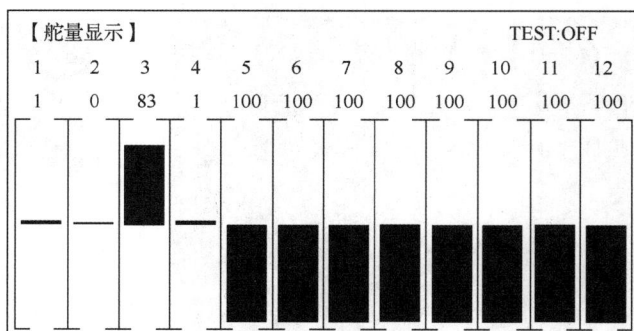

图 4.67 "舵量显示"界面

当摇杆模式设置为模式 1～模式 4 时，是不可以对通道 1 至通道 4 进行设置的。摇杆模式 1～模式 4 分别为"日本手""美国手""中国手"和其他模式。购买遥控器时，商家通常会注明遥控器的摇杆模式。而多旋翼无人机除了 1～4 通道默认为左、右摇杆，至少还需要将一个机身上的三挡拨杆开关设置为飞行模式切换按钮。除此以外，还可以根据个性化需要设置无人机解锁按钮、一键返航按钮、急停按钮等，每个按钮均需设置一个通道，具体操作如下。

长按"MODE"键进入"基础菜单"，在"基础菜单"→"辅助通道"中，"五通"默认为姿态选择，即无人机飞行模式设置，将光标移至"五通"选项，短按"PUSH"键进入"姿态选择"设置界面，将光标移至"三段"，短按"PUSH"键选中该选项，可通过旋转滚轮选择不同的开关。由图 4.64 可知，SwA～SwH 为遥控器上的金属二段或三段的开关，其中 SwC、SwE、SwG 均为三段开关，可根据用户偏好进行设置，本书将其设为 SwE，短按"PUSH"键确认，如图 4.68（c）所示。

设置"姿态选择"中的"二段"选项，可通过二段开关与三段开关的组合，实现 6 种飞行模式的控制。由于本书中的操作并不需要这么多飞行模式切换，因此将其设置为 NUL 即可。

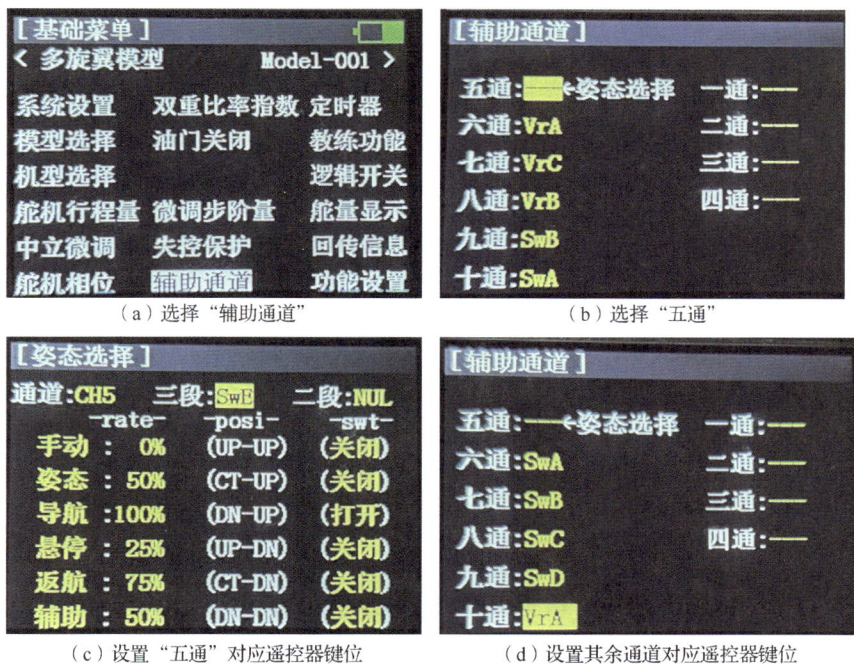

（a）选择"辅助通道"　　　　　（b）选择"五通"

（c）设置"五通"对应遥控器键位　　　（d）设置其余通道对应遥控器键位

图 4.68　辅助通道设置操作

短按"END"键返回"辅助通道"设置界面，将六通道～十通道更改为需要的开关按钮。例如设置解锁按钮，需要使用两段拨杆操控，可将"六通"设置为 SwA、SwB、SwD、SwF、SwH 中的任意一个。若无人机上装有云台，需要对云台的旋转方向进行控制，此时可以将"十通"设置为 VrA、VrB 两个旋钮中的任意一个来控制云台的旋转方向。

（4）其他功能设置

长按"MODE"键，将光标调整至"功能设置"，短按"PUSH"键进入"功能设置"界面，如图 4.69 所示，该界面的各功能介绍如下。

① 发射微调/接收微调/动力微调：当回传的电池电压和实际的电池电压有差距时可调节到一致，调节范围在+1.0V 与-1.0V 之间。

② 关机提醒：可设置一个关机提醒时间，当忘记将遥控器关机时，到了设定时间（默认为 256min）后，遥控器会开始振动/发出提示音，可以按"PUSH"键取消提醒。

③ 背光颜色：背光颜色分为黑色和白色。

④ RSSI 报警：接收信号强度指示（Received Signal Strength Indication，RSSI）值为信号强度，越接近 0 越好。远距离飞行时为了避免失控可以设置 RSSI 报警，当到达报警值后遥控器就会提示 RSSI 报警，为避免无人机与遥控器断连失控，此时可控制无人机返回起始点，也可以设置为 OFF，关闭 RSSI 报警（此处建议将 RSSI 报警设置为-70dBM）。

⑤ 油门中位：油门杆一般不会自动回中，如果在飞行时找不到油门中位，就可以打开

此功能。遥控器声音打开时，油门到中位后就会有声音和振动提示；声音关闭时，油门到中位后只有振动提示，振动提示可能较微弱。使用此功能建议将声音打开。

⑥ 通道选择：默认"通道选择"为 10CH。当使用 R12DS/R12DSM 12 通道的接收机时，就需要将"通道选择"改为 12CH。使用 R6DS/R6DSM/R9DS 非 12 通道接收机时，需要将"通道选择"调回 10CH（如"通道选择"与接收机不匹配则无法正常使用）。

⑦ OUT：AT9S Pro 遥控器背面的教练/模拟口的信号输出类型有 3 种，分别是 CRSF/SBUS/PPM。默认为 PPM 信号，连接模拟器时保持默认。当要连接黑羊高频头时，需要将其设置为 CRSF；连接头追和其他支持 SBUS 信号的设备时，需要设置为 SBUS。

⑧ 油门低位：开启此功能，当油门不在最低位时，遥控器开机就会警告"请油门低位"，将油门推到最低位即可。设置为 OFF 则关闭此功能。

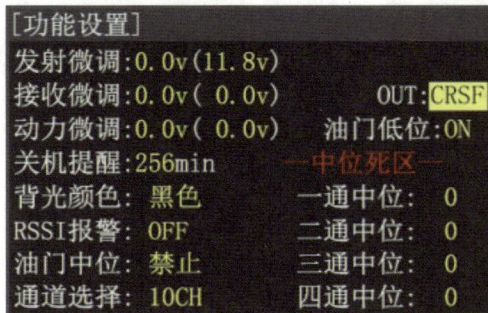

图 4.69　功能设置界面

对于其他更详细的操作设置，可以前往乐迪官网查询遥控器使用说明书。

4.5.2　遥控器校准

1. QGC 遥控器校准

使用 QGC 地面站为四旋翼无人机的遥控器进行校准是确保精确控制、提高飞行安全性、优化飞行性能、确保飞行器与遥控器兼容以及检测遥控器问题的重要步骤。校准可以消除遥控器和飞行控制系统之间的偏差，使每个控制输入都能正确传递到无人机，预防由于控制误差引起的意外事故，提高飞行稳定性和安全性。

在遥控器校准的过程中，QGC 地面站通过采集每个遥控器通道的信号范围（包括最小值、最大值和中间值）以及中立点，利用信号映射与调整原理，将这些信号映射到飞行控制器预期的标准范围内，并通过误差补偿与校正确保信号的一致性和准确性。

QGC 要求用户按照其提示移动遥控器各通道的摇杆到最大、最小和中间位置，QGC 记录并调整信号值，逐一引导用户操作每个通道，识别并补偿信号误差，必要时进行方向校正，然后验证所有通道操作是否正常，最后保存校准结果。这样确保遥控器的每个通道信号能准确传递到飞行控制器，保证无人机安全飞行。具体操作流程如下。

① QGC 要求用户按照遥控器校准界面右上角发射器图上显示的特定模式移动遥控器操纵杆。先打开遥控器，确保接收机与遥控器已建立通信连接，通过查看遥控器上的 RC 信号显示是否正常即可确定。

② 单击地面站图标→"载具设置"→"遥控器"，进入"遥控器 设置"界面。在该界面单击"校准"按钮，此时 QGC 会要求用户确认所有微调与辅助微调参数是否设置为零，即遥控器上的摇杆偏移数值是否为零，如图 4.70（c）所示。确认完毕单击"OK"按钮开始校准。

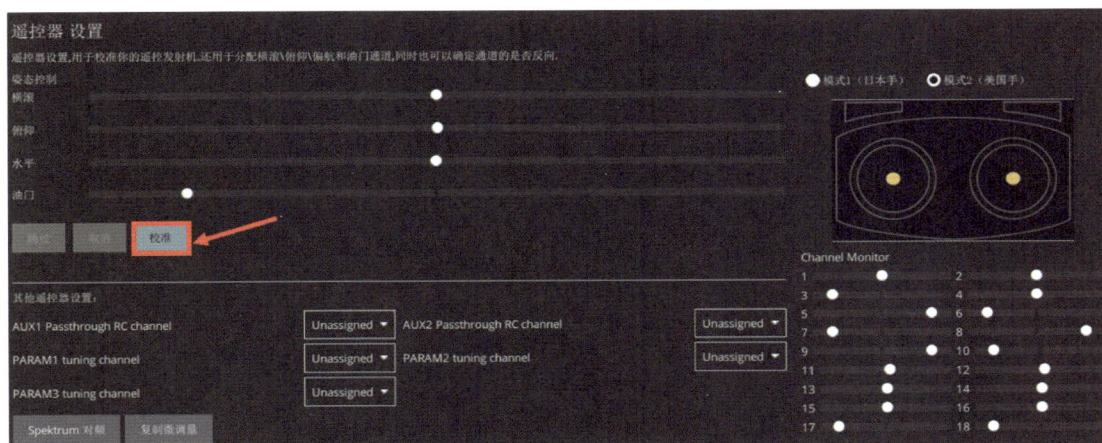

（a）遥控器校准界面

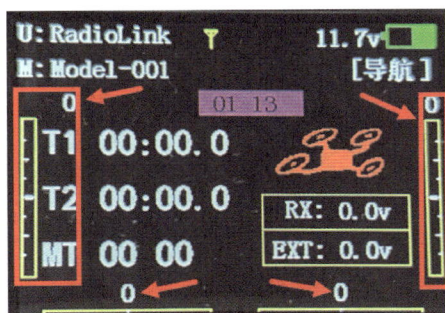

（b）遥控器微调界面

（c）遥控器微调提示

图 4.70　遥控器校准操作（一）

③ 将油门杆推至最低点，与图 4.71（a）右上角的摇杆操作示意图一致。然后单击左侧"下一步"按钮，按照文字提示或示意图移动摇杆，直至出现图 4.71（b）所示的提示。

④ 根据提示，测试遥控器上的各按键拨杆功能是否完好，以及各按键拨杆控制的通道是否与遥控器设置当中的通道一致。若无问题，单击两次左侧的"下一步"按钮完成校准。

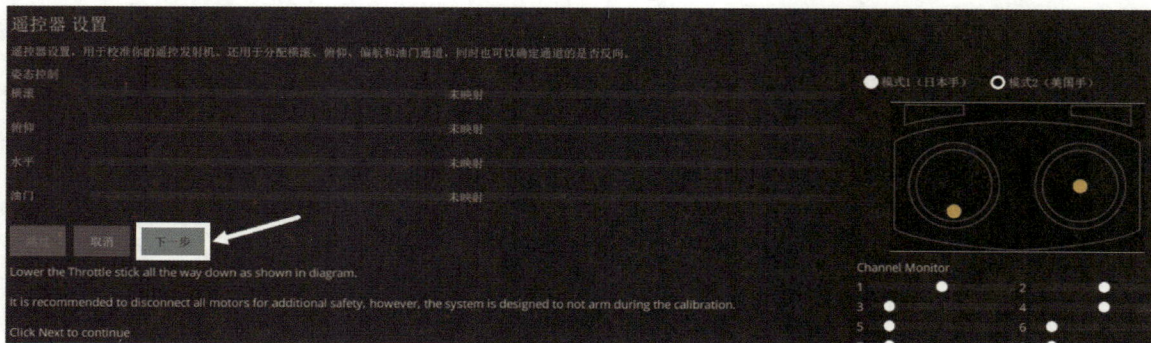

（a）遥控器校准界面

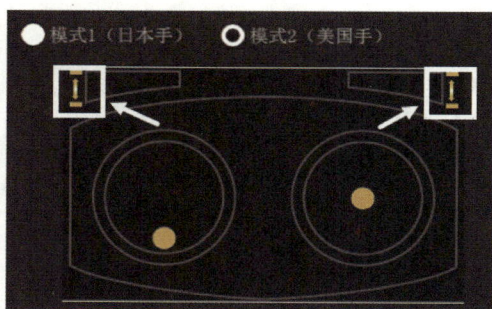

（b）遥杆操作示意图

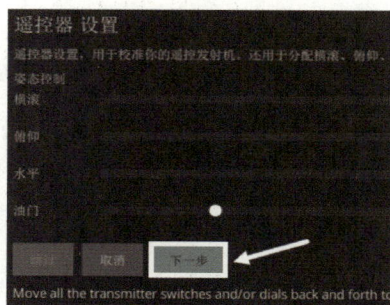

（c）遥控器校准完成

图 4.71　遥控器校准操作（二）

2. 其他遥控器设置

在"遥控器 设置"界面，除了可以进行校准操作，还有许多有用的附加无线电设置选项，例如 Spektrum 对频、复制微调量以及设置 AUX 辅助通道等，如图 4.72 所示。

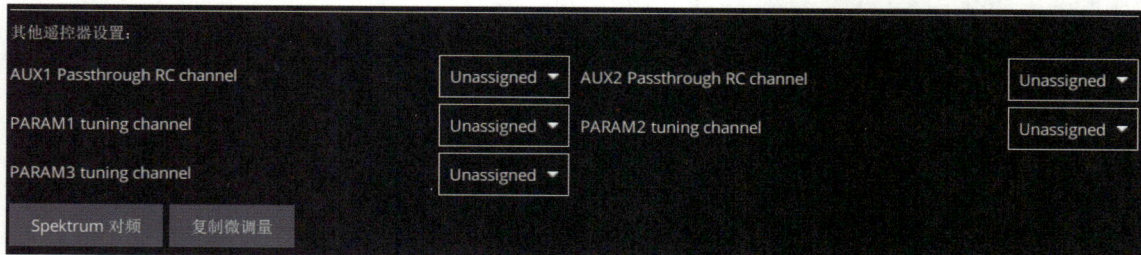

图 4.72　其他遥控器设置

① Spektrum 对频：在进行遥控器校准之前，需要为遥控器与接收机进行对频连接。QGC 提供为地平线 Spektrum 遥控器与接收机进行对频的功能。如果拥有 Spektrum 的遥控器与接收机，可以使用 QGC 让接收机启动对频模式，这在接收机置于无人机内部不方便手动开启对频模式时十分有用。

具体操作为：单击"Spektrum 对频"按钮，在弹出的对频界面选择适合的接收机模式，单击"OK"按钮确定操作，并在按住对频按钮的同时打开 Spektrum 遥控器，如图 4.73 所示。

按住上方对频按钮
同时打开电源开关

图 4.73　QGC 对频

② 复制微调量：微调量设置用于调整横滚、俯仰、偏航动作，以便将遥控器上的摇杆居中时实现稳定或水平飞行（在稳定飞行模式下）。一些 RC 控制器提供微调旋钮，允许为每个摇杆位置发送的值提供偏移。"复制微调量"设置用于从遥控器复制手动微调量设置，并应用在自动驾驶仪中。执行此操作后，需要删除遥控器中手动设置的微调量。操作为：单击"复制微调量"按钮，将油门杆拉至最低，方向摇杆居中，单击"OK"按钮，最后将遥控器中的微调量设置为 0，如图 4.74 所示。

③ AUX 辅助通道：AUX 辅助通道用于通过遥控器控制任意可选硬件，如夹具、舵机等，只需将遥控器的通道映射到飞控 AUX 辅助通道即可。操作为：在 AUX1 Passthrough RC channel、AUX2 Passthrough RC channel 中，将通道设置为需要映射的遥控器通道，设置后将会自动保存至飞控，如图 4.75 所示。飞控会将未修改的值从 AUX1/AUX2 的指定通道传递到驱动硬件所连接的伺服系统/继电器。此处将 AUX1 映射至遥控器通道 6。

（a）Spektrum对频

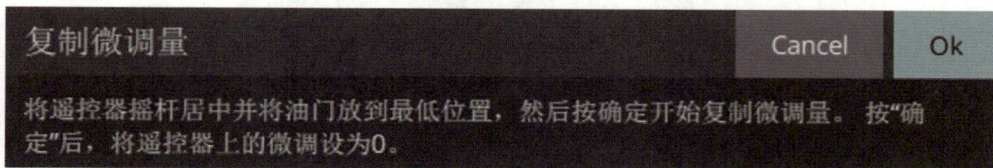

（b）复制微调量

图 4.74　其他遥控器设置（一）

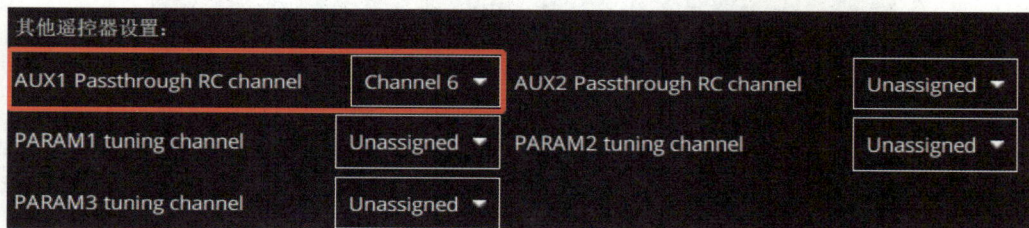

图 4.75　其他遥控器设置（二）

④ 参数调试通道：参数调试通道用于将遥控器调参旋钮数值映射到 QGC 参数设置中，以便动态修改飞控的参数。此功能最初是为了在多旋翼或固定翼手动飞行过程中实时对 PID 或其他重要参数进行动态修正，从而优化手动飞行能力。

QGC 提供 3 个选项来动态调整参数，可以让最多 3 个遥控器的旋钮通道动态控制参数大小。要实现该操作，首先，需要将 PARAM1 tuning channel、PARAM2 tuning channel、PARAM3 tuning channel 设置为遥控器上对应 Vr 旋钮的 3 个通道。其次，选择"载具设置"→"参数"，选择需要动态设置的参数，勾选该参数的"高级设置"复选框，单击"将遥控设到参数"按钮，此时会弹出"遥控器参数"设置界面，将"调整 ID"选项更改为需要的通道即可，如图 4.76 所示。

例如，需要动态调整无人机起飞模式的上升速度。先将 PARAM1 tuning channel 设置为遥控器上的 Vr 旋钮所在的通道，如图 4.68 中 VrA 旋钮设置为通道十，则此处设置为通道十。然后在参数界面中，搜索 MPC_TKO_SPEED，选择该参数，勾选"高级设置"复选框，单击"将遥控设到参数"按钮，将调整 ID 设置为 1（代表 PARAM1），单击"OK 按钮"即可完成设置。

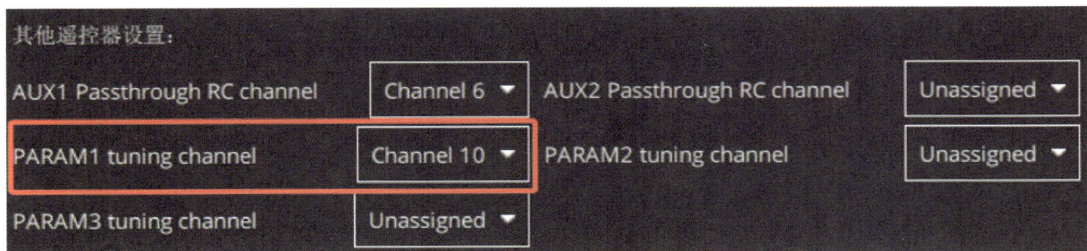

（a）映射调参通道

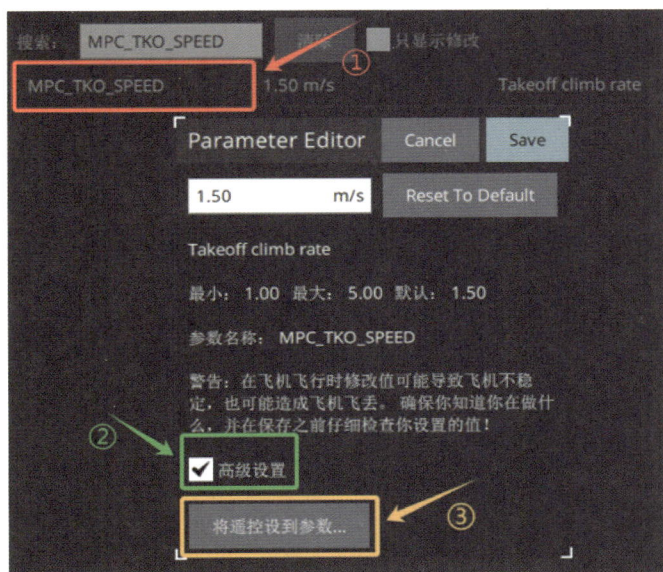

（b）选取调节参数

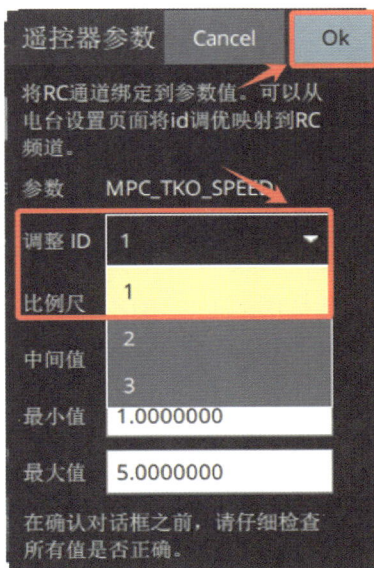

（c）设置通道ID

图 4.76　其他遥控器设置（三）

4.5.3　飞行模式设置

在遥控器设置中，通道 5 已设置为飞行模式控制通道，并选择 SwE 三段开关来控制飞行模式的切换，但这仅是在遥控器中的设置，还需要在 QGC 中将飞行模式和其他功能映射到遥控器的开关通道上。

1. 飞行模式选择

QGC 允许指定飞行模式的通道并选择最多 6 种飞行模式，这些模式将根据通道的 PWM 值激活。

在飞行模式选择中，首先将"模式频道"切换为对应遥控器中姿态选择的通道 5。然后拨动 SwE 拨杆，此时"模式频道"下方的 6 个"飞行模式"选项会根据拨杆位置高亮显示不同的飞行模式。如果拨动拨杆时飞行模式没有高亮，请检查是否在遥控器中将通道 5 赋值给该开关。

然后根据不同高亮选项设置对应飞行模式。QGC 提供多种飞行模式，如 Manual（手动）、Altitude（高度）、Position（定点）、Stabilized（自稳）、Mission（任务）、Return（返航）等。其中一些为全自动模式，由地面站上传航线指令任务，无人机自主飞行。使用遥控器切换飞行模式，通常为手动、高度、定点、自稳 4 类，常用飞行模式为以下 3 种。

① 定点模式：这是手动操控模式中最简单的一个模式，依靠无人机的 GPS 及其他传感器，配合飞控对无人机进行控制。在此模式下，无人机操作逻辑与大疆无人机一致，起飞后不进行任何控制，飞控会自动保持悬停稳定状态，只有在遥控信号操作时才会响应。

② 手动模式：不使用任何外置传感器（如 GPS、气压计等），仅依靠飞控与遥控器输入信号来控制无人机的飞行。在该模式下，油门杆完全控制无人机油门大小，对于载重较大的无人机，油门可能需要超过 50% 才能保持无人机悬停。并且在有风的情况下，需要手动打杆抵消风的影响。

③ 自稳模式：与手动模式类似，容易受到风的干扰，需要手动对无人机进行不断微调。

手动模式和自稳模式的区别在于，自稳模式能够强制退出自动飞行，由无人机操控员通过遥控器对无人机进行控制；而手动模式无法强制退出自动飞行。因此在自动飞行遇到紧急情况时，可以切换至自稳模式。但需要注意的是从自动飞行切换至自稳模式时，无人机会由于动力不足向下坠落，需要马上将油门推杆至最大油门，让无人机以最大动力强制升空，然后减小油门至无人机悬停，最后手动控制降落。

2. 开关设置

在飞行模式设置界面中还有一个"开关设置"选项，如图 4.77 所示。用于将 QGC 提供的部分功能设置映射到遥控器对应通道上，从而通过遥控器上的拨杆开关来控制无人机解锁、紧急刹停等功能。

在 QGC 提供的 6 个功能中，适配多旋翼无人机的仅有解锁、紧急停桨、返航以及起落架回收（如果无人机的脚架带有该功能）。

① 解锁功能：启用后可通过遥控器上的拨杆开关直接控制无人机解锁与上锁，除此以外也可以通过内八打杆实现无人机解锁。

② 紧急停桨功能：用于在部分危急时刻，如无人机坠毁但电机并未断电仍在旋转的情况。开启该功能后，无人机的螺旋桨会停止旋转，若无人机处于飞行状态会直接坠落，因此不要轻易使用该功能。

③ 返航、起落架回收功能：拨动开关后，无人机会返航或将起落架回收。

盘旋模式与外部模式为固定翼无人机专用模式，此处不做介绍。

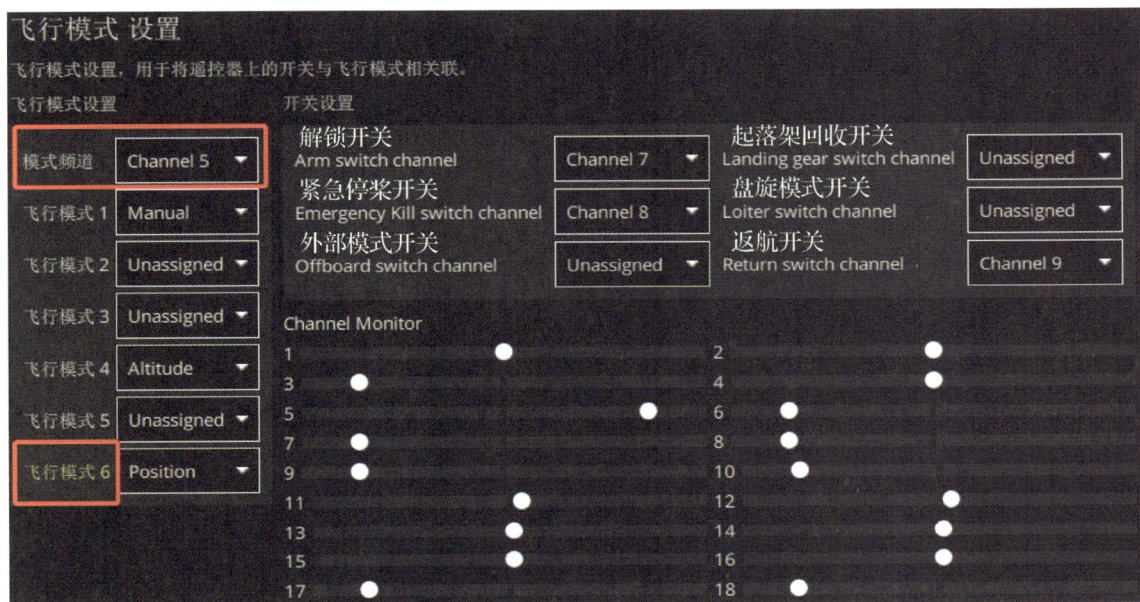

图 4.77　"飞行模式 设置"界面

4.6　电源、电调及安全保护设置

4.6.1　电源设置

在使用以电池作为能量来源的产品时，需时刻关注电量和续航。尤其是无人机，一旦电量耗尽，会直接失去动力导致坠落。因此，准确获取无人机当前电池的电量并确定剩余飞行时间至关重要。

使用电流计，飞控可以获取电池的电压数据，而正确设置电池参数则是确保获取正确电压数据的关键。这样不仅能防止过放电，保护电池免受损坏，还能通过精确计算剩余电量和设置低电量警报来优化飞行过程，并监控电池的健康状态，确保无人机始终处于最佳飞行状态，防止因电池问题引发飞行事故。

1. 电池电压、电流校准

在电源设置中，首先可进行电源参数设置。QGC 提供了多种方法用于估计电量。

① 基本电池设置（默认）：通过判断原始测量电压是否在"空电"和"满电"的电压区间内进行估算，估计结果较为粗略，因为测量的电压（及其相应的容量）会在负载下产生波动。

② 基于电压估计的负载补偿：抵消负载对电量计算的影响。

③ 基于电流的负载补偿：将带负载补偿的基于电压的剩余电量估算值与基于电流的已消耗电量估算值融合，相当于智能电池的电量估算。

最后一种基于电流的负载补偿方法是在基于电压估计的负载补偿的基础上实现的，能够使用何种方法将取决于所使用的电源模块是否支持对应功能。

（1）基本电池设置

基本电池设置将飞控配置为使用默认方法进行电量估算。此方法通过判断测得的原始电池电压是否在"空电"和"满电"的电压区间内进行估算（根据电芯数量按比例换算）。由于负载下测得的电压会波动，使用这种方法只能得到相对粗略的估计值。具体操作如下。

① 选择"载具设置"→"电源"，图4.78所示的"Source"表示为无人机供电的电源类型，因为使用的是航模电池，将该项设置为"Power Module"。电池芯数根据实际使用的电池芯数进行填写，本案例在此处填写为4。

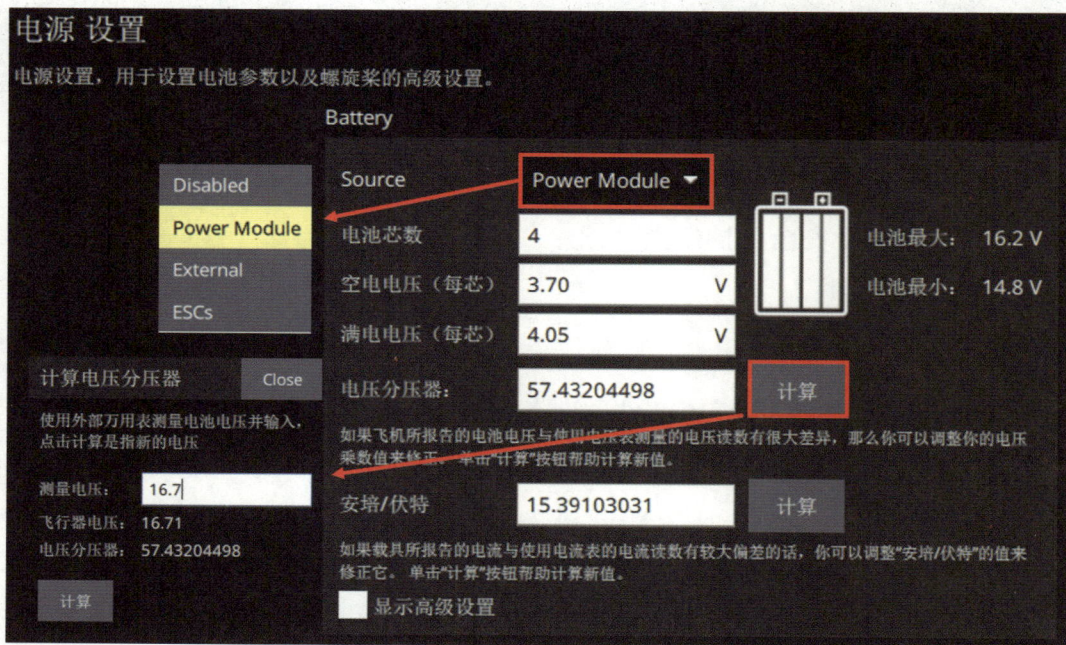

图 4.78 "电源 设置"界面

② 空电电压（每芯）：代表单电芯的标称最低安全电压（低于此电压使用可能会损坏电池），当电池电压低于该电压，地面站会显示电池电量百分比为0。如果设置的空电电压过低，锂电池可能会因深度放电而损坏。如果设置的空电电压太高，虽然可以保留一部分电量以防止电池过放，但也会缩短无人机续航时间。这里根据经验给出单电芯最小电压，如表4.2所示。

表 4.2　单电芯最小电压

电池类型	保守情况下的 空载电压/V	搭载负载、飞行时的电压/V （"真实的"最小值）	损坏电池的 负载电压/V
Li-Po 电池	3.7	3.5	3.0
锂离子电池	3.0	2.7	2.5

从表 4.2 来看，无人机搭载负载或者在飞行时，在不损坏电池的情况下将电池"完全耗尽"的电压应该是 3.5V，但为了尽可能延长电池的使用寿命，建议将空电电压设置为 3.6V。

当然，外出执行任务时，如果希望尽可能延长飞行时间，也可以将空电电压设置为 3.5V。但需要注意的是，若空电电压设置为 3.5V，在电池使用后应尽早充电以保证电池健康，这样电池能够持续使用更长的时间，且容量降低速度较慢（任何锂电池在充放电后都会损失一定容量，此过程应尽可能延缓）。

③ 满电电压（每芯）：代表每个电芯的标称最大电压（电池将被视为"满"的最低电压）。该值应略低于电池的标称最大电压，通常设置为 4.15V 或 4.1V。这是因为充满电的电池若不使用，电压可能会随着时间推移而略微下降，设置一个略低于最大值的电压可以避免电池始终不满电。

（2）基于电压估计的负载补偿

基于电压估计的负载补偿可以在无人机搭载负载的情况下，抵消仅使用基本配置时测量电压和估计电量的波动，其原理是通过估计无负载情况下电池的电压，并使用该电压（而不是测量的电压）来估计剩余电量。通过对负载补偿进行良好配置，可以让用于电量估计的电压更加稳定，估计值在上下浮动时的变化也会小得多。

若使用基于电压估计的负载补偿功能，仍需对电池基本配置进行设置。但空电电压应设置得比原先更高（比没有补偿的情况更高），因为使用该方法估计出来的补偿电压，通常设置得比使用后实际的电池电压更低一点。具体操作如图 4.78 所示，在为无人机通电后，使用低压报警器测量此时电池的实际电压，将飞控连接地面站，单击"电压分压器"旁边的"计算"按钮，弹出"计算电压分压器"窗口，在该窗口的"测量电压"文本框中输入测出的电压（本文采用的是 4S 电池，满电情况下电压为 16.7V 左右，可根据实际测量值进行填写）。

单击"计算"按钮后，需要重启飞控才能将数据正确写入。重启操作为："载具设置"→"参数"→"工具"→"重启飞行器"。

（3）基于电流的负载补偿

这种负载补偿方法依赖于电流测量来确定负载。它比基于电压估计的负载补偿精确得多，但需要使用电流传感器。

若要使用该功能，需要将参数"BAT1_R_B1"设置为当前电池的内阻。部分高级充电器具有测量电池内阻的功能，可以直接测量电池的内部电阻。每个电池的内阻一般为 5mΩ，但这一数值可能会随电池的放电电流额定值、寿命和健康状况而变化，因此需要根据不同电池进行动态设置。接下来需要使用万用表测量电池的电流大小，如同基于电压估计的负载补偿设置一样，单击"计算"按钮后填入测量得到的电流值。

由于电流测量比电压测量复杂，且基于电压估计的负载补偿的准确度也基本满足需求，因此一般使用基于电压估计的负载补偿即可。

2. 高级电源设置

在基本电池设置中，可以获取无人机在负载情况下的电压。该数值会根据电流计读取的电池当前电压实时变化，当前电压与满电电压之间的比值将作为电池电量百分比显示在地面站中。

然而在无人机实际工作过程中，电池电压并非稳定地持续降低。当无人机运动时，电池电压会迅速降低。特别是在电机全功率运作时，电池单电芯电压可能低于 3.5V。而当无人机处于悬停状态时，由于电机功耗降低，电池的电压又会回升。电池电压的上下波动，会导致电池电量百分比随之剧烈波动。所以需要对空电电压设定一个阈值，对于满负载情况下的无人机，其空电电压可以稍微降低一点，而在悬停时又以正常的空电电压进行计算。这样能防止过度放电，延长电池寿命，避免因电压下降导致的飞行事故，确保飞行控制系统在各种负载条件下都能准确判断电池状态，确保无人机的可靠性和稳定性。

具体操作为：勾选"显示高级设置"复选框，在"满负荷时降压（每芯）"文本框中输入设定的阈值。该数值计算方法为无人机怠速（即刚解锁时）的电池电压减去无人机在最大油门时电压，然后将差值除以电池芯数。根据机型、电机、电池的不同，该数值也不相同，一般为 0.2～0.3V，若不确定，保持默认值即可。该数值设置过高，电池可能因为深度放电而损坏，请谨慎更改。

4S 电池单芯空电电压为 3.7V，总空电电压为 14.8V，设置满负荷每芯降压 0.25V，得到补偿最小电压为 13.8V，如图 4.79 所示。

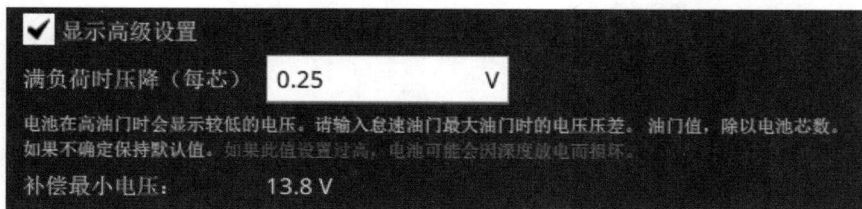

图 4.79 高级电源设置

4.6.2　电调校准

1.　自动校准电调

若已经将电调与飞控连接，在通电的情况下，无人机发出有节奏的"哔"声，提醒用户当前的电调还未进行校准操作。

电调根据飞控的 PWM 输入值来调节电机速度（和旋转方向）。电调响应的输入范围是可配置的，甚至同一模型下不同电调的默认输入范围也是不同的。电调校准后将更新所有电调，最大和最小 PWM 输入值由飞控提供。随后，所有电调都将以同样的方式（在整个输入范围内）对飞控输入做出反应。建议对所有电调进行校准，特别是低成本模型机。

在进行电调校准时需确保有一块可以为无人机供电且电量充足的航模电池，电调校准分为自动校准和手动校准，自动校准操作如下。

① 卸下螺旋桨，在电调校准过程中，飞控会发送一系列特定的 PWM 信号来设定油门的最小和最大值范围，此时若电调能够识别这些信号，则电机不会旋转。如果电调不支持或无法识别这些特定的 PWM 信号，电调将不会进入校准模式，也不会调整其工作参数。相反，电调会把这些信号误认为是普通的控制信号，直接按最大 PWM 输入进行响应，从而以最大速度运行电机。因此，切勿带桨进行电调校准操作，以防止造成安全事故。

② 断开电池，仅使用 USB 连接线连接飞控与地面站。

③ 打开 QGC，选择"载具设置"→"电源"，在"电源 设置"界面中的"电调 PWM 最大最小值校准"选项中单击"校准"按钮。

④ 当地面站出现提示"现在连接电池，然后校准将会开始"时，将无人机连接航模电池，此时 QGC 会自动校准电调。

⑤ 待电机发出长"哔"声后，地面站会弹出提示"校准完成，现在你可以断开电池连接"，代表电调的校准已经完成，此时可以断开电池连接。

2.　手动校准电调

（1）手动校准电调注意事项

手动校准电调时，不同的电调品牌在校准方法上会有些许不同，本书给出一种较为通用的手动校准电调方法，若无法使用此方法，可查看所购买电调的说明书，或者询问官方客服获取对应的手动校准电调方法。

在开始校准电调之前，首先确保无人机连接正常，将所有的电调信号线按照正确连接方式连接到飞控的主输出接口上，检查电调与电机连接线是否松动或损坏，并确保接收机与遥控器连接正常。

其次，必须拆除电机上的螺旋桨，在校准过程中电机不能上桨。然后确认摇杆通道没有反向，飞控没有通过数据线与地面站相连。准备一块满电的航模电池，但先不要将无人机接通电源。接下来根据 3.1.3 小节的内容对无人机电调进行手动校准。

（2）进角设置

进角是指电调给电机通电时，绕组中的电流与转子的实际位置之间的时间提前量和延迟量。中进角意味着电流相位与转子位置之间的角度较小，此时电机效率较高、温度较低，但最高转速较低，适合要求长时间续航或平稳飞行的需求。高进角意味着电流相位与转子位置之间的角度较大，此时电机输出功率更高、温度较高、效率较低，适合需要高动力输出和快速响应的竞速或高负载飞行。

调整进角时，需要密切监测电机和电调的温度，避免过热损坏设备，并在实际使用中进行多次测试以找到最佳设置。具体调整方法包括通过电调的配置软件或遥控器进入编程模式，选择适合的进角设置（低、中、高），保存设置并进行试飞，根据需要进一步微调进角设置，以在效率和动力之间找到最佳平衡。

此处以好盈乐天电调为例演示进角设置。好盈乐天电调为多旋翼无人机设计了专用的核心程序，油门响应速度大幅提升，并有专门针对盘式电机优化的固件，兼容性非常出色。该电调高度智能化，自适应能力强，保留进角设定项（高进角/中进角），使用极为简单。油门信号线为双绞线，可有效降低信号在铜线内传输所产生的串扰，令飞行更加稳定。具体操作步骤如下。

① 开启遥控器，将遥控器油门杆推至最高位置，将电池连接到电调，电调会发出一系列提示音，通常是两个短音，表示已进入编程模式。

② 保持油门杆在最高位置，等待电调发出一系列提示音，不同的提示音对应不同的设置项。通常，会有一连串的升高音和降低音来表示不同的菜单项。

③ 好盈乐天电调中，"哔、哔、哔"代表中进角，"哔、哔、哔、哔"代表高进角。在听到与"进角"相关的提示音后，将油门杆迅速拉到最低位置，进行进角设置。

④ 当电调完成更改后，电调会发出确认音，通常是一个长音，表示已保存设置。

3. 检查全部电机旋转方向

当电调校准完成后，就进入最后一步操作，即检查全部电机的旋转方向是否正确。下面将对如何检查电机旋转方向进行详细介绍。

（1）检查旋转方向

如果电机方向错误，电机产生的力的方向也是错的，无人机在起飞时可能会失控，撞击障碍物或地面，造成硬件损坏，甚至可能导致电机或电调过热，引发损坏，因此检查电机旋转方向至关重要。通过旋转方向的检查，可以确认电调能正确接收和响应飞控的控制信号。检测步骤如下。

在进行以下操作时，请务必确保电机桨叶已经拆除。

① 将电池断电，再重新为无人机上电。接下来需要解锁无人机，解锁无人机有 3 种方法。其一，若在飞行模式设置时，已经将通道 7 分配给无人机上锁和解锁功能，拨动遥控器上分配给通道 7 的拨杆开关即可解锁无人机；其二，将遥控器油门杆拨至右下角位置（即内八打杆），等待 0.5s 左右，无人机将会解锁；其三，若无人机与地面站连接，可以在无人机载具状态中单击"解锁"按钮。

② 在解锁无人机后，电机会开始旋转。需要观察电机由静止到启动的这一过程中，4 台电机的启动顺序是否一致，即是否同时启动。可以进行多次电机解锁与上锁操作，确认电机同时启动后进入下一步。

③ 解锁无人机，将油门杆略微推起，给飞控一定动力输入信号，防止电机自动上锁。用手轻轻触摸电机外壁，感受电机的旋转方向是顺时针还是逆时针（该操作没有什么危险性，但不要握住电机外壁），然后与正确方向比较判断电机旋转方向是否一致。

④ 对于旋转方向相反的电机，在电机上锁并断开电池后，将电机与电调连接的三相输入线中任意两根对调即可。然后重新为无人机上电并进行上述操作，确认电机旋转方向是否正确。

当完成电机旋转方向的检查后，再对电池与安全功能进行简单设置即可开始试飞。接下来将介绍解锁步骤可能遇到的问题以及解决办法。

（2）解锁操作常见故障排除

在进行故障排查时，确保无人机与地面站建立通信连接，当无人机出现故障时，地面站会给出相对应的报错内容。

① 飞行模式报错：检查电机旋转方向操作通常在室内组装无人机后进行，由于无人机位于室内，GNSS 模块没有搜索到卫星信号，若遥控器此时处于"Position"（定点）模式，缺少 GNSS 信号，飞控将禁止无人机起飞，请将飞行模式拨至"Manual"（手动）或"Stabilize"（自稳）模式再解锁。

② 电池电量不足：电池电量不足时会触发飞控报警，飞控将禁止无人机解锁，请将电池充至满电后再进行解锁操作。

③ 飞控连接计算机：若飞控此时正使用数据线与计算机相连，在默认情况下是禁止电机解锁的。但在调试的过程中需要使用地面站查看报错代码或者进行设置调试，在没有数传的情况下只能使用 USB 数据线连接。在这种情况下，要么拔掉数据线进行解锁操作，要

么将 USB 连接检查功能关闭，操作为："载具设置"→"参数"→"搜索 CBRK_USB_CHK"参数→设置数值为"197848"→保存。

④ 4 台电机不同时启动或部分转、部分不转：该问题通常为电调校准出错，可使用地面站为电调重新校准。若校准多次后仍然出现部分转部分不转的情况，可将油门推至 60% 观察电机是否全部启动，并观察转速是否一致。若仍然不转或转速不一致，请询问电调官方客服进行具体问题排查。

⑤ 传感器报错：若地面站报错信息显示偏航角偏移、水平线错误、磁罗盘错误等与传感器相关的报错内容，请尝试重新对传感器进行校准，必要情况下可对飞控进行固件初始化恢复。

⑥ 其他报错：飞控无法解锁的报错问题较多，以上是部分常见的故障，对于其他报错故障，可记录地面站报错信息，在网络上搜索相应报错内容寻求解决方案，或询问飞控客服。

4.6.3 安全设置

校准与设置操作是无人机进行飞行前必要的操作，对每一架无人机都需要进行这些操作以后才能开始飞行。安全设置虽然是飞行前非必要的操作，即不进行安全保护设置也不影响手动飞行操作，但为了无人机飞行过程中的安全，以及能够在接下来使用航线规划等自动飞行模式，还是需要进行安全设置。

QGC 地面站为无人机提供了多项安全设置，为无人机安全飞行保驾护航。

① 低电量故障保护触发器：在电池电量低于设定值时触发，确保无人机能够安全着陆或返回起点，防止因电量耗尽而坠毁，保护设备和人员安全。

② 物体探测：通过传感器检测前方障碍物，避免碰撞，确保无人机在复杂环境中的飞行安全，特别是在低空和高密度区域飞行时尤为重要。

③ 遥控器信号丢失故障保护触发器：在地面站与无人机失去联系时自动启动预设的安全措施（如悬停、返回起点或降落），防止无人机失控，降低事故风险。

④ 数据连接丢失故障保护触发器：确保在与地面站的数据连接中断时，无人机能够安全飞行。

⑤ 地理围栏故障保护触发器：通过设定虚拟围栏，防止无人机飞出预定区域，避免进入禁飞区或危险区域，确保飞行合规和安全。

⑥ 返回启动设置：设置无人机返航高度以及抵达返航地点执行何种操作，再触发无人机自动返回起点功能，确保无人机能够安全返回，减少飞行意外。

⑦ 着陆模式设置：设置无人机降落速度，防止降落速度过快对无人机安全造成影响。

这些安全设置不仅能保护无人机及其设备，还能保障飞行过程中人员和财产的安全，确保无人机操作的合规性和可靠性，并在紧急情况下提供有效的应对措施，全面提升无人机操作的安全性。接下来将对安全设置内容进行详细介绍。

1. 故障保护动作

故障保护动作是指当无人机出现给定的故障（如电池低电量、遥控信号丢失等）时无人机应该实施的动作。具体如表 4.3 所示。

表 4.3　故障保护动作

动作	描述
警告（Warning）	将向 QGC 发送警告消息
悬停模式（Hold mode）	多旋翼无人机将悬停，固定翼无人机将盘旋
返航模式（Return mode）	无人机将进入返航模式。返航行为可以在返航模式配置中进行设置
降落模式（Land mode）	无人机将进入着陆模式，并立即着陆
飞行终止（Terminate）	关闭所有控制器并将所有 PWM 输出设置为其故障保护值。故障保护输出可用于启动降落伞、起落架或执行其他操作。对于固定翼无人机，可以允许将机体滑翔至安全位置
锁定（Lock down）	制动发动机（使其上锁）

无人机触发故障保护动作并修复该问题后，可以通过将飞行模式切换为位置模式解除故障保护动作。例如，在遥控器信号丢失触发遥控器故障保护，导致飞行器进入返航模式的情况下，如果在无人机返航过程中遥控器信号恢复，可以更改飞行模式为位置模式并继续飞行。

无人机在实施故障保护动作时，不会触发其他故障保护。例如无人机在由于遥控器信号丢失而处于返航模式时，无人机电池电量低不会触发低电量故障保护。

2. 低电量故障保护

当电池容量低于一个（或多个）警告水平值时，会触发低电量故障保护，如图 4.80 所示。其中，"电量警告水平"级别最低，当电池电量低于设定值，无人机会向地面站发出警告；"电量故障保护水平"级别略高，当电池电量低于该值，无人机将执行警告、返航、降落 3 个动作之一，具体执行内容由故障保护动作决定；"电量紧急水平"级别最高，当电池电量低于该设定值，无人机将立即触发降落动作。在飞行的过程中要时刻关注无人机电池剩余电量，在电量较低时就要做好返航准备，以免触发强制降落操作。

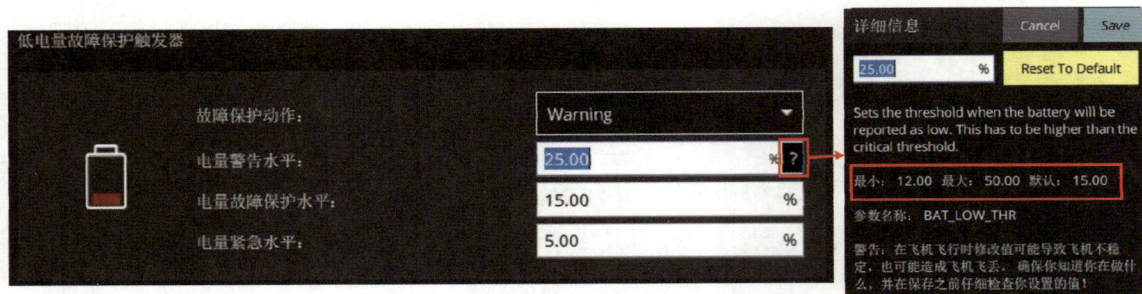

图 4.80　低电量故障保护

在设置过程中，可根据需求修改数值大小，但需要注意的是，每个参数有限制范围，超出范围的数值将不允许设置（可单击参数旁的图标进行查看范围）。

3. 遥控器信号丢失故障保护

在使用遥控器对无人机进行操控的情况下，若遥控器信号丢失，无人机将会触发遥控器信号丢失故障保护功能。通常，在自动飞行模式下，丢失遥控器信号不会触发故障保护。

在正常情况下，对该配置的故障保护动作和丢失时间进行设置即可，如图 4.81 所示。"故障保护动作"表示当无人机触发故障保护后将执行的操作，可选项为悬停、返航、降落、终止、锁定 5 个动作。"遥控器信号丢失超时"表示从遥控器信号丢失到触发故障保护功能启动的时间，该时间不建议设置过长，因为当遥控器信号丢失后，无人机仍将执行最后接收到的指令，例如无人机在向前飞行过程中遥控器信号丢失，无人机仍将向前飞行一段时间，直至触发遥控器信号丢失保护。

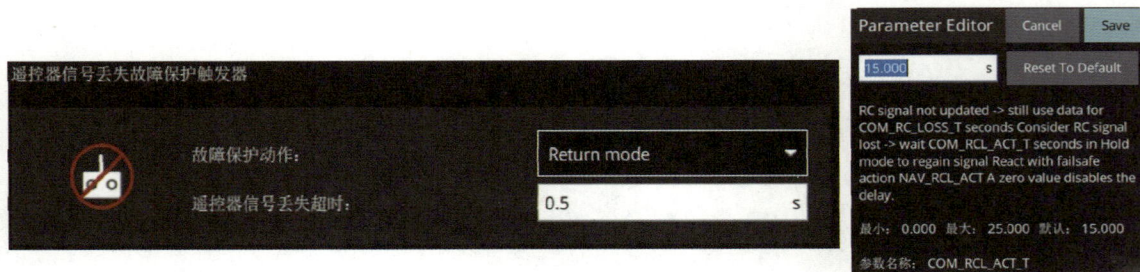

图 4.81　遥控器信号丢失故障保护

除了在"安全"界面进行设置，还可以在"参数"界面中修改"COM_RCL_ACT_T"

参数设置此功能。触发遥控器信号丢失故障保护后，无人机会先悬停一段时间，在此期间尝试恢复遥控器通信连接。如果在设定时间内仍未恢复信号，则执行设定好的故障保护操作。"COM_RCL_ACT_T"参数用于设置该悬停时间，默认为 15s。

完整的触发流程为：遥控器信号丢失后，在 0.5s 内飞控进入遥控器信号丢失故障保护状态，无人机原地悬停 15s，如果在此期间遥控器信号仍未恢复，无人机将执行故障保护操作。

4. 数据连接丢失故障保护

数据连接丢失故障保护与遥控器信号丢失故障保护类似，当无人机与地面站之间的数据传输连接中断后将触发该保护功能。该保护功能仅在无人机使用自动飞行模式（即任务模式）时触发；在使用遥控器手动遥控无人机时，数传信号丢失不会触发该功能。

在该安全设置中，可对"故障保护动作"与"数据连接丢失超时"进行设置，如图 4.81 所示。其中"数据连接丢失超时"表示数据连接断开后到故障保护触发的时间，如图 4.82 所示。

图 4.82　数据连接丢失故障保护

5. 地理围栏故障保护

地理围栏是一个以无人机原始位置为中心的虚拟圆柱体。如果无人机移动到圆柱体之外，将触发指定的故障保护动作。QGC 不仅支持设置以原始位置为中心的圆柱体地理围栏，还支持创建多个多边形和圆形组合的更复杂的地理围栏。此处优先介绍较为简单的地理围栏。

地理围栏功能通常在无人机试飞过程中使用，以防止无人机在调试飞行过程中由于调试问题而飞离目标场地。在无人机试飞调试过程中，可选取一个较大且空旷的场地，将无人机放置在中央，以无人机初始点为中心，创建一个高为 10m、半径为 6m 的圆柱体，如图 4.83 所示。在这个区域内对无人机操控功能进行简单调试，并将"冲出围栏时动作"设置为"Land mode"（着陆模式）。

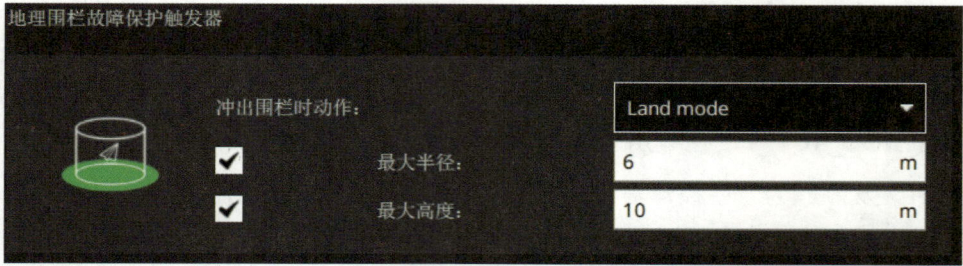

图 4.83　地理围栏故障保护

6. 返回启动设置

返回启动是一种常见的故障保护动作，在上述几种故障保护动作中均包含返航模式的选项。然而，返航模式启动后无人机需要以何种高度进行返航，以及到达返航点后如何操作？下面将介绍如何控制无人机执行返回启动，如图 4.84 所示。

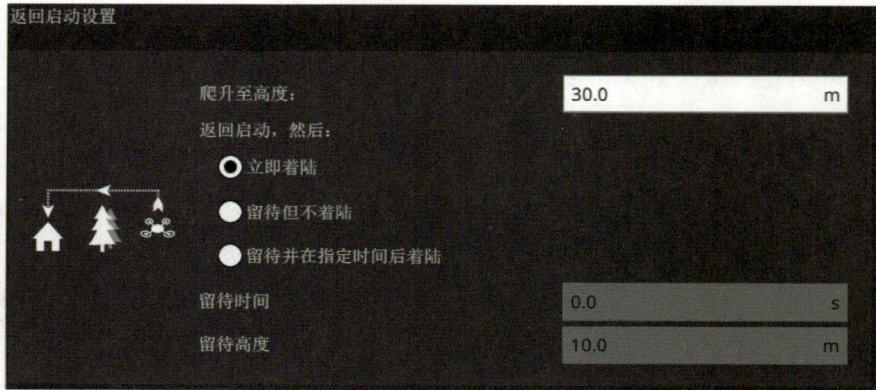

图 4.84　返回启动设置

从"返回启动设置"界面可以看出，无人机返航时会先爬升到指定高度，然后将机头对准返航点，沿直线飞向返航点，再执行降落等操作。在返航过程中，如果未开启避障功能，无人机无法躲避沿途的障碍物，因此对返航高度的设置需谨慎。

对于不具备避障功能的无人机，建议在执行返航任务之前升高无人机并观察周围最高物体的高度，将返航高度设定为高于最高物体的高度。如果执行自动飞行任务，将执行飞行任务过程中航点的最高高度设定为返航高度即可。

在默认情况下，无人机抵达返航点后立即着陆。如果需要无人机悬停在返航点或者先悬停再降落，也可以在"返回启动设置"界面进行设置。

需要注意的是，所有涉及返航的操作均受该设置影响，包括手动飞行后使用遥控器上的返航按钮、自动执行任务后返航以及故障保护动作中的返航。因此，每次飞行前需检查返航高度是否正确，以防设置过低，导致在触发返航模式后发生事故。

7．着陆模式

着陆模式是一种常见的故障保护动作。启用着陆模式后，无人机会在当前位置降落。对于多旋翼无人机，可以设置无人机着陆的下降速率，以及降落后电机上锁的时间，如图 4.85 所示。

图 4.85　着陆模式设置

第5章
QGC地面站高级应用

5.1 航线规划界面

5.1.1 任务规划界面

通过遥控器手动控制无人机飞行是 QGC 地面站最基础和最简单的使用方法。下面介绍一些更高级的功能，例如为无人机规划飞行路线，让无人机按照规划好的航线自动执行飞行任务等。

1. 用户界面概述

QGC 地面站的飞行界面左上角有一个"飞行工具"，本小节所涉及的航线规划功能需通过该工具实现。

在"飞行工具"最上方有一个"Plan"（规划）按钮，单击该按钮后，QGC 将从飞行界面切换为任务规划界面，如图 5.1 所示。任务规划界面由以下部分组成。

① 参数显示栏：负责显示设置的航线任务中当前所选航点相对于前一个航点的状态信息，以及整个任务的统计数据。

② 规划工具：用于切换任务规划界面与飞行界面、创建和管理航线任务，以及在每个创建的任务当中设置对应的航点或使用复杂图案进行航线规划。

③ 任务创建栏：通过该工具对航线任务进行创建与管理。

④ 功能切换按钮：负责在"任务""围栏""集结"3 种功能之间切换。

⑤ 任务命令列表：在任务设置模式下，显示并设置当前航线规划的各起飞点、航点、返航点参数信息以及相机参数设置等信息。

⑥ 航点海拔高度折线图：显示航线规划中每个航点的相对高度。

2. 参数显示栏

"选定的航点"显示在任务规划界面中当前所选择的航点相对于上一个航点的高度差、方位、距离、倾斜度与航线信息。例如选择 10 号航点，此处将显示 9 号航点到 10 号航点这一段路程的信息。

"全局任务"显示当前任务所设定航线的总距离，以及根据无人机飞行速度预估完成该任务所需时间。最远数传距离是指返航点所在位置和已规划航线中最远航点之间的距离。

当连接无人机后，参数显示栏右侧会出现任务上传按钮，可以将规划好的航线指令上传无人机飞控。未连接无人机时则不显示。

3．规划工具

规划工具用于添加单独的航点、简化复杂几何图形的任务创建、上传/下载/保存/恢复任务以及导航地图。主要工具介绍如下。

（1）文件

"文件"工具提供创建计划、存储任务、上传与下载任务以及删除无人机当中的任务等功能。"文件"工具负责创建新的航线规划任务，在无人机与地面站之间进行任务传输，并将无人机上的任务保存到计算机本地。当"文件"工具图标中出现"！"时，说明当前任务经过修改，但并未上传至无人机。

选择"文件"工具后，会弹出任务创建栏，如图 5.1 所示。该创建栏在进入任务规划界面时会自动弹出。该栏上方 4 个选项分别代表创建空白任务、创建勘测任务、走廊扫描（航带扫描）、建筑扫描 4 种航线任务。通常情况下，创建空白任务可自由规划飞行路线。若需要实现另外 3 种功能，也可选择"图案"工具进行设置。

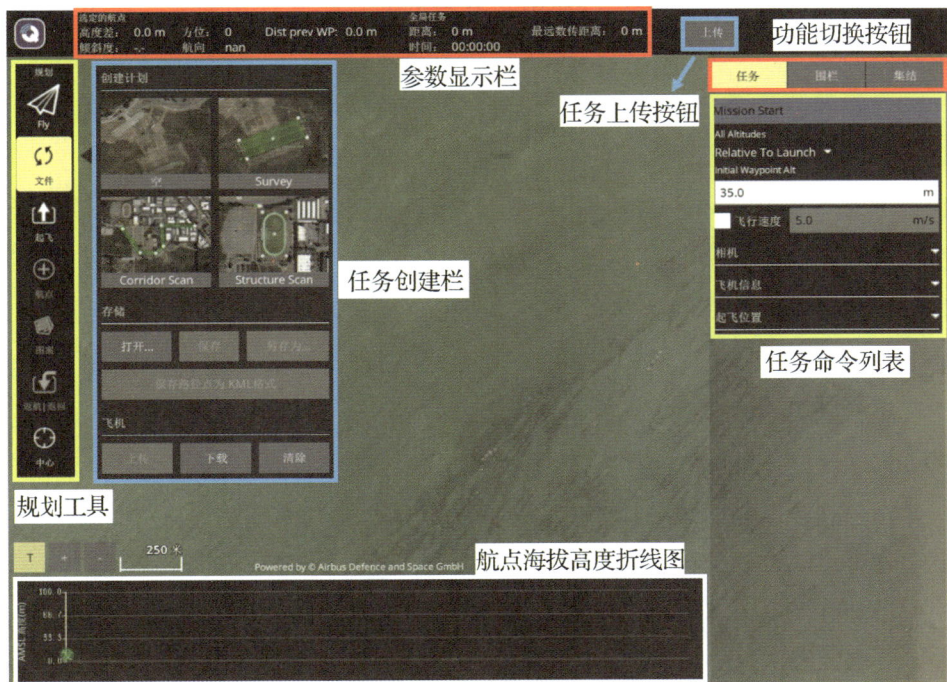

图 5.1　任务规划界面

任务创建栏中的"存储"功能用于将当前设置的任务保存在计算机的某个文件夹中，在需要使用时进入相应文件夹可直接打开该任务。无人机可能无法一次性执行航线飞行量较大的任务，此时可使用该功能将一整片待测区域划分为不同小块，对每个小块进行单独的航线规划并保存至一个文件夹。开始飞行时，依次打开预先保存的任务，上传至无人机进行飞行作业即可。

飞机"功能用于将任务上传至无人机，也可以将当前无人机飞控中的任务下载至地面站，或者清除无人机飞控中存储的航线任务。

（2）起飞、航点、返航设置

任务航线通常由一个起飞点、多个航点、一个返航点组成。QGC通常会将无人机当前摆放位置设定为起飞点。若需提前设定航线，则需手动设置无人机起飞点，并手动设置航点，无人机将沿着设定好的航线飞行，如图 5.2（a）所示。

起飞点（Takeoff Point）是无人机飞行任务的起点，设定在飞手可以监控和控制的安全位置，确定了无人机的起飞位置和起飞后需要达到的初始高度。起飞点的设定有助于无人机避开地面障碍物，确保安全升空并进入任务飞行高度，同时可降低手动操作的复杂程度，提高任务的执行效率和飞行安全性。通过单击图 5.1 左侧规划工具的"起飞"按钮进行设置。

航点（Waypoint）是无人机飞行路径上的关键位置点。通过设定多个航点，可以精确控制无人机的飞行路径。每个航点可以附带具体的动作指令，如拍照、停留、改变飞行高度或速度，从而使无人机在飞行过程中执行特定任务。航点的灵活调整允许飞手规划复杂的飞行路径，确保覆盖整个目标区域，实现完整的数据采集。通过单击图 5.1 左侧规划工具的"航点"按钮进行设置。

返航点（Return-to-Home Point）通常是起飞点或飞手指定的安全着陆区域。当任务完成或出现异常情况时，无人机会自动回到这个点。返航功能在电池电量低、信号丢失或其他紧急情况发生时，可确保无人机能够自动、安全地返回预设位置，避免丢失或坠毁，并在任务结束后自动飞回返航点进行着陆，方便飞手取回无人机。通过单击图 5.1 左侧规划工具的"返航|返回"按钮进行设置。

在 QGC 航线规划中无法直接设定返航点，执行返航操作后无人机默认将起飞点作为返航点，并从最后一个航点飞向起飞点。

（3）图案

该功能用于在空白任务中创建勘测（Survey）、走廊扫描（Corridor Scan）、建筑物扫描（Structure Scan）3 种不同的预设航线模式。

勘测模式是一种覆盖特定地理区域的预设航线模式，通常用于对大面积区域进行详细的地理信息采集。航线会按照设定的重叠度（航向重叠和旁向重叠）生成平行的飞行路径，确保整个区域都能被相机覆盖。适用于地形测绘、农业与环境监测、城市规划、灾害评估等任务，如图 5.2（b）所示。

走廊扫描模式是一种沿着具有线性特征的航线进行数据采集的预设航线模式。航线根据指定的线性路径自动生成，通常包含单条或多条平行的飞行路径，确保整个区域被相机覆盖。常应用于道路勘测、管道、河流、输电线路的监测，以及铁路等线性基础设施巡检任务中，如图 5.2（c）所示。

建筑物扫描模式是一种专门用于对特定建筑物或结构进行详细三维建模的预设航线模式。航线会围绕目标结构生成，通常包括多个高度和角度的路径，以确保从各个方向对目标进行拍摄。可用于建筑检查、文化遗产保护、基础设施监测、工程施工监控等方面，如图 5.2（d）所示。

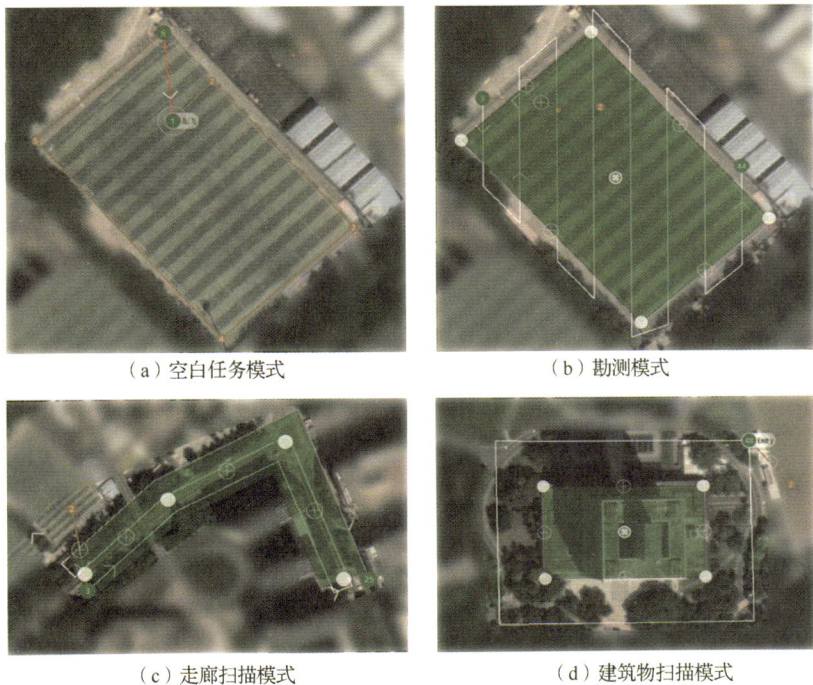

（a）空白任务模式　　　　　　　　　（b）勘测模式

（c）走廊扫描模式　　　　　　　　　（d）建筑物扫描模式

图 5.2　航线规划示意

4. 任务命令列表

任务命令列表允许用户添加、编辑和组织不同的任务命令，以便无人机在自动飞行时能够准确执行预定的任务。

任务命令列表功能丰富，如图 5.3 所示。用户可以从多种预设命令中进行选择，每种命令代表无人机在特定航点需要执行的操作。这些命令包括航点（Waypoint），定义无人机飞行路径上的位置；起飞（Takeoff），使无人机从地面起飞并达到指定高度；降落（Land），命令无人机在指定位置降落；返航（Return to Launch），控制无人机返回起飞点；盘旋（Loiter），在指定位置和高度盘旋一定时间。

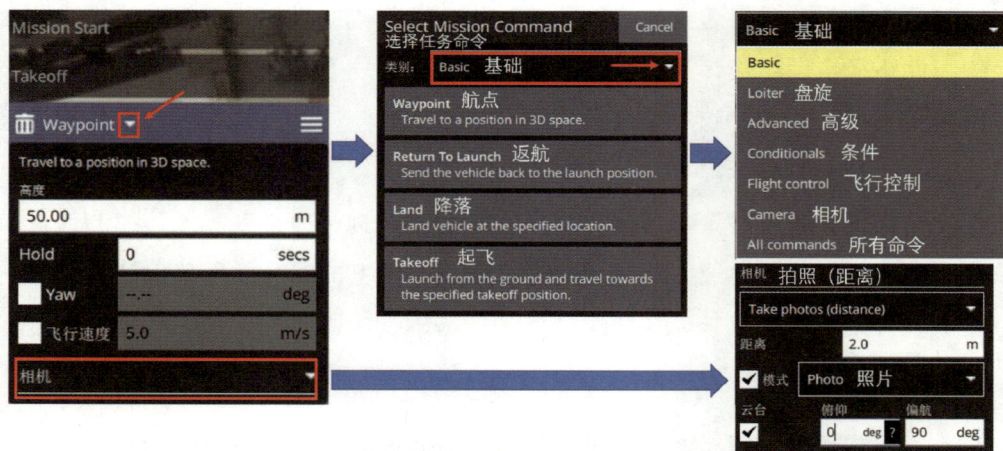

图 5.3　任务命令列表

对于每个命令可以根据需要进行参数设置，这些参数包括但不限于位置参数（经度、纬度和高度）、保持时间、速度参数（飞行速度和航点之间的速度调整）、相机快门触发、拍照间隔等。这些参数的灵活设置使用户可以根据具体任务需求对每个命令进行精细化配置，确保任务执行的精准性和有效性。

用户可以通过任务命令列表管理命令的执行顺序，还可添加新的命令、删除不需要的命令、编辑现有命令和重排命令顺序。这样可以确保任务执行的连贯性和逻辑性，使复杂的任务能够井然有序地完成。

任务命令不仅包括拍照、录像、悬停和飞行模式切换等基本功能，还支持一些高级命令，如条件命令（基于特定条件执行命令）、重复命令（在特定航点之间循环飞行）和传感器触发（基于传感器数据执行命令）。这些高级命令使任务规划更加灵活和智能化，用户可以设定丰富多样的任务，使无人机能够执行复杂的多步骤任务。

任务命令列表通过图形界面直观展示所有任务命令及其顺序，用户可以预览任务路径和调整任务细节。这种可视化界面使任务规划更加直观和便捷，可有效降低任务执行中的风险，确保无人机高效、安全地完成预定任务。

5.1.2　地理围栏界面

地理围栏是一个虚拟的边界，用于限制无人机的飞行范围。当无人机飞行时，如果检测到将要越过地理围栏，系统会触发预定的安全措施，例如返航、降落或悬停等。地理围栏功能是保障无人机飞行安全的一个重要工具，尤其是在人口稠密区或其他敏感区域附近操作时，设置地理围栏可以避免无人机飞出预定区域造成危害。

单击功能切换按钮中的"围栏"按钮，可切换为地理围栏界面，规划工具也会随之发生变化，并且任务命令列表也会随之切换为地理围栏列表，如图 5.4 所示。地理围栏列表提供两种不同的围栏设置，分别是多边形围栏与圆形围栏，用户可根据自身需求进行设置，亦可以同时设置多个圆形与多边形围栏区域。

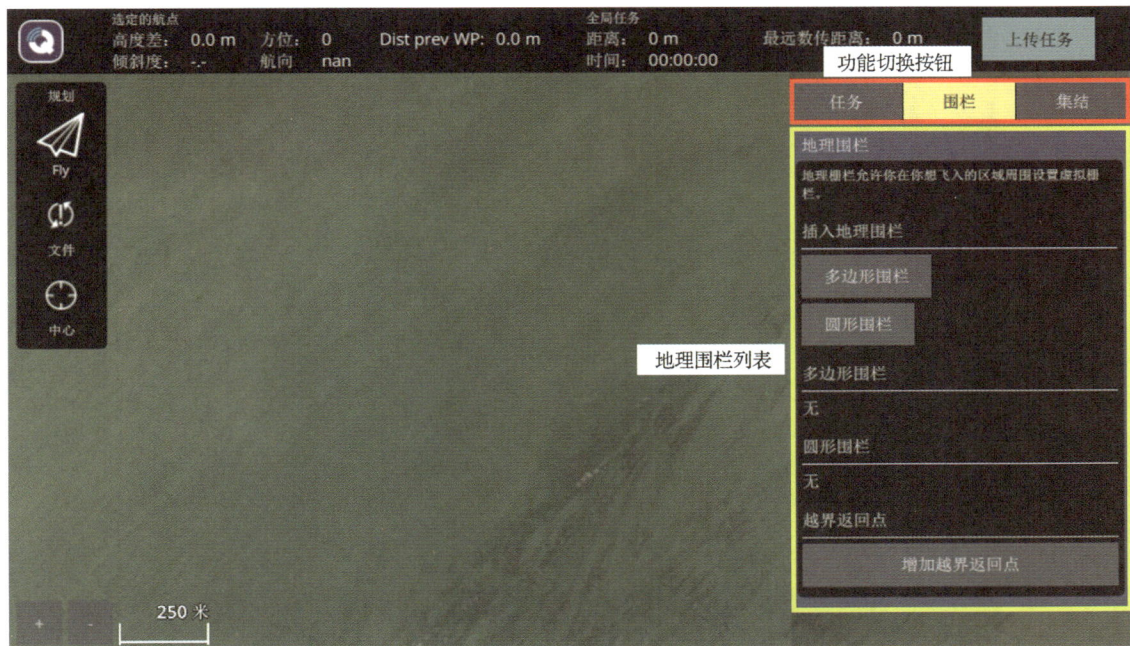

图 5.4　地理围栏界面

1. 多边形围栏

多边形围栏允许用户通过定义一系列点来创建一个封闭的多边形区域，无人机被限制在这个区域内飞行，可使用户精确地控制无人机处于特定的地理位置。

单击右侧地理围栏列表中的"多边形围栏"按钮，默认生成基本型多边形围栏，如图 5.5 所示。通过移动多边形围栏的边界定点（图中白色圆圈）可控制多边形围栏边界。若需增加边界定点，设置更加复杂的多边形，可单击多边形边界中间带"+"号的白色圆圈。

拖动多边形围栏正中间的白色圆圈可以直接平移整个多边形区域，操作十分方便。如需设置多个多边形围栏，再次单击地理围栏列表中的"多边形围栏"按钮即可。需要注意的是，存在多个多边形围栏时，若要编辑某个围栏，需选中该围栏的"编辑"单选按钮。当多边形围栏进入编辑模式后，围栏端点将会出现白色圆圈，反之则并未进入编辑模式。

除了设置地理围栏限制无人机在规定区域内飞行，还可以将地理围栏作为禁飞区，禁止无人机飞入该区域，用多边形围栏框选出无人机禁飞的区域，然后取消勾选该地理围栏的"包含"复选框，使该区域在地图中显示为整块纯色区域即可，如图 5.6 所示，中间的浅色区域为设置的禁飞区。

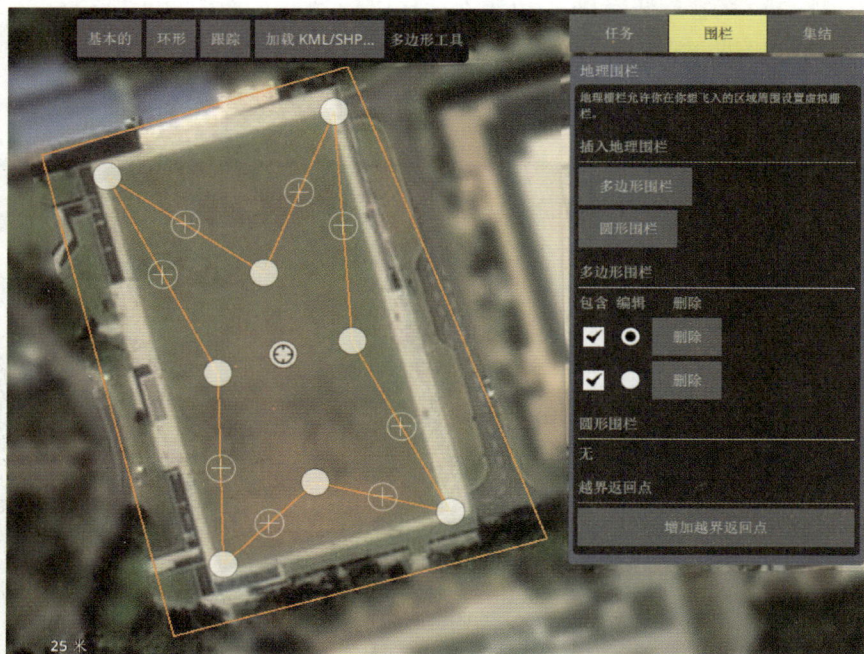

图 5.5 多边形围栏（一）

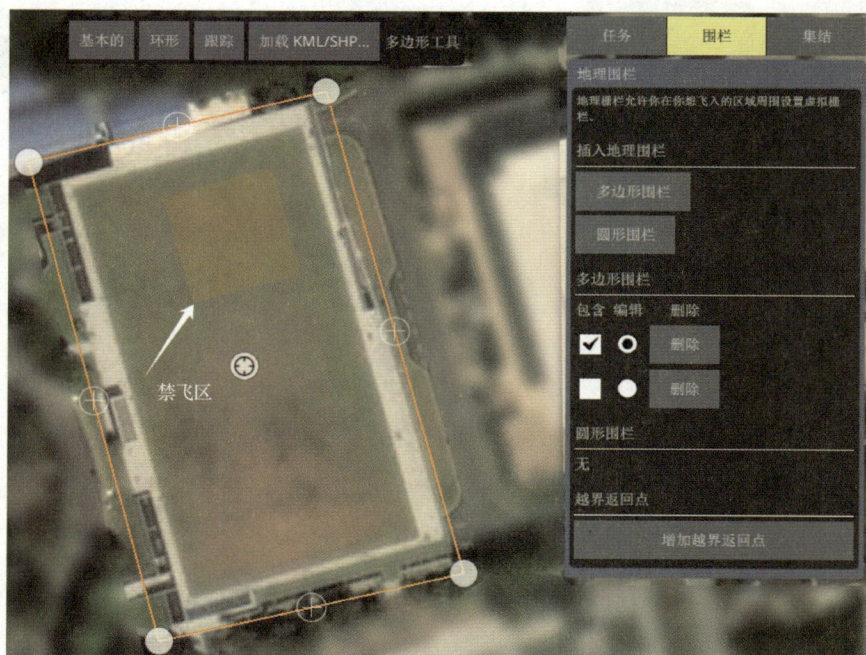

图 5.6 多边形围栏（二）

2. 圆形围栏

圆形围栏提供了一种更简单的方法来限制无人机的飞行区域，通过设定一个中心点和半径，形成一个圆形的飞行区域，如图 5.7 所示。与安全设置中的圆柱体围栏相比，圆形围栏更加灵活，可随意更改围栏中心点位置。在更改围栏半径大小后，地图上的围栏图标大小也会随之变化，可以更加准确地确定围栏大小数值。但安全设置中的围栏则缺少可视化窗口，并且只能以起飞点为中心，灵活性较差。安全设置中的圆柱体地理围栏除了可以设置圆形区域半径，还可以设置高度，当无人机飞出围栏设置高度后会执行保护操作，圆形围栏则无法设置高度。读者需要根据无人机执行任务需求不同选择适合的地理围栏。

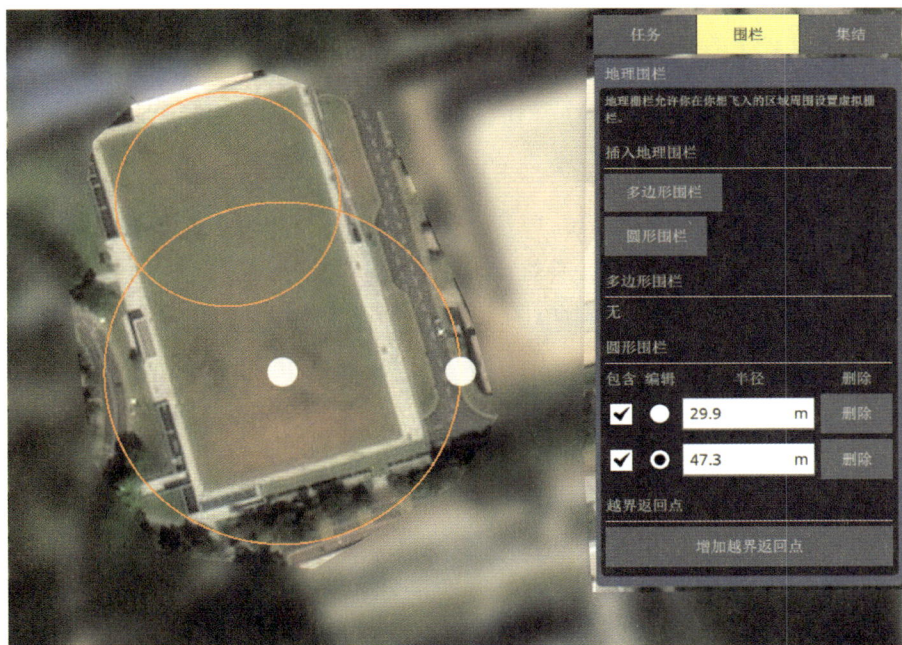

图 5.7　圆形围栏

与创建多边形围栏类似，单击"圆形围栏"按钮即可创建圆形围栏。多边形围栏仅可更改围栏的大小以及围栏所在位置，而通过拖动圆形围栏边界上的白色圆圈，可以无级调节围栏大小，更加直观和方便地设置地理围栏。此外也可通过更改右侧的"半径"参数进行更精细的调整。通过拖动圆心处的白色圆圈，可以将地理围栏移至任意位置。

当然，也可以创建多个圆形围栏，创建方式和编辑方式与多边形围栏操作类似。还可以同时设置多边形围栏与圆形围栏，组成更为复杂的地理围栏。

3. 越界返回点

当无人机越过设定的地理围栏后，将会执行安全设置中设定的故障保护动作，如警告、悬停、降落、返航等。如果故障保护动作为返航，且无其他返回点设置，无人机会默认将起飞点作为返航点执行直线返航任务。

然而，在部分任务中可能不希望无人机直接返回起飞点，此时可单击地理围栏列表最下方的"增加越界返回点"按钮，指定一个新的返回点。当无人机越过地理围栏后，将以设定的返回点作为返航目的地。

当所有操作准备完成，需检查绘制的地理围栏与禁飞区域是否有偏差。地理围栏与航线任务一样，均需要上传至无人机后方可生效。此外，在起飞无人机前，应确保无人机起飞点位于可飞行区域内。如果无人机未处于地理围栏设置的可飞行区域内，无人机将无法解锁。

5.1.3 集结点界面

单击功能切换按钮中的"集结"按钮，用户界面将切换为集结点界面。在该界面中，可以为无人机设置集结点（也称为安全点）。

集结点可替代着陆或徘徊地点，通常将其设置在飞行路径上较为安全、方便或接近目的地的地点。在设置了起飞点、返航点和集结点后，如果无人机启动了返航模式，将从上述 3 个地点中选择距离当前无人机位置最近的地点作为返航目的地，执行返航操作。创建集结点的操作如下：切换至集结点界面，单击规划工具中的"集结点"按钮，单击地图上想要设为集结点的位置，每次单击将在地图上添加一个 R 标记。地图上的集结点标记具有不同的颜色，选中的集结点为绿色，未选中的集结点为橙色。在右侧的"集结点"面板中可以编辑选中集结点的经度、纬度与返航高度，可通过单击地图上任一需要编辑的集结点激活"集结点"面板。通过在地图上拖动活动集结点或在面板中编辑经度、纬度来移动集结点，通过单击"集结点"面板右上角的菜单按钮，选择"删除"命令，以删除集结点。设置完成后，单击任务创建栏中的"上传"按钮将集结点上传至无人机。

5.2 航线规划流程

前文简单介绍了 QGC 地面站中航线规划的各个界面以及界面中各个操作按钮的含义，本节将对航线规划的流程进行详细梳理。QGC 地面站提供 4 种场景中的航线规划模式：空白模式、勘测模式、走廊扫描模式、建筑物扫描模式。接下来将针对 4 种模式的设置流程逐一进行讲解。

注意： 由于 QGC 官方地面站的中文优化存在部分问题，可能导致在中文模式下进行航线规划时，出现无法设置航点、无法打开部分菜单等问题。因此，在进行接下来的航线规划操作时，请先将 QGC 地面站语言更换为英文，然后重启地面站。

5.2.1　空白模式

空白模式是一种非常灵活的航线规划模式，用户可以根据具体需求自由设置航线。这种模式没有预设的路径或限制，允许用户在地图上任意地点添加航点并设置航点之间的路径和参数，因此非常适合那些具有特殊需求或需要灵活应对不同飞行任务的用户。无论是复杂的飞行路径、特定的任务要求，还是在不规则地形中进行飞行，空白模式都能满足用户的需求。

1. 任务预设——高度设置

进入空白模式后，右侧任务命令列表默认会显示任务预设菜单，在该菜单可对任务中的通用选项进行预设。将所有选项展开后的内容如图 5.8 所示。

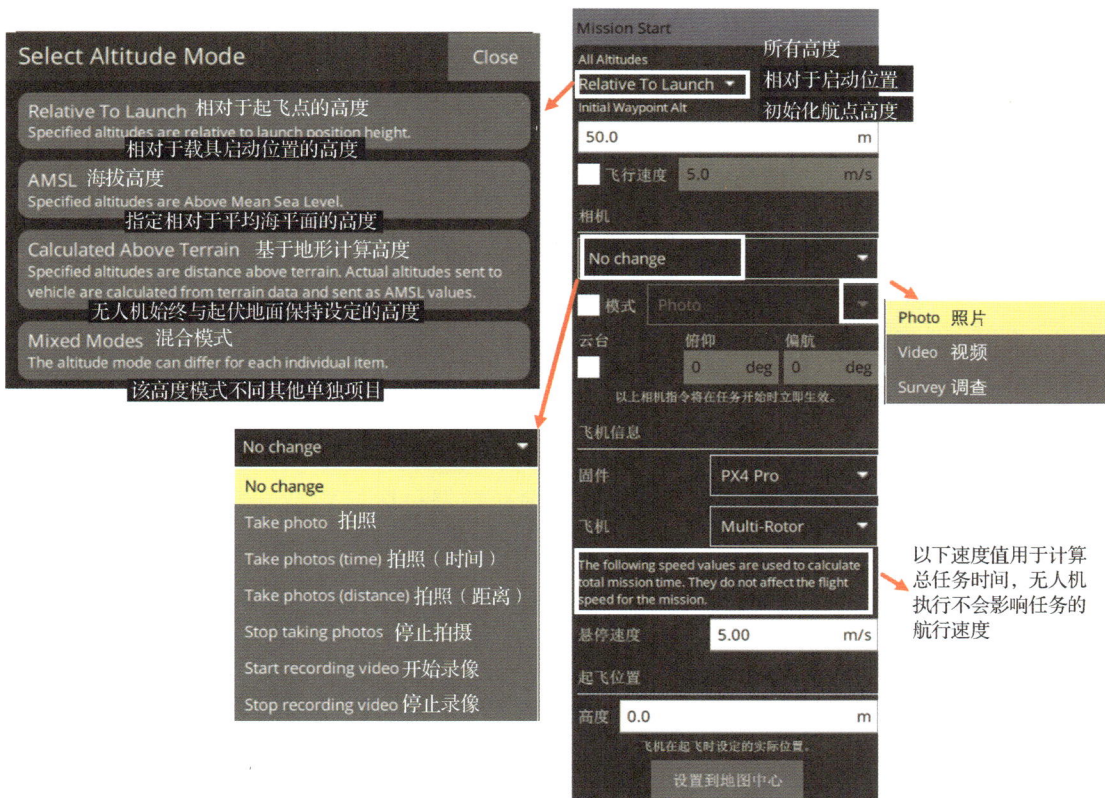

图 5.8　任务预设操作

从上往下看，第一部分为任务的高度相关设置。展开"相对于启动位置"选项，将会弹出高度模式选择界面。在该界面可选择无人机当前的高度记录模式，共有 4 种模式可选，具体说明如下。

（1）相对于起飞点高度

相对于起飞点高度（Relative To Launch），在这种模式下，无人机的飞行高度是基于起飞点的高度来计算的，所有的高度指令都是相对于起飞点的海拔高度。这种模式的优点是操作简便，无须考虑地形变化，适用于地形相对平坦或者对地形高度变化不敏感的任务。民用级别的大疆无人机通常采用该高度模式，也是 QGC 默认选择的模式。然而，如果飞行区域内的地形高度变化较大，这种模式可能会导致无人机与地面之间的距离不稳定，存在安全隐患。

（2）海拔高度

海拔高度（AMSL），在这种模式下，无人机的飞行高度是相对于平均海平面高度来计算的。使用这种模式，所有的高度指令都基于海拔高度，这对于需要精确控制高度的任务非常重要，如跨地区的测绘任务、飞越山谷或高地的任务等。该模式的优势在于其高度的一致性和可预测性，特别是在地形起伏较大的地区，可以确保无人机保持在安全的高度之上。不过，这种模式需要准确的地理和海拔数据支持，使用时要确保地图数据的精度。

（3）基于地形计算高度

基于地形计算高度（Calculated Above Terrain），在这种模式下，无人机的飞行高度是基于地形高度来计算的，即保持与地面一定的相对高度。这种模式适于地形起伏较大的区域飞行任务，因为无人机能够自动调整飞行高度以适应地形的变化，确保与地面的相对高度恒定，从而避免碰撞风险。基于地形计算高度模式应用广泛，特别适用于低空飞行、摄影测绘和农业监测等任务，在这些任务中，无人机需要保持与地面的固定距离以获得准确的数据。

使用基于地形计算高度模式，通常需要提前获取飞行区域的高度数据，而不需要额外的设备来实时探测无人机相对于地形的距离。具体来说，这种模式依赖地形高度图或数字高程模型（Digital Elevation Mode，DEM）等预先加载的数据文件，这些数据可以通过各种 GIS 平台或测绘服务获取。在 QGC 地面站中，联网以后地面站会自动从网络中获取当前位置的实际地形高度，然后自动将当前航点的地面高度与设定高度相加，得到最终的无人机飞行高度。

如图 5.9（a）所示，设定无人机飞行高度为 50m，当前航点所在海拔高度为 32m，相加得出无人机实际飞行的海拔高度为 82m。图 5.9（b）中上方被框选的曲线为航线高度曲线，无人机飞行高度始终设定为 50m，但无人机飞行高度会随着实际地形高度（下方绿色曲线）的变化而变化。

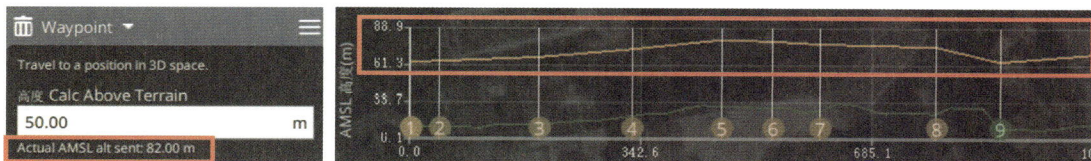

（a）当前航点设定的飞行高度与　　（b）飞行航线实际海拔高度（橙色曲线）与地行高度（绿色曲线）
　　　实际海拔高度

图 5.9　基于地形计算高度

（4）混合模式

混合模式（Mixed Modes）允许用户在同一航线任务中使用多种高度设置，根据具体任务需求和飞行区域的地形特征灵活选择不同的高度模式。例如，可以在平坦区域使用相对于起飞点高度模式，在地形复杂区域切换到基于地形计算高度模式，或者在需要精确海拔控制的区域使用海拔高度模式。混合模式的主要优势在于其灵活性和适应性，能够根据任务的不同阶段和区域特点进行调整，确保飞行的安全性和数据采集的有效性。这种模式特别适合复杂的任务和多样化的飞行环境，是高级用户和复杂任务规划中的重要工具。

2. 任务预设——高度与航速设置

初始化航点高度功能主要用于设定各航点初始高度。例如，将该值设定为 50，后续新增的所有航点的默认飞行高度均为 50m，不需要每次新增航点后都手动修改飞行高度。如果需要更改某一航点的飞行高度，也可以单独对其调整，这大大简化了航点设定流程。

下方的飞行速度为航点之间的飞行速度，会影响无人机在航线中飞行时的速度大小。飞行速度默认为 5m/s，如要更改需勾选"飞行速度"左侧的复选框，待右侧数值显示区由灰色不可选状态变为白色可选状态即可更改。飞行速度必须大于或等于 0.0m/s，否则结果将不生效。

需要注意的是，此处设置的"初始化航点高度""飞行速度"与最下方的"悬停速度""起飞位置"中的"高度"是无关的。最下方的"悬停速度"仅用来计算当前规划任务航线完成的总任务时间，并不会影响无人机在实际飞行过程中的飞行速度，只有上方的"飞行速度"或者在后续设置航点时设定的飞行速度才会影响无人机实际飞行速度。"起飞位置"中的"高度"不需要自行设置，该参数表示的是无人机起飞地点的实际海拔高度，会随着起飞点位置的不同而变化。

3. 任务预设——相机设置

在"相机"区域可对相机进行设置，QGC 可对无人机搭载的相机云台进行拍摄模式、拍摄动作、云台角度 3 种设定，且以上设定在无人机任务开始时就会立即生效。

（1）拍摄模式

勾选"模式"复选框后，可对无人机相机的拍摄模式进行设置，分别为照片、视频、调查。

在照片模式下，相机主要用于拍摄静态照片，适用于需要高分辨率图像的场景，如地形测绘、建筑物勘察等。

在视频模式下相机主要用于录制视频。适用于需要动态影像记录的场景，如事件监控、环境观察记录等。

而调查模式是一种特殊的模式，通常结合航线规划使用。无人机会按照预设的路径进行拍照或录像，适用于大面积区域的详细调查和测绘。

（2）拍摄动作

拍摄动作是指相机在照片和视频模式下所执行的具体操作，可分为拍照、拍照（时间）、拍照（距离）、停止拍摄、开始录像、停止录像6种。这6种动作在设置后将在任务开始阶段执行，直至收到下一个动作指令。此外，不仅可在任务预设当中对拍摄动作进行设置，也可以在后续的航点设置当中设置拍摄动作，实现更灵活的拍摄方案。

① 拍照（Take photo）：这是最基本的拍摄动作，无人机在特定位置或条件下执行一次拍照操作。通常用于定点拍摄某个目标或场景。

② 拍照（时间）（Take photos(time)）：无人机按照设定的时间间隔进行连续拍照，例如每隔5s拍一张照片。这种方式适于需要覆盖一定时间段内的持续监控或记录，再选择该模式QGC将会新增间隔时间设置项。

③ 拍照（距离）（Take photos(distance)）：无人机按照设定的飞行距离间隔进行连续拍照，例如每飞行50m拍一张照片。这种方式适于线性航拍，如道路或河流的沿线监控，再选择该模式QGC将会新增间隔距离设置项。

④ 停止拍摄（Stop taking photos）：无人机将停止拍摄动作，通常用于拍照（时间）或拍照（距离）动作执行完成后。

⑤ 开始录像（Start recording video）：无人机相机开始录像。通常在任务开始时或到达某个特定点时执行，用于记录连续的视频流。

⑥ 停止录像（Stop recording video）：无人机相机停止录像。通常在任务结束时或到达某个特定点时执行，用于结束视频记录。

（3）云台角度

通常，较为简陋的无人机相机的固定方式是通过泡沫双面胶或螺丝卡扣等，将相机硬连接在无人机上。此时，相机的拍摄角度无法在无人机飞行过程中动态调整，只能在地面手动调整，因此，较为高端的无人机会搭载云台，以便控制相机的拍摄角度。

QGC 提供控制云台俯仰与偏航的操作指令。其中,云台俯仰控制指的是调整相机的垂直角度,即相机上/下倾斜的角度。通常将云台设置为垂直地面拍摄以获得正射影像,或者将云台设置为向下倾斜一定角度拍摄,用于物体三维建模。

偏航控制指的是调整相机云台的水平角度,即相机左/右旋转的角度。偏航功能可用于观察飞机左右两侧是否有较高的物体(如楼房或树木),防止无人机在进行左/右平移飞行过程中发生碰撞。

4. 航点设置

（1）设置起飞点

航点设置是实现无人机航线规划的关键步骤。在执行航线任务过程中,无人机的飞行路线、飞行动作和相机动作均和航点有关。而设置航线的第一步是确定无人机起飞点,即便在无人机未与地面站连接的情况下也是如此。单击规划工具中的"起飞"按钮,若无人机已经通电并且与地面站相连,则会自动以无人机所在位置作为起飞点,否则需要手动在地图中设定无人机的起飞点,如图 5.10 所示。

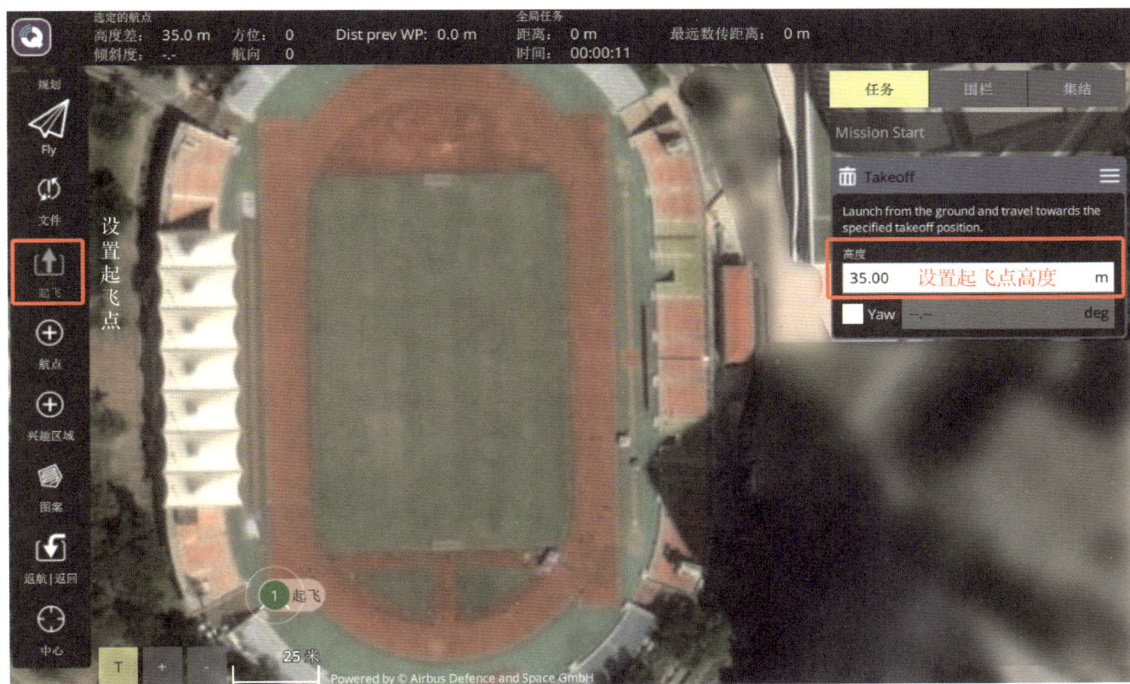

图 5.10　设置起飞点

起飞点设置完成后,可在右侧任务命令列表中设置无人机起飞高度,以确定无人机起飞后爬升的高度。无人机在执行任务时,会先起飞并爬升至设定的起飞高度,然后飞向初始航点。通常将起飞高度设置与初始航点高度一致,若起飞点周围障碍物较多,则可将起飞高度调高，使无人机起飞后高于周围障碍物，再飞向初始航点，这样更为安全。

（2）添加航点

在设置起飞点后，开始添加航点以规划无人机航线。假设希望无人机围绕操场中间的草坪飞行一圈，由于中间草坪为较规则的长方形，只需在草坪的 4 个角添加航点，即可使无人机绕草坪飞行一圈，如图 5.11（a）所示。

若希望无人机绕着操场跑道飞行一圈，由于操场跑道的上部和下部为曲线，为使无人机飞行更为平滑，需要添加更多的航点，使无人机航线尽可能接近曲线，如图 5.11（b）所示。具体航点设置应根据任务需求进行。相比其他航线规划模式，空白模式具有最高的自由度与灵活度，可任意规划航线，因此可选择在空白模式下添加航点。

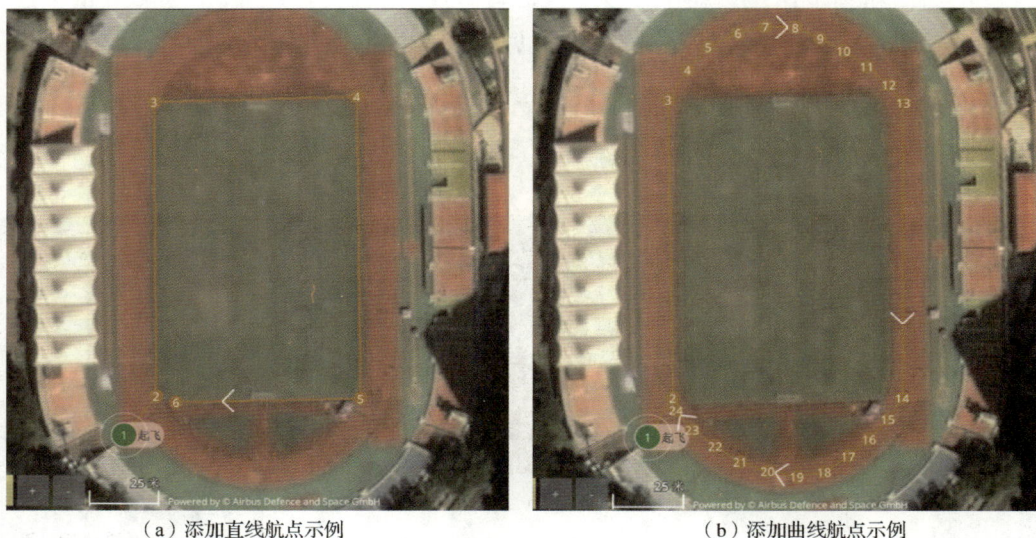

（a）添加直线航点示例　　　　　　　　（b）添加曲线航点示例

图 5.11　添加航点示例

（3）设置航点参数

在添加完航点后，可以对航点参数进行设置。右侧任务命令列表中提供了高度、飞行速度和相机设置 3 个可调节参数，分别用于更改无人机在此航点的飞行高度、飞行速度与相机动作。当勾选"飞行速度""相机"和"云台"复选框后，会发现 2 号航点紧接着的 3 号航点此时变为 6 号航点，如图 5.12（a）所示。因为勾选了 3 个复选框，相当于执行了 3 次操作，只不过这些操作并未在地图中显示出来。

勾选"云台"复选框后，地图上的航点会出现白色扇形区域。该区域代表云台相机的拍摄角度，更改当前航点的云台偏航参数后，会使后续所有航点的云台偏航参数均为当前设定值，且地图上航点的白色扇形区域指示方向也会相应变化，如图 5.12（b）所示。若希望只更改某个航点的参数，需要将后续航点的参数全部改回原参数。

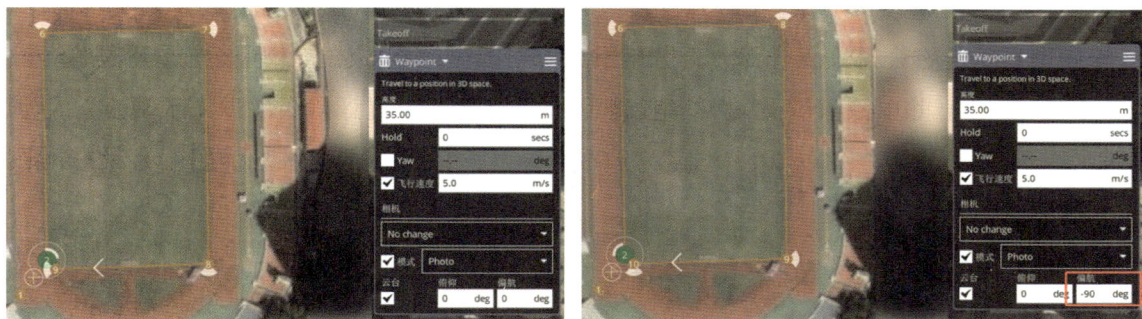

（a）设置云台参数　　　　　　　　　（b）更改云台偏航参数

图 5.12　设置航点参数

（4）添加其他任务命令

在设置航点参数时，修改飞行速度、相机模式等都被视为无人机动作，同理还可以添加其他任务命令。在任务命令列表中可以将航点更改为其他动作，如飞行模式切换，以及条件命令、重复命令和传感器触发等高级指令。具体更改方法参考本章第一节中的任务命令列表。

（5）添加返航点并保存

全部航点设置完毕后，选择最后一个航点，单击规划工具中的"返航"按钮，无人机将从最后一个航点执行返航操作，飞回起始点。也可以通过更改任务命令，将返航操作更改为降落操作。

至此，已完成在空白模式下的无人机航线规划的全部操作。

若无人机此时连接地面站，可以直接单击界面右上角的"上传任务"按钮，将当前任务上传至无人机飞控。地面站会先将无人机飞控中的上一次任务清除，然后上传新任务。

若无人机未连接地面站，也可以将当前任务先保存至计算机。单击规划工具中的"文件"按钮，在"存储"中单击"另存为"按钮，可将任务保存为".plan"格式文件。该格式是无人机任务规划文件的专用格式，包含详细的飞行任务和配置，适用于 QGC 等无人机地面站软件。

也可以单击"保存路径点为 KML 格式"按钮，如图 5.13 所示，将任务保存为".kml"格式文件。该文件是一种基于可扩展标记语言（Extensible Markup Language，XML）的格式，用于描述地理数据，特别是地理位置和可视化信息，主要用于 Google Earth、Google Maps 等地理信息系统和地理可视化工具。用户可根据需求自行选择，通常保存为".plan"格式即可。

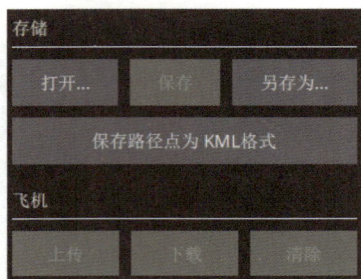

图 5.13 航点保存设置

5.2.2 勘测模式

勘测模式是一种覆盖大面积区域的航线规划模式，主要应用于航空摄影和测绘等需要采集详细地面信息的任务。在这种模式下，系统会根据用户指定的区域边界自动生成覆盖整个区域的网格状航线，确保无人机能以最有效的路径覆盖整个扫描区域。勘测模式的优势在于高效性和全面性，能够确保每个地方都被扫描到，并减少重复飞行和遗漏区域的可能性，是进行大面积地理信息采集的理想选择。

勘测模式主要用于航空摄影测量和测绘工作等领域，因此下面介绍的操作会涉及一些测绘专业的相关知识，接下来介绍使用勘测模式的具体操作步骤。

1. 设定勘测模式

勘测模式有两种设定方式：一种方式是在规划工具中单击"文件"按钮，单击"Survey"按钮，新增一个勘测模式任务；另一种方式是先进入空白模式，进行任务预设设置，以及确定无人机的起飞点和起飞高度，然后单击规划工具中的"图案"按钮，选择"Survey"进入勘测模式，如图 5.14 所示。

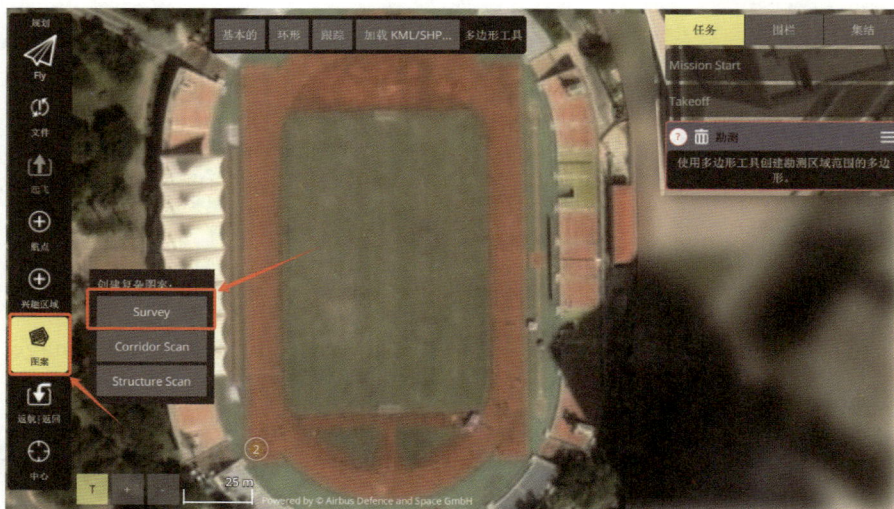

图 5.14 勘测模式界面

2．创建调查区域

进入勘测模式后，用户界面会新增多边形工具栏。使用多边形工具可以创建多边形勘测区域，常用的是基本型多边形与环形多边形。

基本型多边形的初始形状为矩形，如图 5.15（a）所示。图中绿色区域为感兴趣区域，即需要无人机进行拍摄的区域。通过拖动矩形的各个顶点，可以将绿色区域调整至覆盖感兴趣区域。若感兴趣区域边界较为复杂，可以通过单击多边形边界的白色图标新增顶点，并继续调整顶点，直至整个绿色区域覆盖需要拍摄的感兴趣区域。

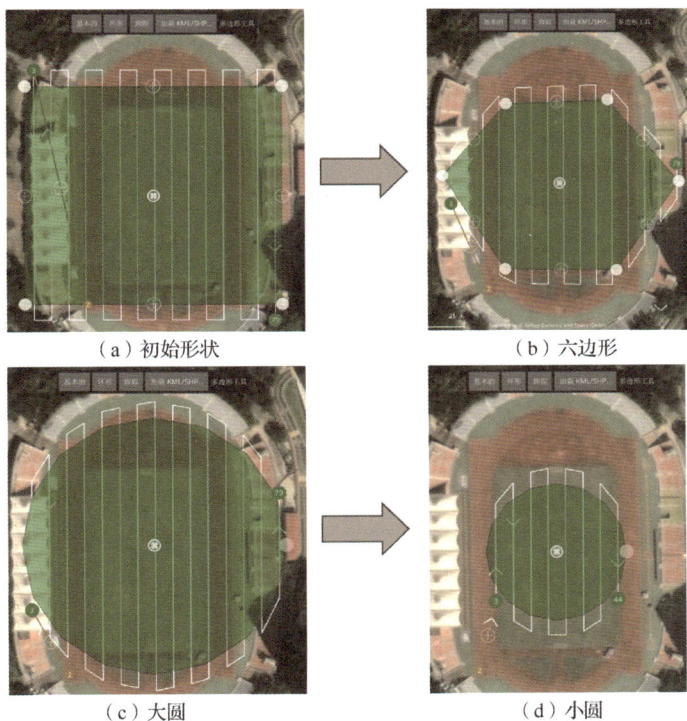

（a）初始形状　　　　　　　　　　（b）六边形

（c）大圆　　　　　　　　　　（d）小圆

图 5.15　多边形勘测区域

在绿色区域内部有一些规则的白色线条，这些线条代表无人机飞行的航线。这些航线由地面站根据兴趣区域大小、拍摄航向角、重叠度、地面分辨率等参数自动生成，无法单独对其进行编辑。环形多边形的调整方式与基本型多边形相同，这两类多边形的调整方式与地理围栏相似，可参考地理围栏调节操作。

3．航摄参数设置

设定完兴趣区域后，需要调整无人机的航摄参数，如图 5.16 所示。区域调查模式主要应用于测绘行业中的航空摄影测量，因此这些航摄参数主要和摄影测量有关。这些参数的设置与感兴趣区域的大小共同影响 QGC 规划出的航线结果。

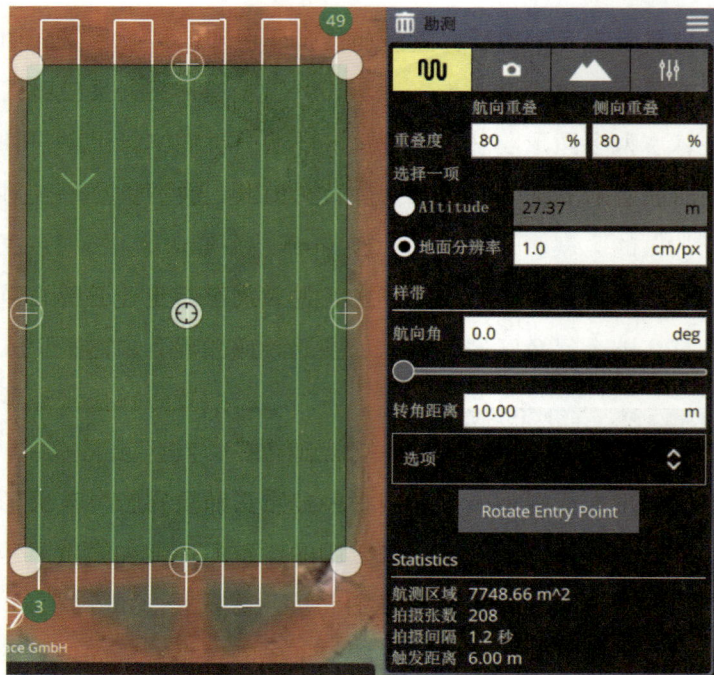

图 5.16　航摄参数

（1）重叠度

在航空摄影测量中，无人机沿着航线向前飞行，每飞行一定距离便使用机载相机拍下一张照片。当无人机完成整个航线飞行时，也就完成了对整个感兴趣区域的拍摄。

在此过程中，为保证拍摄的照片能够合成大面积的照片，需要确保相邻的照片之间有重叠部分，以便计算机识别出相邻照片的连续部分并将其拼接在一起。因此，航空摄影需要关注拍摄照片的重叠度。重叠度是指相邻航拍影像之间的重叠区域，可分为航向重叠度和旁向重叠度。

① 航向重叠度：指同一航线上的相邻影像之间的重叠部分，如图 5.17 上部所示。在该航线中，无人机先后拍摄两张照片（照片 1 与照片 2），两张照片中间重叠的区域占整张照片面积的百分比即为航向重叠度，通常需要设置为 60%～80%。

② 旁向重叠度：指相邻航线之间的影像重叠部分，如图 5.17 下部所示。无人机先拍摄了照片 4，飞行至旁边航线拍摄到了照片 3，这两张照片之间重叠的部分占整张照片面积的百分比即为旁向重叠度，通常设定为 20%～40%。

假设无人机需要对操场正中间的足球场进行航摄，从图 5.18 可知，将航向重叠度由80%设置为 60%，在其他参数不更改的情况下，无人机飞行航线没有发生变化，但相机拍摄张数从更改前的 208 张减少至 104 张。这说明航向重叠度降低，相机拍摄的张数会减少，但不影响航线的密度。

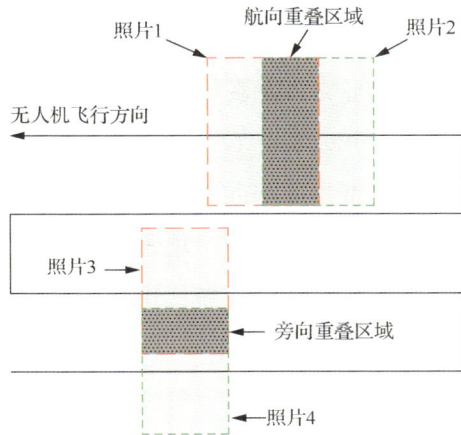

图 5.17　航向、旁向重叠度示意

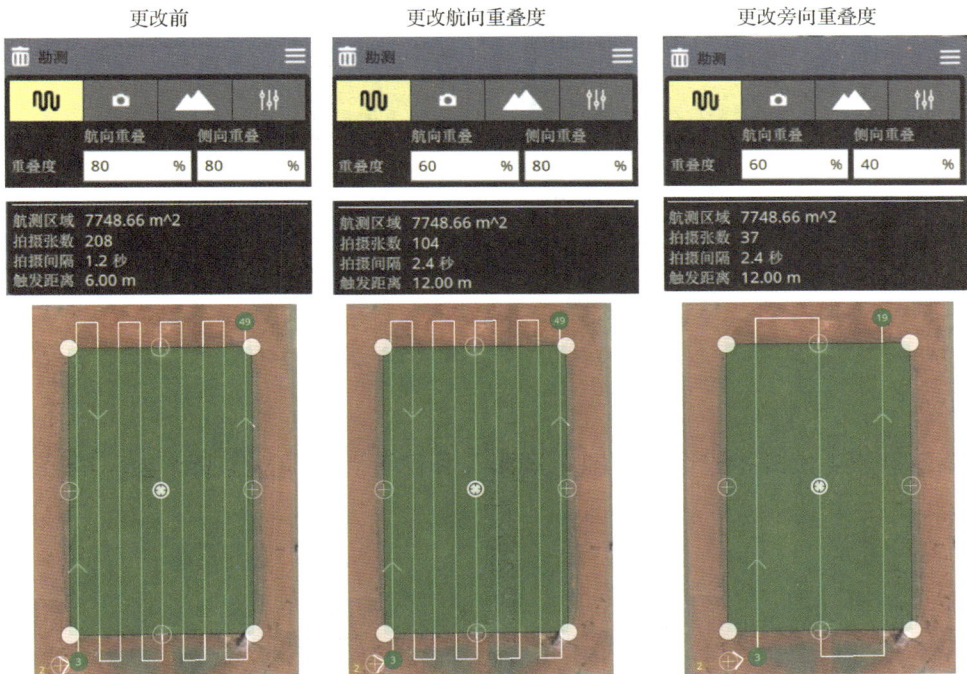

图 5.18　更改航向、旁向重叠度影响示意

若航向重叠度设为 60%，并将旁向重叠度设置为 40%，其他参数不变。此时无人机航线由密集变为稀疏，拍摄张数由 104 张下降至 37 张。这说明旁向重叠度可以影响无人机航线的疏密情况，旁向重叠度越高航线越密集，旁向重叠度越低航线越稀疏。

（2）高度与地面分辨率

不同于空白模式中可以自由调整无人机飞行高度，勘测模式由于主要服务于测绘，只能对整条航线的高度进行设置。在此处需要引入航空摄影测量中的另一个专业名词——地面分辨率。

在摄影测量中，地面分辨率是用于衡量图像清晰度的重要指标，单位通常是米/像素（m/pixel）或厘米/像素（cm/pixel）。它表示在地图或影像中，每个像素对应于地面上实际距离的大小。例如，分辨率为 2m/pixel 意味着图像中的每个像素代表地面上 2 米的实际距离。地面分辨率越小，图像就越详细，能够显示出更多的地面细节。

无人机航空摄影由于离被拍摄的物体更近，地面分辨率会更高。本书不涉及过多的测绘专业知识，对于地面分辨率，读者仅需知道在使用同一款相机的情况下，无人机飞行高度越低，地面分辨率越高。

此外，也可以直接更改"Altitude"（高度）数值来控制无人机的飞行高度和航线疏密程度，如图 5.19 所示。当更改高度和地面分辨率中的任意一个数值时，另一个数值都会随之变化。

图 5.19　地图分辨率

（3）样带设置

样带是指无人机在执行航空摄影测量或测绘任务时所规划的平行航线。QGC 在样带设置中提供航向角、转角距离等设置。

① 航向角：航向角是指平行的航线相对于正北方向的角度，更改航向角可以更改航线的方向，如图 5.20（a）所示。

② 转角距离：转角距离是指在测量感兴趣区域以外为无人机掉头增加的额外距离，即绿色区域以外的航线长度，转角距离数值越大，感兴趣区域以外的航线越长，反之则航线

越短，如图 5.20（b）所示。该功能主要是为固定翼无人机服务，因为固定翼转弯需要一定的转弯半径，而多旋翼无人机转弯不需要转弯半径，可将该数值设置为 0。

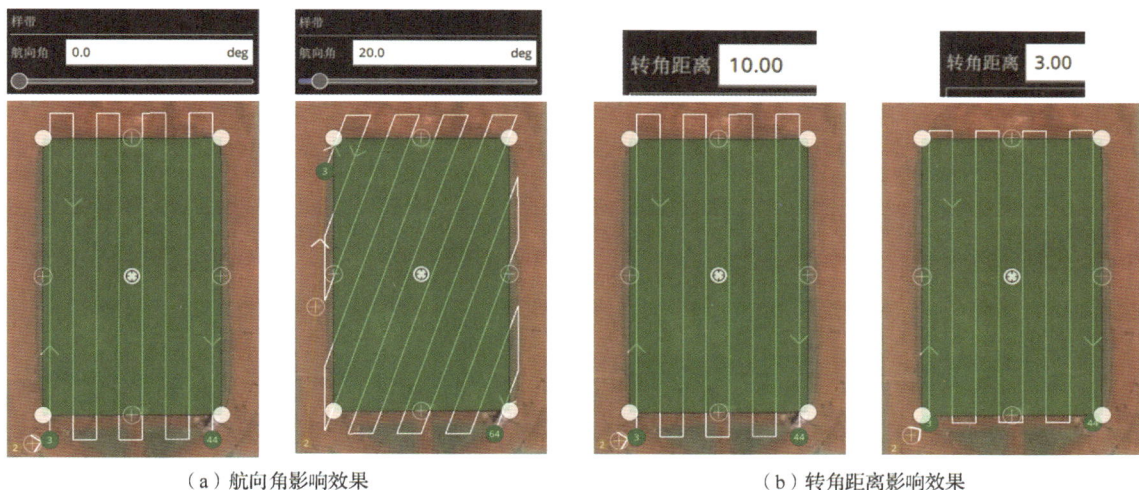

（a）航向角影响效果　　　　　　　　　　　（b）转角距离影响效果

图 5.20　航向角与转角距离

③ 其他选项：可设置无人机悬停拍摄、90° 偏移重飞，以及转弯拍照等。

首先，在不开启悬停拍摄功能的情况下，无人机边飞行边拍摄，这要求相机拍摄的快门速度足够高，否则无人机在移动下拍摄可能导致照片模糊。在开启悬停拍摄功能后，无人机在拍摄点会先悬停再进行拍摄动作，保证照片足够清晰。此功能的缺点是会大大增加飞行所需时间。以拍摄某足球场为例，使用同一架无人机不开启该功能完成任务所需时间约为 4min，开启该功能后完成任务所需时间超过 15min。

其次，开启 90° 偏移重飞功能后，无人机航线规划会在原有航线的基础上增加与原航线垂直的航线。

最后，在未开启转弯拍照功能时，无人机在转弯时不会进行拍摄，但无人机在转弯过程中也需要消耗电能，为了不浪费这部分能量，可开启转弯拍照功能，多采集一些数据（任务时间并不会增加）。开启该功能后，无人机拍摄张数会增加，并且受转角距离的影响，转角距离越大拍摄张数越多。

4．相机参数设置

与空白模式的相机参数设置不同，勘测模式中的相机参数用于对相机的传感器尺寸、传感器拍摄最大图像尺寸以及相机搭载的镜头焦距进行设置，这些设置与地面分辨率一同影响航线的疏密程度。

前文提到地面分辨率是拍摄图像中每个像素所能识别的地面实际面积，不同相机由于传感器不同、镜头焦距不同，导致在同样的飞行高度能拍摄的地面面积大小不一样。对于地面分辨率有特定的计算公式，QGC 已经将公式内置在软件当中，用户仅需要将传感器的尺寸大小、镜头焦段、需要拍摄的地面分辨率输入地面站，地面站会给出相应的结果。

QGC 地面站给出了多款常用的相机和镜头焦距搭配的预设方案，如图 5.21 所示，用户可以自行选择相机的品牌，如佳能、索尼、理光、GoPro 等，并选择相机和镜头预设方案。对于没有给出预设的情况，用户可以手动填写无人机上使用的相机传感器尺寸与镜头焦段参数。

在这里还需要注意相机是横向放置还是纵向放置。Landscape 表示横向模式，即相机横向放置，适合拍摄宽幅的场景，也是通常相机的放置姿态，如所有大疆航拍无人机均支持该功能。Portrait 表示纵向模式，即相机纵向放置，适合拍摄高而窄的场景，仅部分设计特殊的无人机支持该功能，如大疆 Mini 3 Pro 无人机。

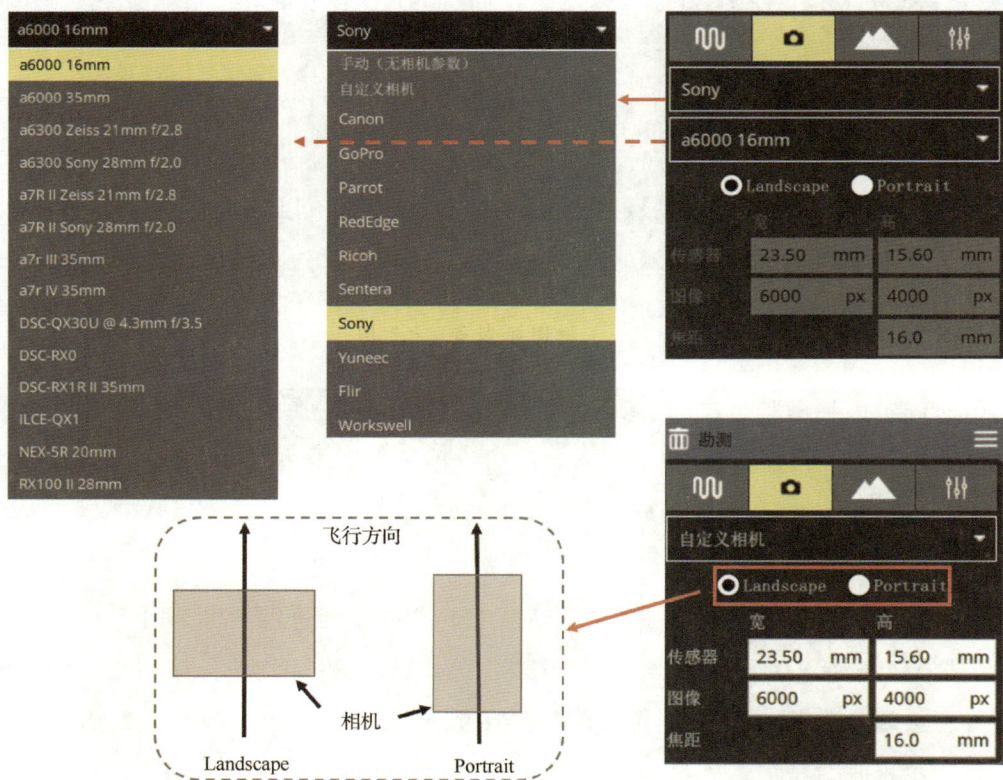

图 5.21　相机参数设置

5. 地形设置

（1）选择高度模式

地形设置的界面类似空白模式任务预设中的选择高度模式界面，如图 5.22 所示。在默认情况下，无人机将以固定高度沿着测量路径飞行，即"相对于起飞点高度"模式。这种模式适用于调查区域较为平坦且与无人机起飞位置处于同一高度的情况。如果地面高度高于或低于起飞点高度，无人机仍然以固定高度飞行，此时在拍摄过程中，较高或较低的区域在无人机拍摄的图像中的有效重叠将分别少于或高于预期计算值。如果测量区域中某块区域的地面高度明显高于起飞点位置，地面站自行规划的路径有可能会使无人机撞击障碍物。

在这种情况下，应使用地形跟踪模式，即"相对于地形高度"模式。该模式可确保测量更匹配所需的地形高度，并减小规划出过于接近地面的航线的可能性。在开启地形跟踪模式后，QGC 将从 AirMap 服务器查询拍摄区域及其周围的地形高度，该操作需要保证地面站处于网络连接状态。

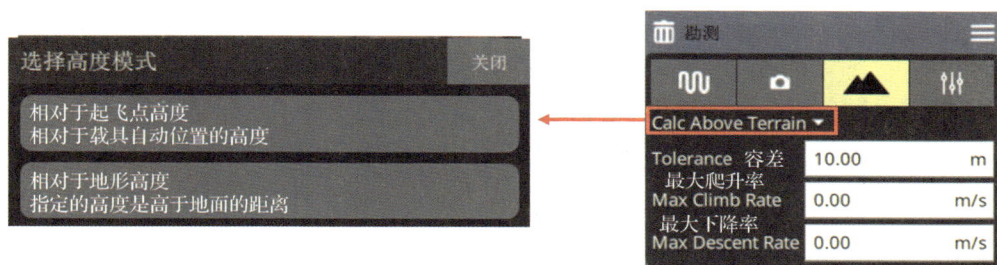

图 5.22　地形设置

（2）地形高度参数设置

启用地形跟踪模式后，地面站将显示容差、最大爬升速度、最大下降速度 3 个参数。合理地调整这 3 个参数可以帮助无人机更好地应对复杂多变的地形条件，确保调查任务的成功完成，保障飞行的安全。以下是 3 个参数具体作用说明。

① 容差：该参数定义了无人机相对于地形的飞行高度的允许偏差范围。例如，当实际地形起伏不平，只要地形高度变化大小在设置的容差范围内，无人机不会调整当前飞行高度。容差设置较大，无人机实际飞行高度变化会更加平稳；容差设置较小，无人机实际飞行高度变化会更接近实际地形高度变化，如图 5.23 所示。

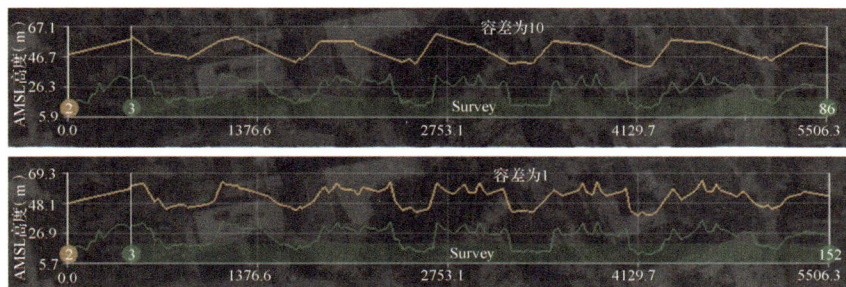

图 5.23　容差大小差异

② 最大爬升速度：该参数定义了无人机每秒可以上升的最大高度，作用是限制无人机在遇到上升地形时的上升速度，以确保飞行的安全性和稳定性。

③ 最大下降速度：该参数定义了无人机每秒可以下降的最大高度。

6. 预设

完成所有的勘测模式设置后，可将本次设置的参数保存为预设，以便下次直接调用。在任务命令列表中，单击最右侧图标按钮，再单击"Save Settings As New Preset"按钮，可在弹出的对话框中输入保存的预设名称以方便查找，如图 5.24 所示。选择对应的预设，单击"Apply Preset"可以应用该预设，单击"Delete Preset"可以删除预设。

图 5.24　预设

5.2.3　走廊扫描模式

走廊扫描模式是针对狭长地形或线性目标（如河流、道路、管道等）设计的航线规划模式。在这种模式下，用户可以指定一个狭长的扫描区域，系统会自动沿着该区域中心线生成飞行路径，并在两侧扩展一定的宽度以覆盖整个走廊区域。走廊扫描模式的主要作用是提高在狭长区域内的扫描效率，避免不必要的飞行，提高数据采集的精度并确保完整性，特别适用于线性基础设施监测和环境调查。

1. 设置走廊扫描模式

与设定勘测模式类似，走廊扫描模式同样可通过单击规划工具中的"文件"按钮，单击"Corridor Scan"按钮进行设置，也可以先进入空白模式后，单击规划工具中的"图案"按钮，步骤与设置勘测模式类似，选择"Corridor Scan"（走廊扫描）选项即可，如图 5.25（a）所示。

使用多边形工具创建基本型走廊，初始形态的基本型走廊只有左右两个端点用来控制中间的扫描区域，无法直接拖动扫描区域，如图 5.25（b）所示。

走廊扫描模式多用于道路、河流等长条形地形的勘测任务，与空白模式和勘测模式不同，走廊扫描模式通过标记线段的两个端点来设置扫描区域。对于较为复杂的折线路段，可以将其看成是由多条单独的线段组成，即一条折线由多条线段组成。单击线条中心的图标，创建新的顶点，将新建的顶点沿着所需扫描的区域拖动至多段折线的各个端点，如图 5.25（c）所示。

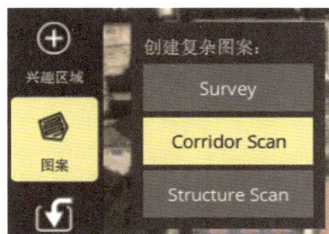

（a）进入走廊扫描模式

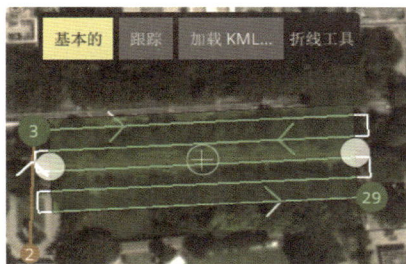

（b）基本型走廊

（c）多段折线

图 5.25　设置走廊扫描模式

2. 航摄参数设置

在航摄参数方面，走廊扫描模式与勘测模式绝大部分的参数设置都是一致的，只有一个宽度设置不同。对于重叠度、高度与地面分辨率等参数，若不熟悉的读者可翻看前文的内容。

宽度：该参数用于定义选取扫描路径的折线两边的扫描宽度。例如，设置宽度为 50m，以设定的两端点连线为中心线，左右各拓展 25m 作为扫描区域，如图 5.26 所示。该参数通常设置为所需扫描的道路或河面宽度，若不知道准确宽度，可通过调整参数大小，使扫描区域与卫星地图所示的感兴趣区域重合。

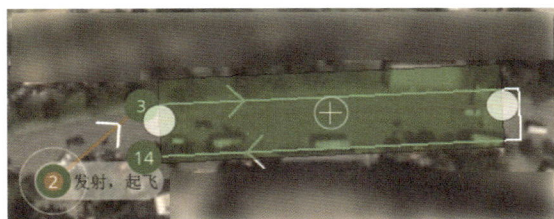

（a）25m宽度

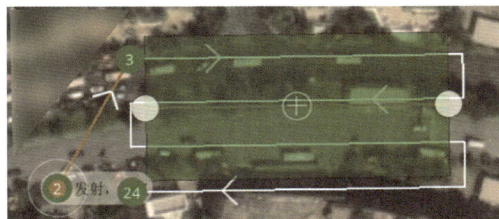

（b）50m宽度

图 5.26　宽度设置

5.2.4 建筑物扫描模式

建筑物扫描模式专门用于对单个建筑物或建筑群进行详细扫描和建模。用户可以在地图上选择建筑物的轮廓和高度参数，系统会自动生成围绕建筑物的螺旋上升或环绕飞行路径，以确保从多个角度和高度对建筑物进行全面扫描。该模式能够提供高精度的建筑物三维模型和详细的外观信息，在建筑测绘、城市规划、结构监测和文化遗产保护等领域具有重要作用。通过这种模式，用户能够获得精细的建筑物数据。

1. 设置建筑物扫描区域模式

与设定勘测模式类似，建筑物扫描模式同样可在规划工具中的"文件"菜单中进行设置。也可以先进入空白模式，然后单击规划工具中的"图案"按钮，步骤与设置勘测模式类似，选择"Structure Scan"（建筑物扫描）选项即可。

使用多边形工具可创建建筑物扫描区域，地面站提供两种建筑物扫描区域预设：基本型与环形，如图 5.27 所示。基本型为普通多边形区域，将感兴趣区域覆盖整个建筑外形轮廓，地面站将根据相机类型与地面分辨率大小设定距离合适的飞行航线，基本型预设适合绝大多数的建筑物类型；环形与圆形围栏类似，感兴趣区域为近似圆形的多边形，更改大小的方法也与圆形围栏基本一致，相比基本型多边形区域，环形多边形区域更适合用于拍摄圆形或类圆形建筑物。

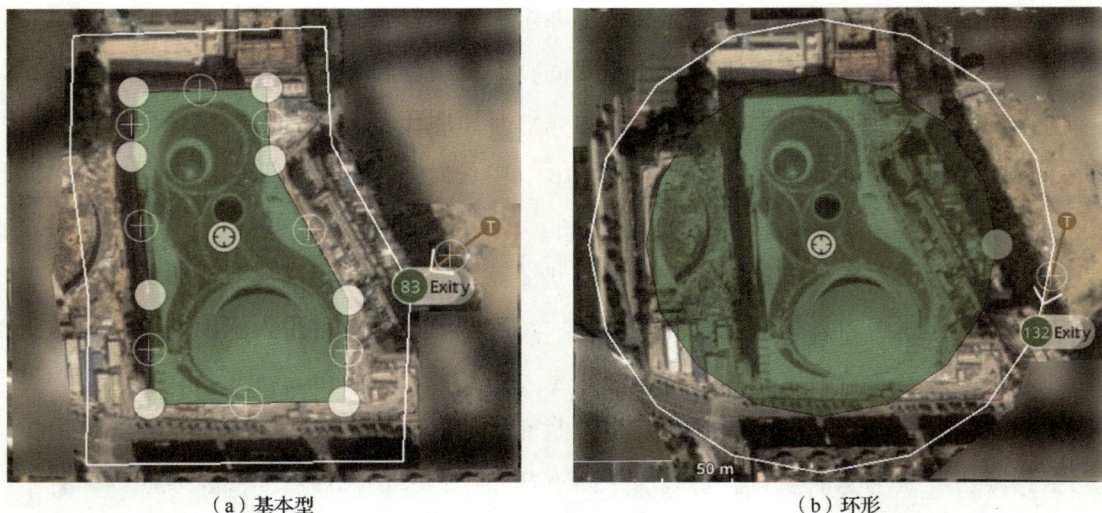

（a）基本型 （b）环形

图 5.27　设置建筑物扫描模式

2. 航摄参数设置

建筑物扫描模式、勘测模式和走廊扫描模式的航摄参数有一些相似之处，例如重叠度、地面分辨率设置和相机设置，最大的区别在于后两种模式的无人机拍摄的是平面物体，而建筑物扫描模式的无人机则会拍摄具有高度的建筑物。拍摄时，建筑物会被均匀地分层，无人机以特定的高度和距离绕建筑物飞行一圈，然后在每一层重复该过程，直到扫描整个表面。因此，建筑物扫描模式中引入了新的参数，如建筑物高度、底部扫描高度等，如图 5.28 所示。

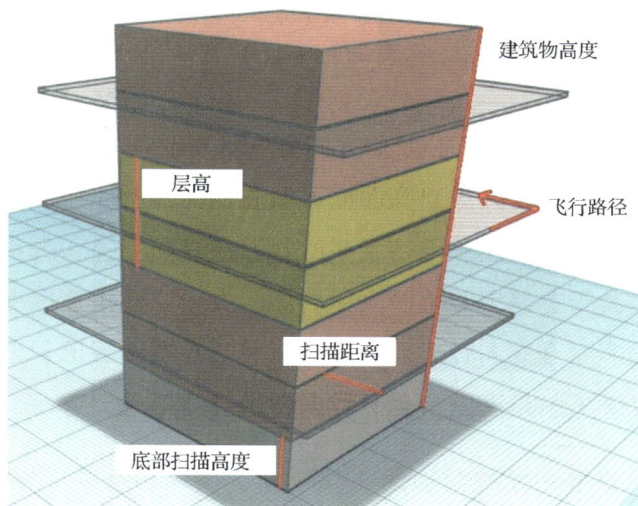

图 5.28　建筑物扫描过程示意

（1）重叠度

此模式中的航向重叠度与旁向重叠度在定义上与勘测模式中的定义正好相反。在勘测模式中，增大航向重叠度会增加在一条航线中所拍图像的张数，增大旁向重叠度会增加航线密度。而在建筑物扫描模式中，航向重叠度代表图像从上到下的重叠度（类似勘测模式中的旁向重叠度），增大航向重叠度会缩小扫描一层的层高，增加扫描层数。旁向重叠度代表图像在左/右方向上的重叠度，增大旁向重叠度会使每层扫描的张数增加，以获取更多的图像，如图 5.29 所示。

图 5.29　建筑物扫描模式的重叠度

（2）扫描距离与建筑物高度

扫描距离代表无人机和被摄物体之间的距离，如图 5.30 所示。由于被摄物体为建筑物，需要将扫描距离与建筑物高度进行区分。

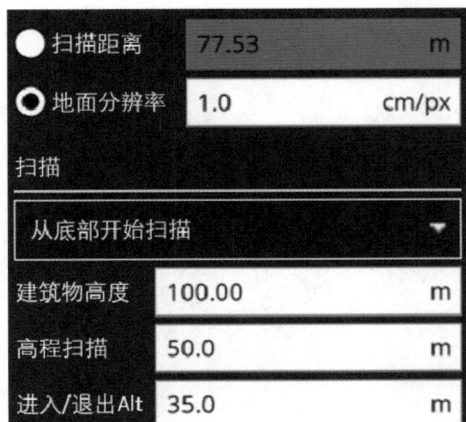

图 5.30　建筑物扫描模式的航摄参数

建筑物高度代表的是需要扫描的建筑物最高区域的高度，是决定无人机拍摄的高度限制。该参数大小可设置得比建筑物实际高度略高（建筑物实际高度为 100m 可设定为 110m），防止在最后飞行过程中因为无人机高度定位误差等原因导致建筑物没有拍摄完全。

要获得建筑物的高度，可尝试在网上搜索是否有相关资料或者询问物业公司，若都无法获取到准确的建筑物高度，可先将无人机升至建筑物楼顶，查看此时无人机的飞行高度，将该高度作为粗略高度。

（3）底部扫描高度

底部扫描高度在地面站中翻译为"高程扫描"，是指无人机在执行扫描任务过程中的最低飞行高度。在对建筑物进行扫描的过程中，建筑物周围通常会存在一些障碍物（如树木、路灯等），可将该参数设为高于建筑物周围障碍物的高度，以避免无人机触碰到建筑物底部周围的障碍物。

（4）从顶部/底部开始扫描

该参数用于设置无人机执行扫描任务的方式，即是从建筑物顶部向下扫描还是从建筑物底部向上扫描。

（5）进入/退出 ALT

该参数是指无人机在进入和退出扫描区域时的高度。设定该参数后，无人机会先在起飞点爬升至起飞高度，并从起飞点飞行到任务起始点，在飞行过程中逐渐降低或爬升飞行高度直至到达设定的"进入/退出 ALT",并在完成任务后返回这个高度,确保整个飞行过程安全顺利。

5.3　飞行模式详解

5.3.1　飞行模式

PX4 为多旋翼无人机提供 12 种飞行模式,如表 5.1 所示,相应符号与说明如表 5.2 所示。可根据是否需要遥控器分为两大类,一类是需要使用遥控器,人为进行控制操作;另一类是不需要使用遥控器,由无人机自主飞行控制。

表 5.1　飞行模式

| 模式 | 飞控是否提供辅助控制 | | | 位置传感器 | 概要 |
	横滚和俯仰	偏航	油门		
位置（飞行难度：简单）	S^+	S_{rate}	S^+	📍	在该模式下,遥控器的横滚、俯仰、油门摇杆控制相应轴/方向的移动。将所有摇杆置中,可以使无人机处于水平状态,并保持在固定的位置和高度来抵抗风力对无人机的影响。 • 使摇杆居中/位于遥控死区 可在任何水平姿态下保持无人机稳定。 • 摇杆在中心以外的位置时 横滚和俯仰摇杆分别控制机体在左/右和前/后方向相对于地面的水平速度。 油门摇杆控制上升、下降的速度。 偏航摇杆控制水平面上方的角速度。 • 起飞 当无人机在地面上时,如果油门杆抬高至 62.5%（从油门杆最低处开始）,无人机将起飞
高度（飞行难度：简单）	S	S_{rate}	S^+	(ALT)	该模式类似手动/自稳模式,但具有高度稳定功能（摇杆回中可使无人机恢复水平状态并保持固定高度）。但是无人机水平位置并不稳定,可能被风吹动。 • 摇杆回中/位于死区时 回中横滚、俯仰、偏航摇杆使机体水平。 油门（约 50%）保持当前高度稳定并抗风。 • 摇杆在中心以外位置时 横滚、俯仰摇杆用于控制各个方向的倾斜角,从而产生相应的左右和前后运动。 油门摇杆用于控制垂直方向的上升和下降速度。 偏航摇杆用于控制水平面上方的角速度。 • 起飞 当无人机在地上时,如果将油门摇杆抬高至 62.5%（从油门杆最低处开始）,无人机将起飞

模式	飞控是否提供辅助控制			位置传感器	概要
	横滚和俯仰	偏航	油门		

手动/自稳（飞行难度：中等）	S	S_{rate}	M		在该模式下，回正摇杆仅保持机体水平，但是无人机航向和姿态并不稳定，可能被风吹动。
					• 回正横滚和俯仰摇杆使机体水平
					• 摇杆在中心以外位置时
					    滚转/俯仰摇杆用于控制各个方向的倾斜角，控制无人机左右和前后的移动。
					    油门摇杆用于控制垂直方向的上升和下降速度。
					    偏航摇杆用于控制水平面上方的角速度

特技（飞行难度：困难）	S_{rate}	S_{rate}	M		用于执行特技动作的飞行模式，例如翻转、横滚和环绕。横滚、俯仰和偏航的控制杆控制围绕各个轴的旋转速率，而油门量则直接传递给控制分配系统。当操纵杆回到中心位置时，无人机将停止旋转，但会保持当前的姿态（如侧翻、倒置等），并根据当前的动量继续移动
环绕（飞行难度：简单）	—	—	—		由地面站发起的引导模式，用于无人机绕圈飞行，并且使无人机机头始终朝向地面站设置圆圈中心。 该模式必须由地面站启动，指定中心点、初始半径和高度。遥控是可选的，可设置轨道高度、半径、速度和方向。高度控制方法与位置模式相同
起飞	自动			📍	机体上升到起飞高度并保持该高度
降落	自动			📍	无人机降落在指定的位置
保持	自动			📍	无人机悬停在当前位置和高度
返航	自动			📍	无人机飞向安全位置。返航点取决于参数设置，并且可遵循任务路径和/或任务着陆模式（如果已定义）
任务	自动			📍	无人机执行已上传到飞控的预定义的任务或飞行计划
跟随	自动			📍	无人机自动跟随在移动设备运行 QGC 的用户
外部	自动			📍	无人机遵守 MAVLink 提供的位置、速度或姿态设定值。 设定值可以由机载计算机上运行的 MAVLink API（如 MAVSDK 或 MAVROS）提供（通常通过串口或 Wi-Fi 连接）

表 5.2　符号与说明

符号	说明
M	通过遥控摇杆手动控制。 遥控输入直接发送到控制分配系统
S	飞控协助稳定姿态，遥控输入是必需的。 遥控摇杆的位置映射到无人机的对应方向姿态角度

续表

符号	说明
S_{rate}	飞控辅助稳定姿态变化率，遥控输入是必需的。 摇杆的位置映射到无人机在该方向上的角速度
S^+	在飞控的辅助下可以保持位置或高度以抗风，遥控输入是必需的
自动	该模式是自动控制的（默认情况下禁用遥控控制，除非更改模式）
📍	测量位置高度所需要的传感器，例如光流计、GPS、气压计、视觉惯性里程计（Visual Intertial Odometry，VIO）
🔺ALT	测量所需高度的传感器，例如气压计、测距仪

5.3.2　手动遥控模式

在使用遥控器手动飞行的过程中，常使用位置、高度、手动/自稳 3 个模式，接下来将对这 3 个模式进行详细讲解。

1. 位置（Position）模式

位置模式是一种易于驾驶的遥控模式，其中横滚杆和俯仰杆分别用于控制左/右和前/后方向（相对于无人机的机头）无人机相对于地面的速度，而油门杆用于控制上升/下降的速度。当遥控杆被释放/回中时，无人机将主动制动使无人机整体保持水平，并根据 GPS 模块获取无人机在三维空间中的位置。飞控将主动补偿无人机受到的风或其他外力的影响，使无人机保持在当前位置。

位置模式是对新手而言最安全的手动模式。与高度和手动/稳定模式不同，当摇杆居中时无人机将停止运动，而不是继续运动直至静止。图 5.31 直观地展示了该模式的操作（基于"美国手"遥控器）。

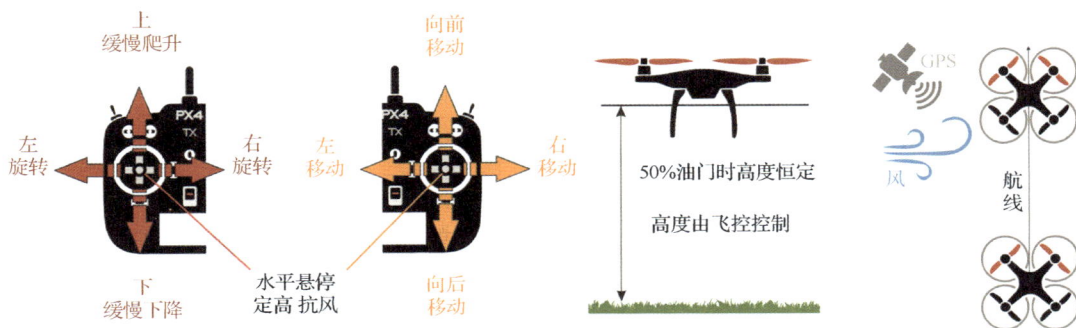

图 5.31　位置模式操作示意

（1）降落

在该模式实现无人机降落比较容易。首先使用横滚杆和俯仰杆控制无人机于降落点上方保持水平，然后松开横滚杆和俯仰杆并等待无人机悬停。最后轻轻下拉油门杆直到机体触碰地面，无人机将降低螺旋桨推力，检测地面并自动落锁（默认）。

（2）降落注意事项

虽然该模式的降落操作较为简单，但部分校准不佳的无人机在降落过程中仍然会出现问题，下面是常见问题的解决方法。

① 无人机无法停止水平移动：在这种情况下，可以在高度模式下控制无人机降落。除了必须使用横滚杆和俯仰杆手动确保机体保持在降落点上方，降落方法与上述相同。无人机降落后应检查 GPS 和磁罗盘方向并进行校准。

② 无人机未检测到地面并落锁：无人机在降落至地面后，电机仍在持续运转没有主动上锁。此时应切换到手动/自稳模式，保持油门杆处于最低位，使用摇杆或其他命令手动上锁。

（3）技术总结

此模式需要手动输入信号（通过遥控器，或通过 MAVLink 的游戏手柄/拇指摇杆），以及具备 GPS 信号。遥控器的横滚、俯仰、油门摇杆控制无人机在相应轴/方向的移动。将所有摇杆置中，可以使无人机处于水平状态，并保持在固定的位置和高度。

2. 高度（Altitude）模式

高度模式是一个相对容易控制无人机的遥控模式，横滚和俯仰杆分别用于控制无人机在左/右和前/后方向上的运动（相对于无人机的机头），偏航杆控制水平面上的旋转速率，油门杆控制上升/下降的速度。

当横滚和俯仰杆被释放/回中时，无人机将恢复水平并保持当前的高度。如果在水平面上运动，无人机将继续运动直到静止。如果此时有风，无人机会向风的方向偏移。

高度模式是对于新手而言最安全的非 GPS 手动模式。它类似手动/稳定模式，但是在松开摇杆时可以保持机体高度。图 5.32 直观地展示了该模式的操作（基于"美国手"遥控器）。

此模式需要手动输入信号（通过遥控器，或通过 MAVLink 的游戏手柄/拇指摇杆），通常使用气压计测量高度，在极端天气条件下可能会不准确。带有激光雷达/距离传感器的无人机将能够以更高的可靠性和准确性控制高度。但是无人机水平位置并不稳定，可能被风吹动。

① 摇杆回中/位于死区时，机体水平，保持当前高度稳定并抗风。

② 摇杆在中心以外位置时：滚转/俯仰摇杆控制不同方向的倾斜角，从而产生相应的左/右和前/后运动。油门摇杆以预定的最大速率（和其他轴上的移动速度）控制上升速度。偏航摇杆控制水平面上方的角速度。

③ 起飞：当无人机在地上时，如果油门摇杆抬高至 62.5%（从油门杆最低处开始），无人机将起飞。

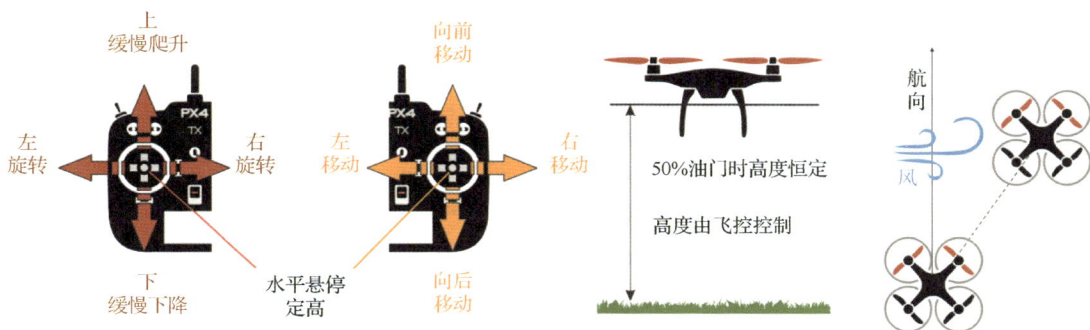

图 5.32　高度模式操作示意

3. 手动/自稳（Manual/Stabilized）模式

手动/自稳模式是一个相对比较难控制的模式。在手动/自稳模式控制下，横滚杆和俯仰杆分别用于控制无人机和各个轴的角度（姿态），偏航杆控制水平面上方的角速度，油门杆控制高度/速度。一旦释放摇杆，它们将回中。

横滚摇杆和俯仰摇杆居中时，多旋翼无人机将平稳并停止运动。无人机将悬停在适当的位置/保持高度，但前提是平衡得当，油门设置适当并且没有施加任何外力（如风）。若有风，无人机将朝着风的方向偏移，飞手必须控制油门以保持高度，如图 5.33 所示。

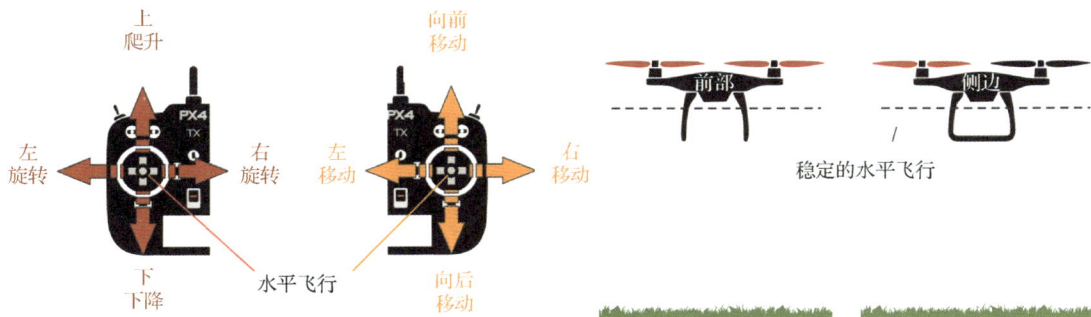

图 5.33　手动/自稳模式操作示意

飞手输入的横滚角俯仰角以及偏航角速率指令被直接传递给飞控，油门会经过线性缩放重新调节后再传递到控制分配系统，由飞控控制无人机姿态。当遥控器摇杆居中时，此时无人机的横滚角和俯仰角为零（因此姿态水平）。飞控并不能补偿由风（或其他来源）引起的无人机偏移情况。

5.3.3 自动遥控模式

1. 起飞（Takeoff）模式

在起飞模式下，无人机起飞到指定高度并等待进一步的输入，若飞手在起飞过程中移动遥控器摇杆，默认情况下会将无人机切换至位置模式，除非触发电池失效保护功能。

该模式需要先解锁无人机，并且需要良好的位置定位信息，例如 GPS 信息。此模式属于自动模式，无须用户干预即可控制无人机，若在起飞过程中出现故障，故障检测器将自动关闭电机。该模式受表 5.3 所示的参数影响。

表 5.3　起飞模式有关参数

参数	说明
MIS_TAKEOFF_ALT	起飞期间的目标高度（默认值：2.5m）
MPC_TKO_SPEED	上升速度（默认值：1.5m/s）

2. 降落（Land）模式

无人机将降落在该模式所指定的位置。无人机以 MPC_LAND_SPEED 参数指定的速度下降，降落后会上锁（默认），在降落过程中移动遥控器摇杆会将无人机切换至位置模式，除非触发电池失效保护功能。降落模式受表 5.4 所示的参数影响。

表 5.4　降落模式有关参数

参数	说明
MPC_LAND_SPEED MPC	着陆过程中的下降速率。鉴于地面情况未知，这个值应该设得相当小
COM_DISARM_LAND	降落后自动上锁的时间，以秒为单位。如果设定为-1，无人机将不会在着陆时上锁

3. 返航（Return）模式

返航模式用于使无人机沿着畅通无阻的路径飞向安全目的地，抵达目的地后无人机可以等待（悬停或盘旋）或着陆。地面站提供了几种机制来选择安全的返航类型，可通过更改 RTL_TYPE 参数实现，具体如下。

① 返航到起始位置/集结点（RTL_TYPE=0）：上升到安全高度并通过直线路径返回最近的集结点或起始地点。

② 任务着陆点/集结点返回（RTL_TYPE=1）：上升到安全高度，直飞至除起始点外最近的目的地、集结点或任务着陆点。如果未定义任务着陆点或集结点，则直接返回起始位置。

③ 任务路径返航（RTL_TYPE=2）：使用任务路径执行任务着陆（如果已定义）。如果未定义任务着陆点，则将返回任务起始位置。如果没有定义任务路径，直接返回起飞点（集结点将被忽略）。

④ 最近的安全目的地返航（RTL_TYPE=3）：上升到安全高度并直接返回最近的目的地（起始位置、任务着陆点或集结点）。

4. 保持（Hold）模式

保持模式（又称"盘旋模式"）用于使无人机停止并保持其当前位置和高度（多旋翼无人机将悬停在此位置，而固定翼飞行器将围绕该点盘旋）。保持模式可用于暂停任务或帮助飞手在紧急情况下重新获得对无人机的控制，它通常通过预编程开关激活。

该模式需要良好的位置定位信息，例如 GPS 信息。此模式属于自动模式，无须飞手干预即可控制无人机。在无人机移动过程中移动遥控器摇杆，默认情况下会将无人机切换到位置模式，除非触发电池失效保护功能。该模式受表 5.5 所示的参数影响。

表 5.5　保持模式有关参数

参数	说明
MIS_LTRMIN_ALT	保持模式下无人机的最小高度（如果保持模式启动时无人机在较低位置，将上升到此高度）
COM_RC_OVERRIDE	控制多旋翼的摇杆移动量来切换到位置模式。可以分别为自动模式和外部模式启用此功能，默认情况下在自动模式下启用此功能
COM_RC_STICK_OV	使遥控器切换到位置模式的摇杆移动量（如果 COM_RC_OVERRIDE 已启用）

5. 任务模式

在任务模式下，无人机执行已上传到飞行控制器的预定义自主任务（飞行计划）。通常使用地面站应用程序（如 QGC）创建和上传任务。这些任务也可以由开发者通过 API 创建并在飞行中上传。由于任务是上传到飞控的 SD 卡中，因此在启动飞控之前，需先插入 SD 卡。

在无人机飞行过程中，可通过激活保持模式暂停任务。当重新激活任务模式时，无人机将继续执行当前任务。在任务模式下飞行时，若决定中止任务并切换到其他飞行模式（如位置模式），通过遥控器使无人机飞到其他地方，然后切换回任务模式，无人机将在当前位置继续执行任务，并飞往下一个未访问的任务航点。

需要注意的是，在切换到其他遥控器模式之前，应确保油门不为零（否则无人机将坠毁）。建议在切换到任何其他模式之前将油门摇杆置中。

第6章
四旋翼无人机组装实战

6.1 选购指南

读者在经历前面一系列基础知识的学习之后，现在可以进入挑选无人机零配件并组装的阶段。接下来将详细说明如何选择适合的无人机零配件。

1. 机架选购

组装无人机的第一步是明确无人机的应用场景，然后根据应用场景选择合适的机架。例如，若目标是以尽可能低的价格组装无人机，则可以选择 250mm 或 330mm 轴距的机架，这类机架小巧且价格便宜，相应的电机和电调也不需特别强大，从而进一步降低整机成本。

如果打算在此基础上搭载小型开发板（如树莓派、香橙派等）及视觉摄像头，并参加无人机比赛，则建议选择 330mm 轴距的机架。特别是一些比赛（如"全国大学生电子设计竞赛"）对无人机的尺寸有明确要求，需要使用 330mm 轴距的机架。

如果目标是组装无人机以完成测绘等任务，则需要根据负载质量选择合适的机架。由于相机云台、激光雷达等传感器设备较重，需要无人机提供更大的升力，因此螺旋桨的尺寸应尽可能大。螺旋桨尺寸受机架尺寸限制，因此在选择机架时应尽量挑选更大的机架，建议机架轴距在 450mm 以上。

本书假定应用场景为无人机室内避障，因此机体不宜过大。另外，无人机需要搭载小型开发板运行避障算法，并且搭载视觉摄像头进行避障操作。综合考虑之后，选取 F330 作为演示机架。

2. 动力系统选购

在动力系统选购方面，电机的大小受限于机臂上电机安装孔位的限制，不能无限制地增大。通常在购买机架时，产品详情页都会给出推荐电机、电调与桨叶的尺寸。如果详情页中没有给出，可以尝试询问卖家，用卖家给出的推荐配置进行筛选会比从头开始筛选配件简单得多。以 F330 机架为例，卖家推荐 2208～2212 系列电机、电调为 20～30A，螺旋桨为 8 寸正反桨。

（1）电机选购

在选购电机时，需要综合对比不同电机的最大拉力、提供无人机悬停所需拉力时的力效以及价格。通常来说尺寸较大的电机一方面能够提供更大的拉力，另一方面能提供更低的 KV 值，在相同拉力的情况下，KV 值较低的电机力效较高。

对比 2208 与 2212 电机的价格可发现，同一品牌下两者的价格差异较小。在这种情况下，建议选择具有低 KV 值的 2212 系列电机。为了降低无人机零配件成本，本书选择了性价比较高的朗宇电机作为示例。朗宇 2212 系列电机包括入门款 A2212 与进阶款 X2212，如果无人机无负载，选择价格更低的 A2212 电机即可。但若对负载质量与续航时间有较高要求，推荐选择 X2212 电机。本书以 X2212 电机为例进行说明。

（2）螺旋桨与电池选购

螺旋桨选购相对简单。为延长无人机的续航时间，在机架承受范围内应选择最大尺寸的螺旋桨。螺旋桨尺寸与无人机轴距的关系符合式（6.1）和式（6.2），其中无人机轴距为 $2R$，螺旋桨半径为 r，轴臂个数为 n，两相邻轴臂夹角为 α。

$$r_{\max} = R\sin\frac{\alpha}{2} \tag{6.1}$$

$$\alpha = \frac{2\pi}{n} \tag{6.2}$$

通过计算可知，330mm 轴距的机架最大支持 8 寸的螺旋桨。

电池的选购则相对复杂。首先，不同芯数的电池驱动电机时，耗电能力各不相同。其次，若希望增大电池容量以提升无人机续航时间，则需考虑电池尺寸增大，无人机是否能够装下，以及电池质量增加导致电机耗电量增加的问题。因此，电池选择是多方面因素共同决定的。

在选购电池时，首先，需要明确机身装载电池的空间尺寸（长、宽、高），选购的电池尺寸不能超过机身电池仓的大小。其次，可通过电机厂商提供的电机拉力表，根据电机在不同电压下力效的高低确定合适的电池芯数。最后，根据式（6.3）计算需要多大容量的电池：

$$飞行时间（min）= \frac{电池总能量（W\cdot h）}{电机总功率（W）} \times 60 = \frac{电池容量（A\cdot h）}{电机电流（A）} \times 60 \tag{6.3}$$

（3）电调选择

电调选择在电机与电池都确定以后进行，同一款电机在高芯数与低芯数的电池驱动下，电流大小不同，需要根据官方拉力表给出的数值选择电调。以朗宇 X2212 电机为例，在 4S 电池电压下，电机达到最大拉力时所需电流为 16.4A，因此选择 20A 电调即可。

3．选购网站

除了上述方法，还可以通过第三方设计的无人机性能预估网站进行选型分析。本书推荐 Flyeval 网站，如图 6.1 所示。

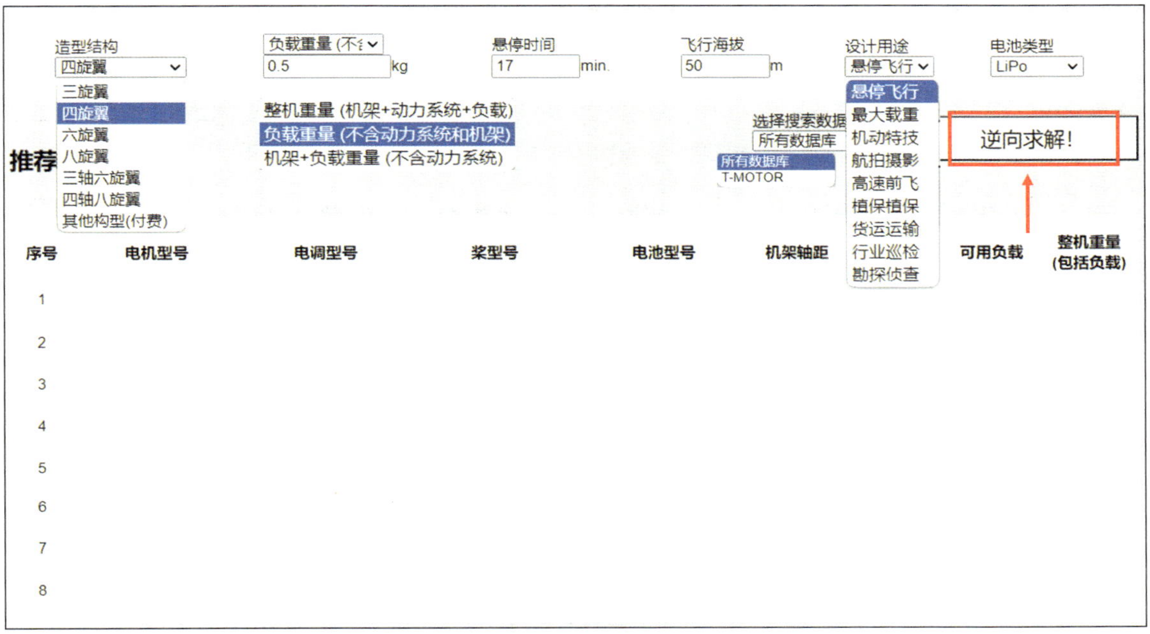

图 6.1　飞行评测页面

进入该网站后，单击"设计"按钮，在飞行评测页面可选择无人机的造型结构，包括三旋翼、四旋翼、六旋翼等无人机类型，默认选择四旋翼。填入无人机预期的"整机质量""负载质量"或"机架+负载质量"，"悬停时间"，"飞行海拔" 3 项基本性能指标。

根据无人机组装后预期使用功能，在"设计用途"下拉框中选择合适的选项，不同用途对应的无人机配置略有不同。"电池类型"中，航模电池默认为"LiPo"，不需要更改。

在搜索数据库中可选择"所有数据库"或"T-MOTOR 数据库"，选用"所有数据库"时，系统会根据数据库中所有品牌推荐电机、电调等配件的型号。若选用"T-MOTOR 数据库"，则只推荐 T-MOTOR 品牌中已有型号。通常情况下，使用"所有数据库"进行筛选即可。

所有选项设置完成后，单击"逆向求解！"按钮，该网站将根据所给参数列举多套推荐配置。本书示例为，使用四旋翼无人机，搭载微型开发板、视觉摄像头，假设"负载质量"为 0.4kg，"悬停时间"为 15min，因在室内进行避障工作，"飞行海拔"设置为 50m。该无人机对于快速飞行、载重等能力没有要求，"设计用途"选择"悬停飞行"。根据上述性能指标，该网站给出图 6.2 所示的推荐配置。读者可在推荐配置的基础上挑选无人机配件。

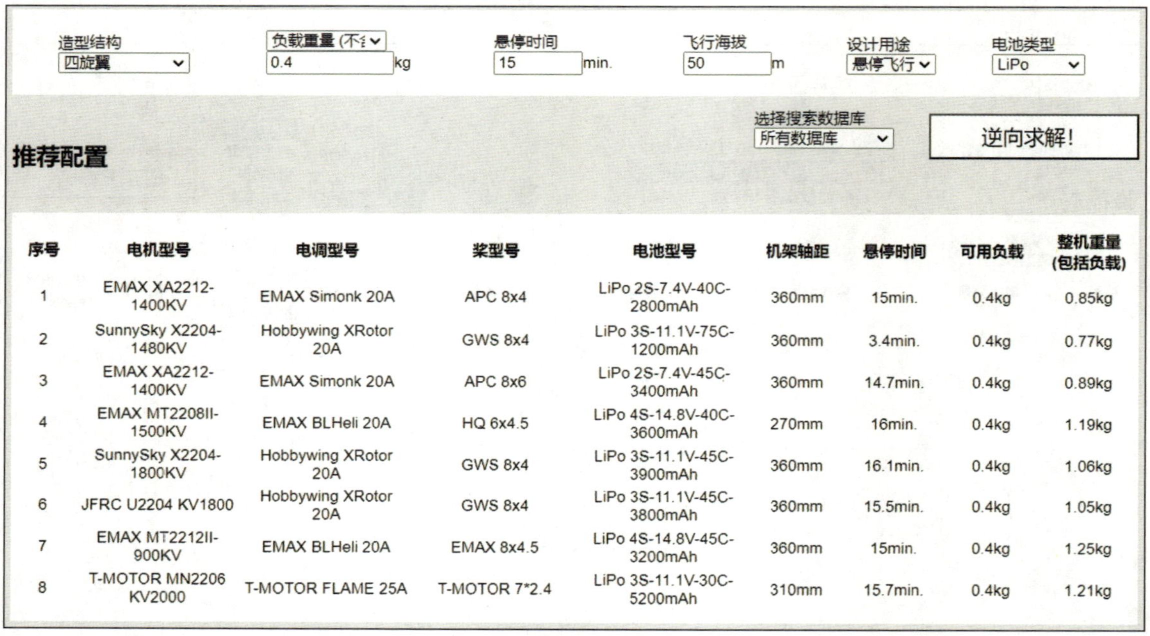

造型结构	负载重量 (不包括)	悬停时间	飞行海拔	设计用途	电池类型
四旋翼 ▼	0.4 kg	15 min.	50 m	悬停飞行 ▼	LiPo ▼

选择搜索数据库
所有数据库 ▼

逆向求解！

推荐配置

序号	电机型号	电调型号	桨型号	电池型号	机架轴距	悬停时间	可用负载	整机重量（包括负载）
1	EMAX XA2212-1400KV	EMAX Simonk 20A	APC 8x4	LiPo 2S-7.4V-40C-2800mAh	360mm	15min.	0.4kg	0.85kg
2	SunnySky X2204-1480KV	Hobbywing XRotor 20A	GWS 8x4	LiPo 3S-11.1V-75C-1200mAh	360mm	3.4min.	0.4kg	0.77kg
3	EMAX XA2212-1400KV	EMAX Simonk 20A	APC 8x6	LiPo 2S-7.4V-45C-3400mAh	360mm	14.7min.	0.4kg	0.89kg
4	EMAX MT2208II-1500KV	EMAX BLHeli 20A	HQ 6x4.5	LiPo 4S-14.8V-40C-3600mAh	270mm	16min.	0.4kg	1.19kg
5	SunnySky X2204-1800KV	Hobbywing XRotor 20A	GWS 8x4	LiPo 3S-11.1V-45C-3900mAh	360mm	16.1min.	0.4kg	1.06kg
6	JFRC U2204 KV1800	Hobbywing XRotor 20A	GWS 8x4	LiPo 3S-11.1V-45C-3800mAh	360mm	15.5min.	0.4kg	1.05kg
7	EMAX MT2212II-900KV	EMAX BLHeli 20A	EMAX 8x4.5	LiPo 4S-14.8V-45C-3200mAh	360mm	15min.	0.4kg	1.25kg
8	T-MOTOR MN2206 KV2000	T-MOTOR FLAME 25A	T-MOTOR 7*2.4	LiPo 3S-11.1V-30C-5200mAh	310mm	15.7min.	0.4kg	1.21kg

图 6.2　推荐配置

6.2　F330 无人机组装

6.2.1　前期准备

1. 器材清单

此处给出 F330 无人机组装所用器材清单供读者参考（见表 6.1 与图 6.3），读者可自行在购物网站上选购，也可替换器材。

表 6.1　F330 无人机器材清单

类型	名称	数量
机架	F330 无人机机架	1 套
	F330 无人机脚架（选装）	1 套
	碳纤维桨叶保护罩（选装）	4 件
电机	朗宇 X2212Ⅲ电机	4 台
电调	好盈乐天 20A 电调	4 件

续表

类型	名称	数量
桨叶	乾丰正反桨 8045	2 对
飞控模组	Pixhawk 2.4.8 飞控	1 件
	乐迪 Pixhawk 电流计	1 件
	飞控减震板	1 件
GNSS 模块	M8N Pixhawk GPS 模块	1 件
	GNSS 模块支架	1 件
电池	格氏　4S　3300mAh 30C　XT60 航模电池	2 件
遥控模块	乐迪　AT9S Pro 遥控器	1 件
	乐迪　R9DS 接收机	1 件
	乐迪　PRM-03 OSD 回传模块（选装）	1 件
零配件	M3×6 内六角螺丝（建议购买）	16 枚
	桨叶平衡器（选购）	1 件

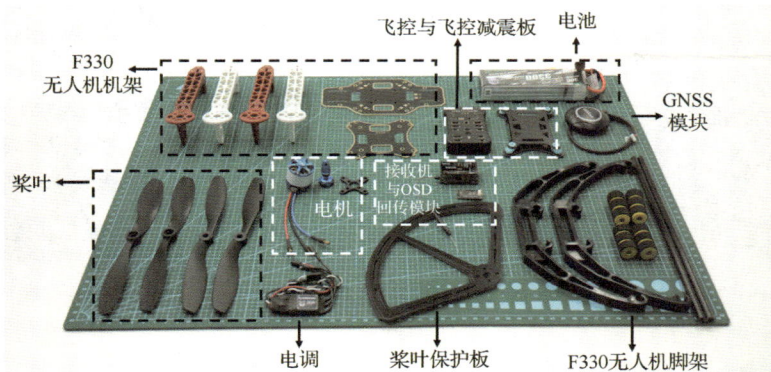

图 6.3　F330 无人机器材

2．准备工作

除了购买必备的无人机材料，还需要购买组装无人机需要使用的一些工具及材料，如表 6.2 和图 6.4 所示。

表 6.2　辅助工具和材料

名称	用途
多合一螺丝刀	安装机架与电机
尼龙扎带	捆绑线材、电调

续表

名称	用途
电烙铁、焊锡	将电调焊接至分电板
XT60 公头及长度 100mm 的 14AWG 红/黑硅胶线	组装电源端口
剪线钳、剥线钳、尖嘴钳（选购）	裁剪电线
泡沫双面胶	粘贴 GPS 与飞控
绝缘胶带	防止电线与焊点短路
焊接夹具（选购）	方便焊接电线
万用表（选购）	检测短/断路及电压情况等

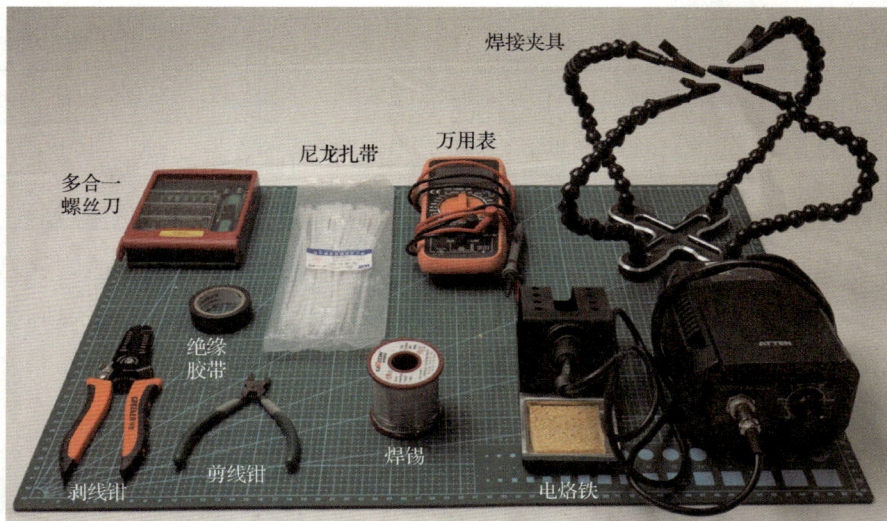

图 6.4　辅助工具和材料

6.2.2　组装步骤

1. 静平衡处理

取出购买的两对正反桨，先对无人机桨叶进行静平衡检查，校正螺旋桨两侧质量误差。安装好平衡器，如图 6.5（a）所示，将中心平衡轴穿过螺旋桨桨毂并用平衡法兰固定，调整平衡法兰使桨叶位于中心部位。注意不要拧紧平衡法兰，需要使桨叶能较为轻松地在平衡轴上旋转，如图 6.5（b）所示。

将螺旋桨放置在平衡器上，用手将螺旋桨调至平衡后松开手，观察螺旋桨是否能在平衡器上保持平衡。若出现图 6.5（c）所示的两侧不平衡现象，需要使用黏性较大的胶带进行静平衡处理，如图 6.5（d）所示。

依次对 4 个螺旋桨桨叶进行上述操作，确保所有螺旋桨桨叶保持静平衡后进入下一步工作。

（a）平衡器

（b）安装桨叶

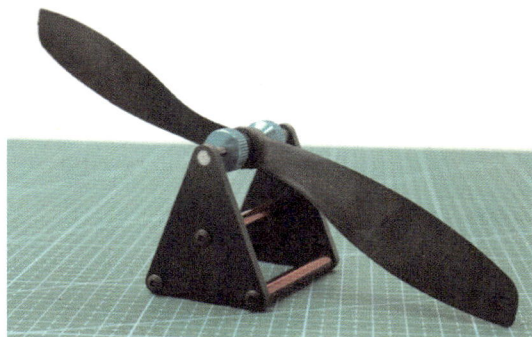

（c）不平衡

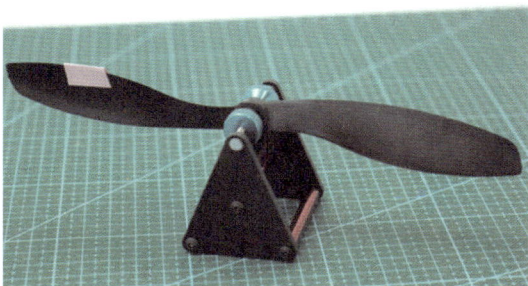

（d）平衡

图 6.5　静平衡处理

2．电机安装

电机材料如图 6.6 所示。打开电机包装盒，取出电机本体、子弹帽、桨座、原装螺丝，朗宇 X2212Ⅲ电机原装配有 3 枚 M2×4 与 6 枚 M3×4 螺丝，M2 螺丝用于连接电机本体与桨座，M3 螺丝用于将电机与机臂进行连接，但由于 F330 机臂较厚，原装 M3 螺丝长度不足以将电机固定，建议另购 M3×6 螺丝进行组装。

电机顶部与桨座上均有 3 个螺丝孔，使用 M2 螺丝将桨座安装在电机顶部，并使用 4 枚 M3 螺丝将电机与机臂相连，如图 6.7 所示。首先，在安装的过程中需要注意，桨座在电机顶部可以滑动，确保螺丝准确安装进电机螺丝孔后再拧紧。其次，电机三相电源线摆放方向应该与机臂方向保持一致。重复上述操作直至将 4 台电机全部安装在机臂上，如图 6.8 所示。

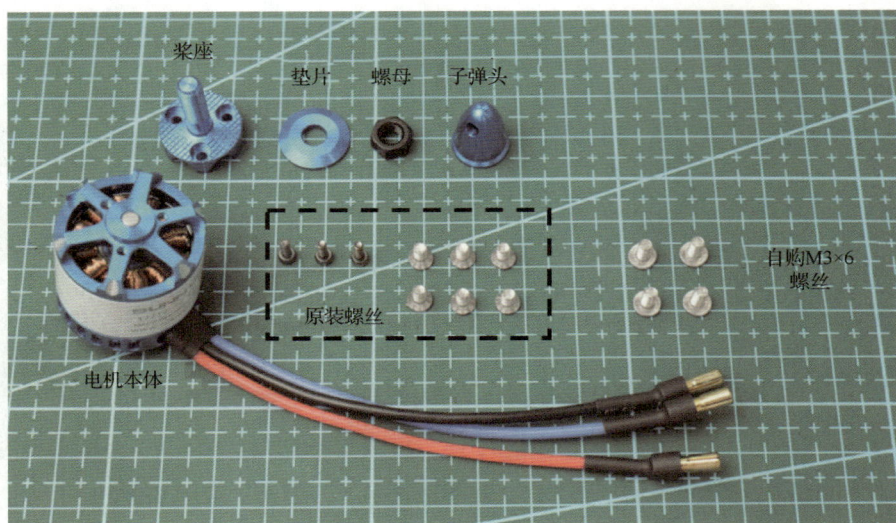

图 6.6　电机材料

（a）电机与桨座螺丝孔位

（b）安装桨座螺丝

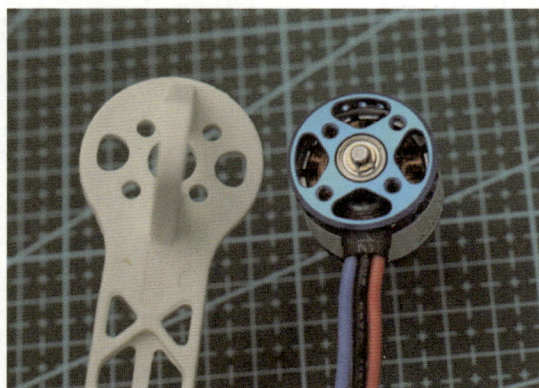

（c）电机与机臂螺丝孔位

（d）安装电机螺丝

图 6.7　电机安装过程

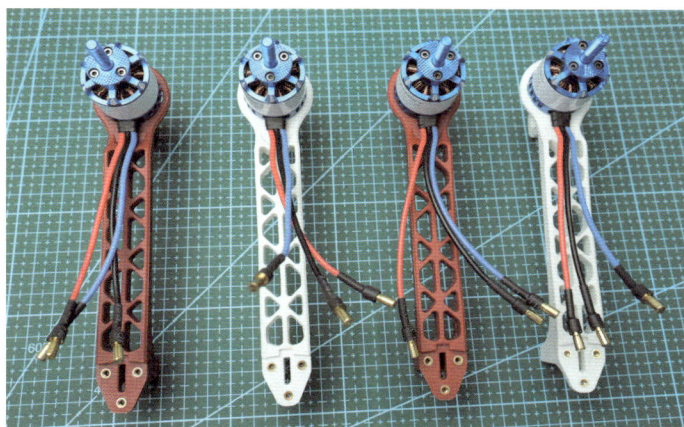

图 6.8　电机安装完成效果

3. 分电板预上锡

分电板是机架的两块沉金板中较大的一块，也是 F330 无人机的底板。分电板预上锡是在电源与电调正负极端口上预先焊上焊锡，方便后续对电源端口与电调的焊接工作。

在使用电烙铁之前，需将电烙铁的清洁海绵用水沾湿，随后将电烙铁温度设定在 350℃左右，以方便快速将焊锡融化。在电烙铁预热的过程中，抽取出较长一段焊锡，将焊锡对折并拧成麻花状以方便后续大量上锡。当电烙铁预热完成后，可以先将电烙铁在沾湿水的海绵上轻蹭，除去残留的杂质，然后将焊锡焊接在分电板预留的正负极接口上，分电板预上锡的过程如图 6.9 所示。

在焊接过程中可以为连接端口尽量多上焊锡，使焊锡更为圆润与饱满，如图 6.9（d）所示。

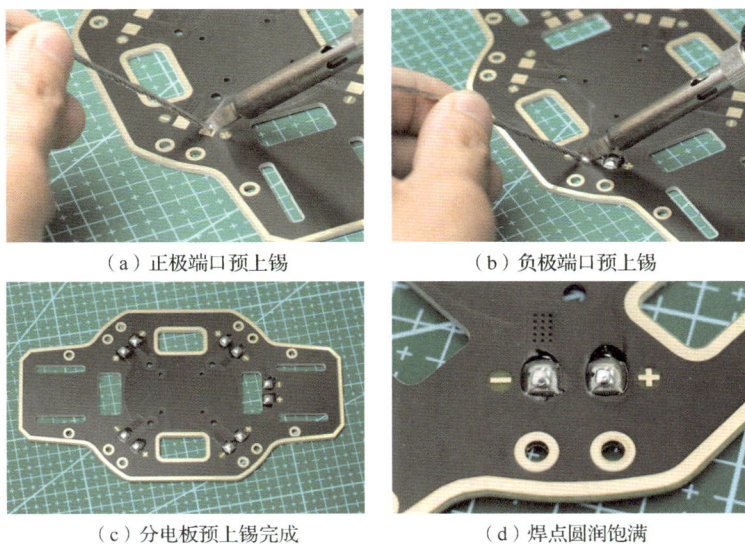

（a）正极端口预上锡　　　　　　（b）负极端口预上锡

（c）分电板预上锡完成　　　　　　（d）焊点圆润饱满

图 6.9　分电板预上锡过程

4. 制作电源端口

电源端口可以网上购买成品，也可以自行制作，自行制作过程如下。先使用剪线钳将红/黑硅胶线裁剪到合适的长度（使 XT60 接头超出分电板一小部分距离）。然后使用剥线钳将硅胶线两头的胶皮剥离，露出内部的电线，如图 6.10 所示。

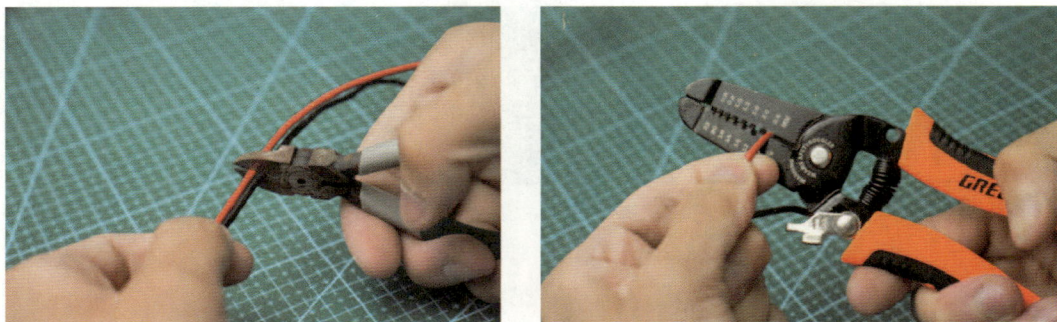

图 6.10　裁剪硅胶线

使用焊接夹具固定 XT60 公头，使用电烙铁与焊锡为 XT60 填充上焊锡，焊锡的量略微超出连接端口即可，不宜过多。上锡完成后直接将红/黑硅胶线一端插入焊锡当中，等待焊锡冷却将硅胶线固定，如图 6.11 所示。若焊锡不足，可以手动添补焊锡。

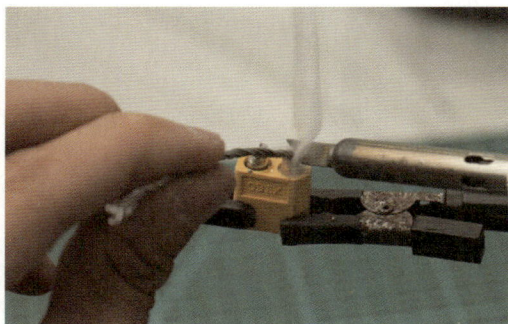

（a）XT60负极端口预上锡

（b）XT60正极端口预上锡

（c）XT60焊接负极黑线

（d）XT60焊接正极红线

图 6.11　制作电源端口

在将硅胶线与 XT60 公头焊接的过程中，应注意 XT60 接头分正/负极。在接头侧面标有"−"与"+"号，如图 6.12 所示，黑线需要焊接至"−"号所示位置。

图 6.12　XT60 负极标识

5. 裁剪电调电源线

取出购买的电调，电调一端为三相电源接口，用于连接电机的三相电源线；另一端有红/黑硅胶线与信号线，用于与分电板和飞控相连。电调出厂的红/黑硅胶线预设长度较长，由于机身内部空间狭小，为了不挤占电池空间，需要将其裁剪至合适长度。

将电调穿过机臂放置于分电板上，比较电源线与分电板连接端口处的距离，裁剪电调电源线至其略微超出分电板连接端口一小部分距离，如图 6.13（a）和（b）所示。

使用剥线钳对裁剪后的电源线进行剥线操作，将电调电线与电源电线剥掉外皮的铜丝拧成麻花状后固定在焊接夹具上预上锡，以便后续与分电板进行焊接，如图 6.13（c）和（d）所示。

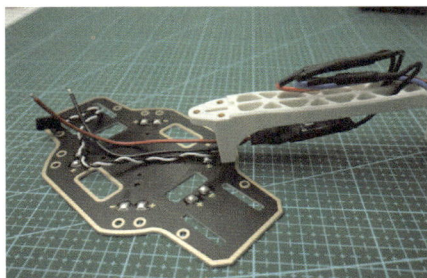

（a）比对电调供电线距分电板端口长度

（b）裁剪电调供电线

（c）电线铜丝拧成麻花状

（d）供电线预上锡

图 6.13　裁剪电调电源线

6. 焊接电调与电源端口

将预上锡的电源端口、电调电源线依次焊接至分电板中。电源端口应焊接在分电板正中间处，如图6.14（a）和（b）所示。在其余4个对角线区域焊接电调电源线，焊接过程中需注意正/负极方向，即红线接正极、黑线接负极，如图6.14（c）所示。焊接完成后如图6.14（d）所示。

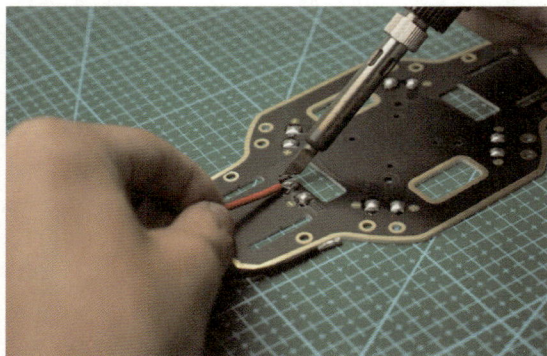

（a）主电源线正极焊接

（b）主电源线负极焊接

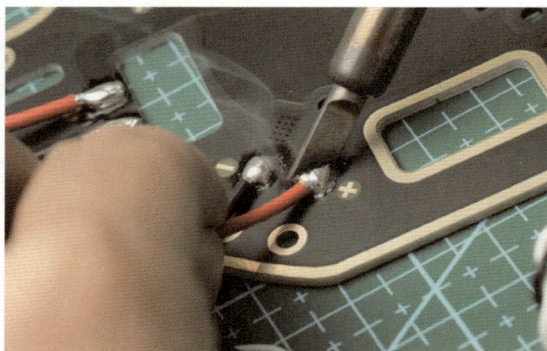

（c）电调电源线正极焊接

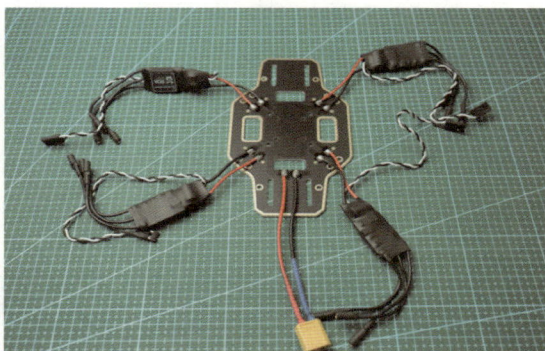

（d）焊接完成效果

图6.14　焊接电源端口与电调电源线

7. 检测短/断路

为了防止在焊接时因为操作失误导致分电板短/断路，建议使用万用表对分电板进行检测，如图6.15所示。首先将万用表调至蜂鸣挡，将红、黑表笔短接以模仿短路情况，此时万用表应发出蜂鸣提示声，若无提示声请检查万用表是否损坏。

依次对分电板上所有焊点进行测试，将红、黑表笔连接在黑线焊接处，由于负极都是连通状态，此时万用表应发出提示音，若无提示音请调整红、黑表笔连接，以防止接触不良导致检测失误。如果始终没有提示音，说明负极可能存在断路情况，需要更换新的分电板。

将红表笔连接在正极即红线焊接位置，黑表笔连接在负极即黑线焊接位置，此时万用表不应发出蜂鸣声。若万用表发出蜂鸣声，可能代表该位置存在短路，需要进一步排查。

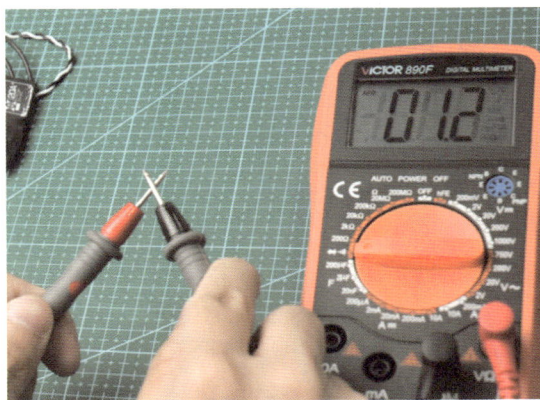

（a）旋至蜂鸣挡　　　　　　　　　　　　（b）红、黑表笔短接

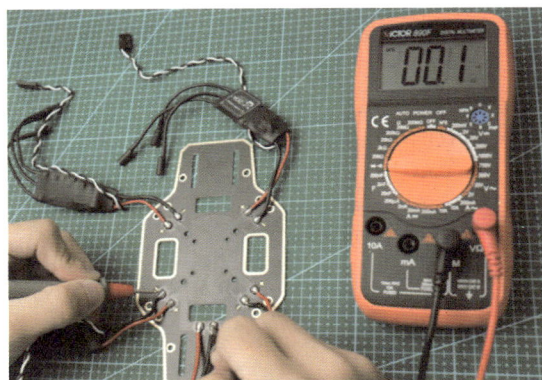

（c）检测负极是否存在断路　　　　　　　　（d）检测正负极是否存在短路

图 6.15　检测短/断路

8. 机臂安装

F330 飞行平台机臂下方有一条缝隙，在安装机臂时，需要先将电调的数据线塞入机臂缝隙中，然后使用螺丝进行固定，如图 6.16 所示。

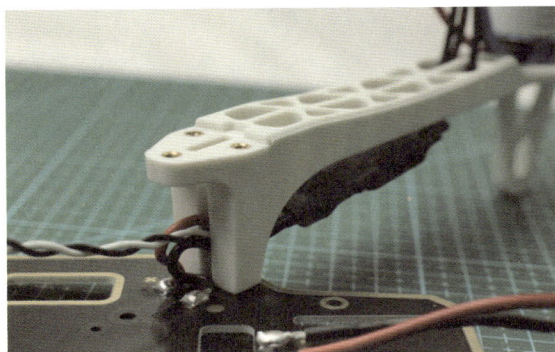

（a）电调的数据线穿过机臂缝隙　　　　　　（b）安装机臂

图 6.16　机臂安装

9. 电机连接及测试

安装完机臂后，需要将电调的三相电源线与电机的三相电源线相连并进行测试，如图 6.17 所示。无须指定电调与电机的连接顺序，随意连接即可。在后续测试过程中，若发现电机旋转方向与要求方向相反，任意调换两条电源线的连接顺序即可。

在将电调与电机连接成功后，将航模电池与无人机电源端口短接通电。在通电后，电调将会发出提示音，同时电机有轻微抖动情况，也可用手触摸电机外壁感受是否转动。需要注意的是，在通电后建议先观察一下电调情况，若发现电调没有发出提示音或电机没有转动，建议先断开电源连接检查电调正/负极焊接是否出错，以防止烧坏电调。

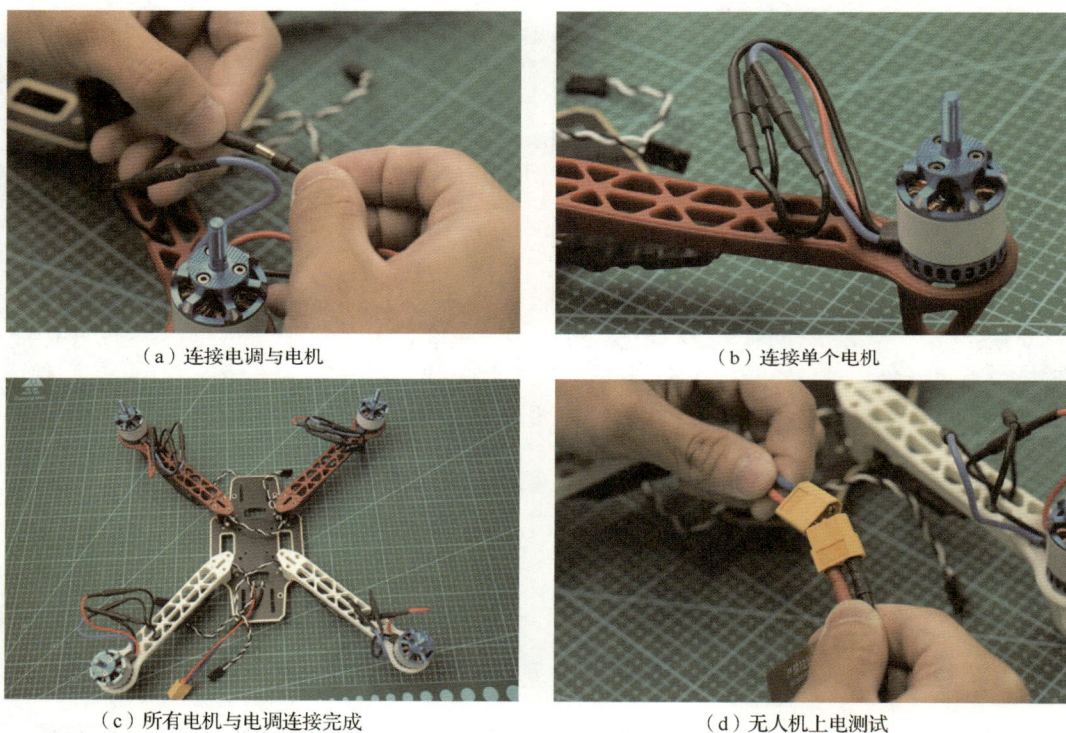

（a）连接电调与电机   （b）连接单个电机

（c）所有电机与电调连接完成   （d）无人机上电测试

图 6.17　电机连接及测试

10. 上盖板与 GNSS 模块支架安装

取出 F330 上盖板，将其放入 4 个机臂的卡槽中，如图 6.18（a）所示。使用配套螺丝将盖板固定在机架上方，此处需要留出一个机臂不上固定螺丝，用于固定 GNSS 模块支架，如图 6.18（b）所示。

由于 GNSS 模块支架连接底座较大，在 F330 飞行平台上只能与其中两个螺丝进行连接，如图 6.18（c）所示。确定好支架与螺丝孔的相对位置后，使用配套螺丝进行固定，如图 6.18（d）所示。

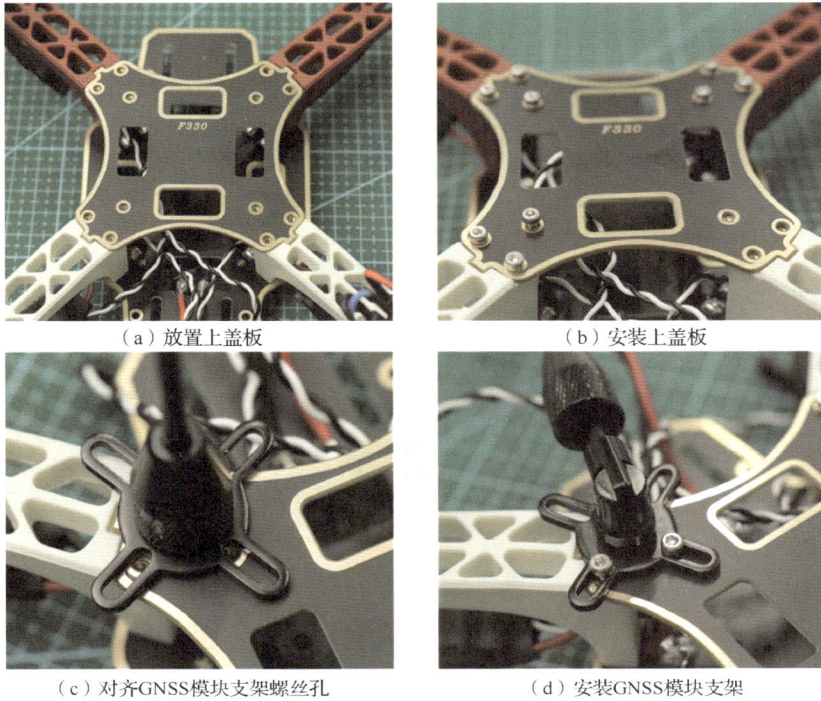

（a）放置上盖板　　　　　　　　　　　（b）安装上盖板

（c）对齐GNSS模块支架螺丝孔　　　　　（d）安装GNSS模块支架

图 6.18　上盖板与 GNSS 模块支架安装

11. 飞控安装

先使用双面胶将飞控粘贴于飞控减震板，再将飞控减震板粘贴于机架上盖板，如图 6.19 所示。

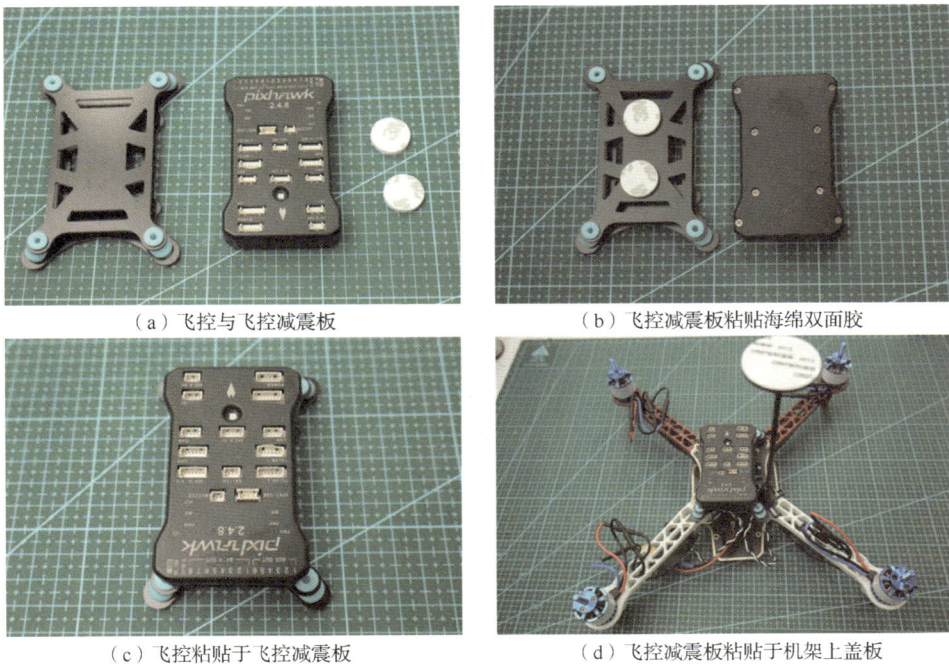

（a）飞控与飞控减震板　　　　　　　　（b）飞控减震板粘贴海绵双面胶

（c）飞控粘贴于飞控减震板　　　　　　（d）飞控减震板粘贴于机架上盖板

图 6.19　飞控安装

12. 飞控接线

在安装完飞控后，需要对飞控的辅助设备（GNSS模块、接收机、电流计等）进行安装并与飞控进行连接。在连接前，可以先观察GNSS模块与飞控的接口样式，如图6.20所示。

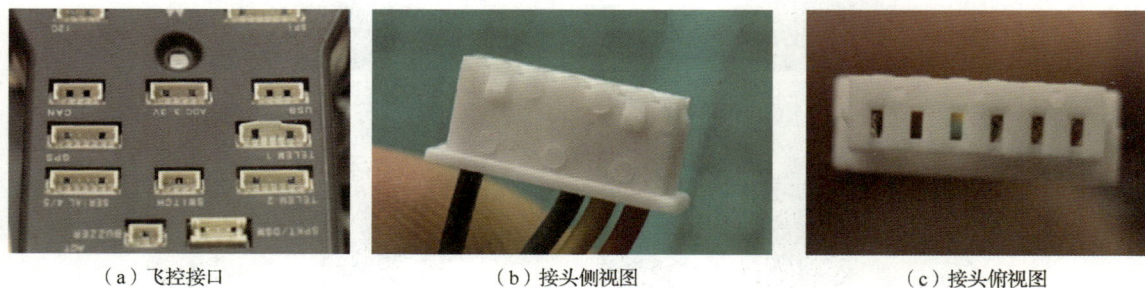

（a）飞控接口　　　　　　　（b）接头侧视图　　　　　　　（c）接头俯视图

图 6.20　接口详情

飞控模块接口有两个小缺口，而GNSS模块接头则恰好有一侧具有两个小凸起。在将GNSS模块连接至飞控时，需要将模块接头的两个小凸起与飞控接口的缺口对齐后插入。若方向不一致则无法连接，此时请不要用力挤压以免损坏接口针脚。

接下来进行飞控与安全开关连接。Pixhawk 2.4.8所使用的GNSS模块具有两个信号线接头，其中较长的接头连接至飞控GPS接口，另一接头则连接至飞控I2C接口，如图6.21所示。连接完成后可将GNSS模块粘贴至支架上方，粘贴时需要注意飞控的方向与GNSS模块上标识的方向应尽量保持一致，以方便后续进行校准操作。安全开关连接较为简单，将安全开关接头连接至飞控的SWITCH接口即可。

图 6.21　GNSS模块与安全开关连接

安装电流计前需要分辨XT60公头、母头，如图6.22（a）所示。电流计具有两个XT60接头，需要将母头连接无人机分电板上的电流端口公头，如图6.22（b）所示。再将6针电源线接头与飞控的POWER接口连接，如图6.22（c）所示。

（a）飞控与电流计　　　　　　（b）电流计连接电源接口　　　　　　（c）电流计连接飞控

图 6.22　电流计连接

13. 接收机连接

接收机不同，连接方式也不同，本书以乐迪 R9DS 接收机为例，其后部针脚区域一部分是以 PWM 协议连接电机的针脚，另一部分则是使用 SBUS 协议时使用的针脚，如图 6.23（a）所示。Pixhawk 飞控可适用 SBUS 协议，因此使用信号线连接 SBUS 接口，如图 6.23（b）所示。

连接时需要注意，以图 6.23（c）所示情形摆放接收机，接收机上侧连接的为负极，颜色为棕色（也可能为黑色或其他颜色），中间的正极为红色，最下方是信号线，颜色为黄色。若颜色与本书所述不符，可询问飞控卖家信号线颜色的含义。

接收机与 Pixhawk 2.4.8 飞控连接时，应连接在最左侧针脚，如图 6.23（d）所示。并且使棕色负极线在上、黄色信号线在下。

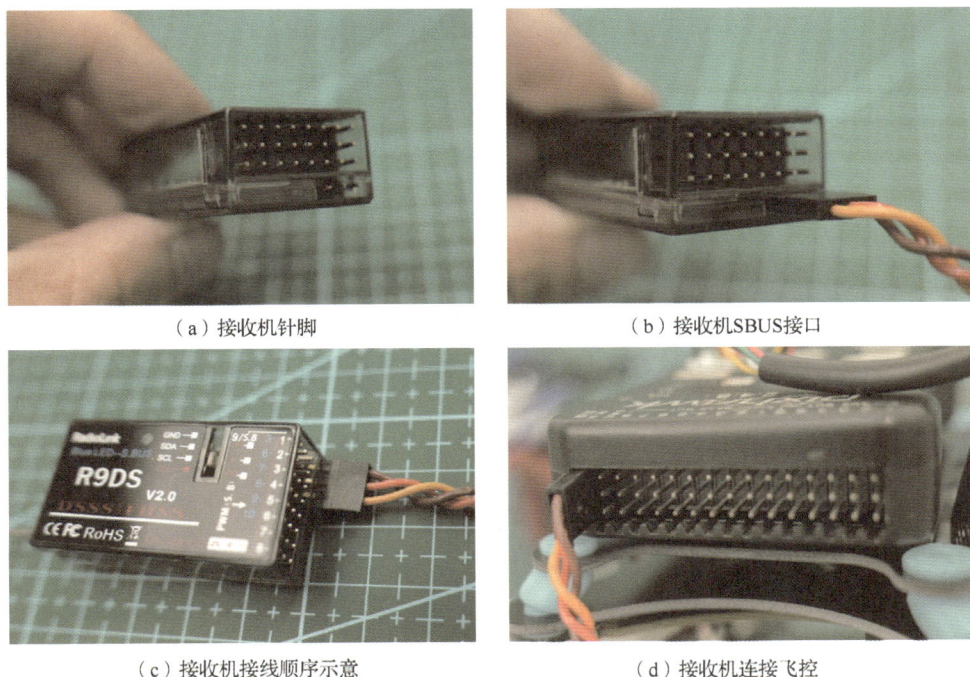

（a）接收机针脚　　　　　　　　　　　（b）接收机SBUS接口

（c）接收机接线顺序示意　　　　　　　（d）接收机连接飞控

图 6.23　接收机连线示意

14. 电调接线

Pixhawk 2.4.8 使用 SBUS 协议后，接收机不需要连接电调信号线，转而将其连接飞控。根据前面介绍的内容，需要将电调信号线连接在飞控 MAIN OUT 针脚区域。先根据图 6.24 确认电机号数并将相应电机的电调信号线进行标记，依次标记 1～4 号电机的信号线，如图 6.25 所示。

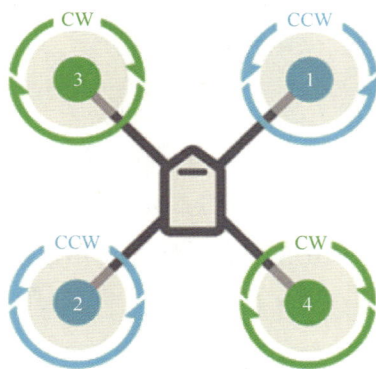

图 6.24 "X" 形布局无人机

图 6.25 标记电机信号线序号

标记完成后，根据标记号数将信号线连接至飞控 MAIN OUT 针脚区域。Pixhawk 2.4.8 飞控从右侧往左数前 6 枚信号针脚属于 AUX OUT 针脚，负责控制舵机等其他设备。从第 7 根针脚开始共有 8 根针脚为 MAIN OUT 针脚。依次将 1 号～4 号电机的信号线连接至 1 号～4 号飞控信号针脚。在连接时需要保证黑色信号线在上，白色信号线在下，如图 6.26 所示。

图 6.26 电调信号线连接示意

15. 地面站与电机测试

在完成上述组装内容后，可以将无人机连接地面站进行固件烧录、传感器校准等操作。具体可参照第 4 章的内容，完成地面站测试流程后，还需测试无人机能否解锁以及电机旋转方向是否正确（1、2 号电机逆时针旋转，3、4 号电机顺时针旋转）。

若电机旋转方向不同，在电机上锁后，任意调换电调与电机电源连接线中的两条即可，如图 6.27 所示。

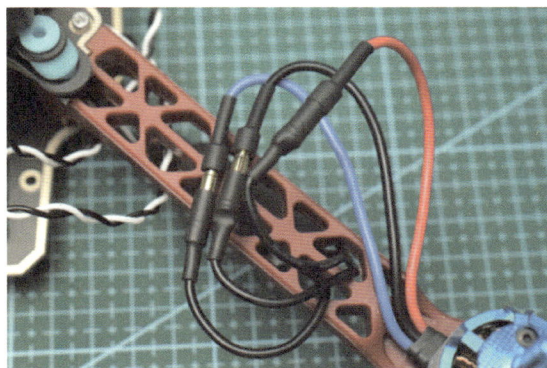

（a）选取任意两条电源线   （b）对调两条线

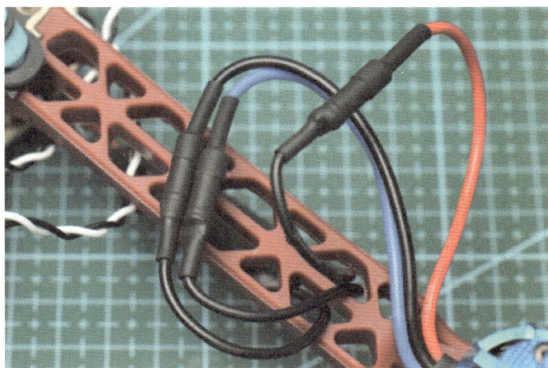

图 6.27 电机反向旋转的解决方法

16. 螺旋桨安装

取出经过调平的螺旋桨、垫片、子弹头、螺母，以及螺旋桨附带的垫圈，螺旋桨分正/反桨，其中逆时针旋转的螺旋桨在型号后标有 R 字母，如图 6.28 所示。

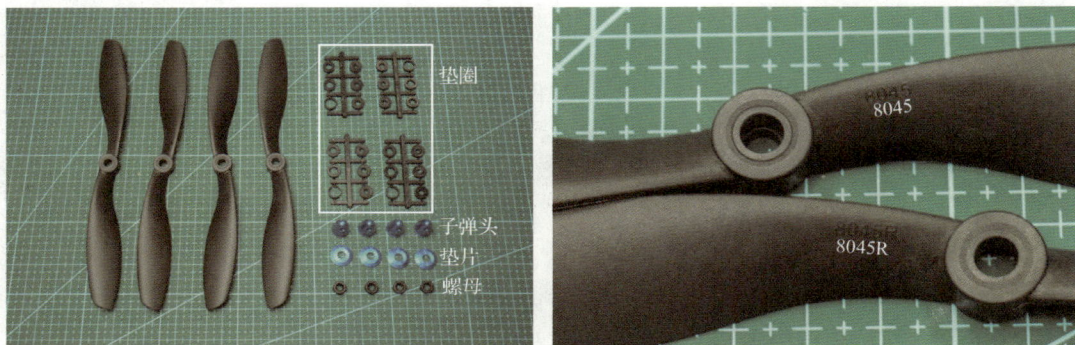

图 6.28　螺旋桨及正反桨区分

将反桨放置于 1、2 号电机，用手轻轻拨动螺旋桨，观察螺旋桨与电机中央的螺丝之间是否有晃动。若电机与螺旋桨之间存在较大间隙，需在螺旋桨垫圈中选择合适尺寸的垫圈放置在螺旋桨桨毂中，再安装至电机，随后将蓝色垫片压在螺旋桨上方，如图 6.29 所示。

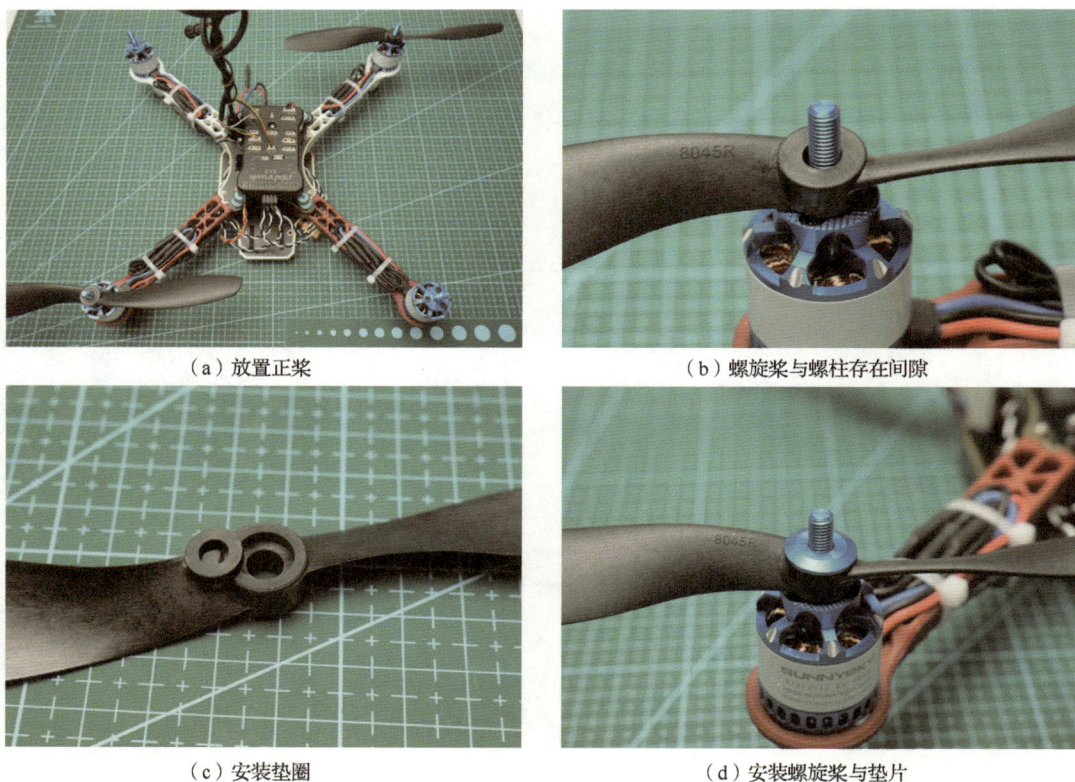

（a）放置正桨

（b）螺旋桨与螺柱存在间隙

（c）安装垫圈

（d）安装螺旋桨与垫片

图 6.29　螺旋桨安装（一）

在固定时可选择使用螺母或者子弹头进行。选择螺母需要使用扳手进行加固，直接将螺母旋紧在电机螺丝上，再用扳手进一步拧紧即可。若没有扳手，可使用子弹头进行固定，将子弹头在电机螺丝上旋紧，使用螺丝刀或者六角螺丝扳手插入子弹头两侧的空洞进一步拧紧。依次为 4 个电机安装螺旋桨，如图 6.30 所示。

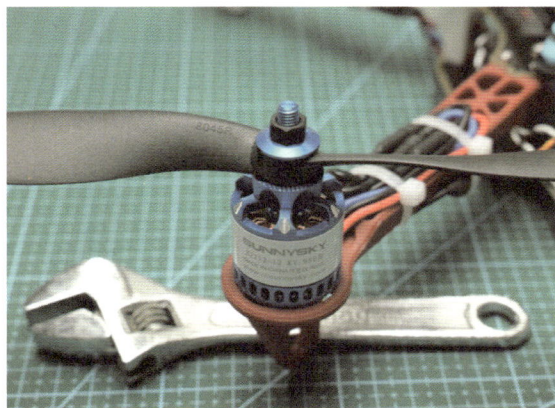

（a）螺母固定方式　　　　　　　　　　　（b）子弹头固定方式

（c）安装完成

图 6.30　螺旋桨安装（二）

17. 脚架安装

对于选装脚架的读者，可拿出购买的脚架。首先观察脚架支撑臂中部有两处方形开口，其宽度与无人机下分电板中的长条状开孔宽度正好相符合。使用附带的螺丝与螺母将脚架固定于无人机分电板开口处区域，如图 6.31 所示。

前/后两部分脚架均安装完毕后，将 F330 无人机脚架中连接杆固定于脚架支撑臂最下方开口处，并在前/后端安装海绵套起缓冲作用。

18. 线材整理

完成上述基本安装步骤后，需要对线材进行整理。一方面是使整架无人机外观更加整洁美观，另一方面是凌乱的线材在无人机飞行过程中可能会导致桨叶与线材发生接触等情况，如图 6.32 所示，因此需要使用尼龙扎带以及双面胶等对线材、接收机等设备进行固定。

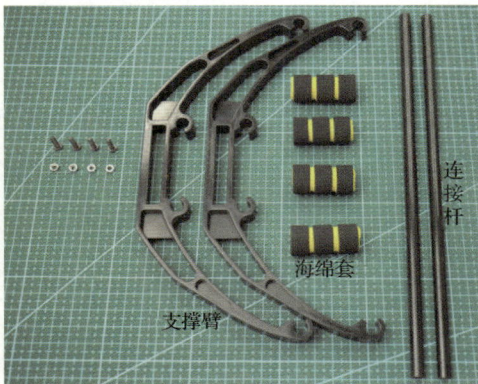

（a）脚架材料

（b）对齐脚架与分电板孔位

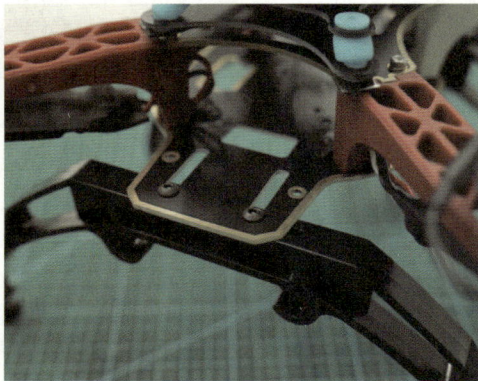

（c）安装脚架

（d）安装连接杆与海绵套

图 6.31　脚架安装示意

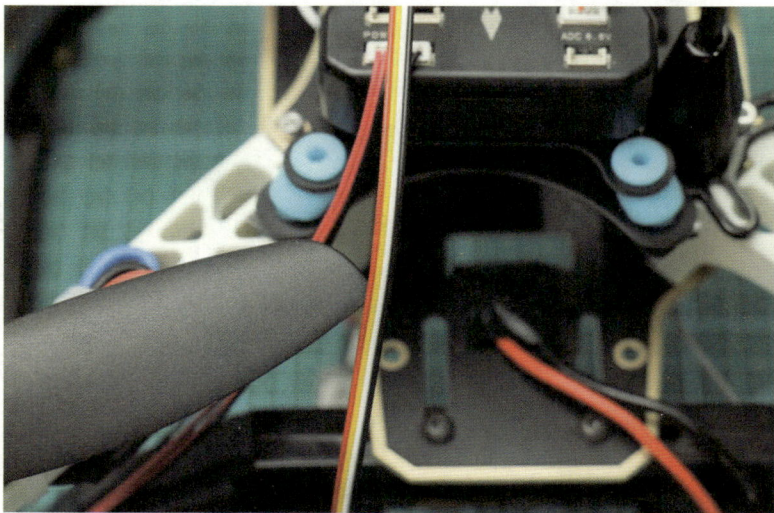

图 6.32　桨叶与线材冲突

对于线材整理没有特殊的硬性要求，只要做到整洁美观的同时不要使得线材与桨叶或电机等运动设备发生接触即可。图 6.33 所示为使用尼龙扎线带对无人机电调、电调电源线、接收机信号线、电调信号线、电流计供电线进行整理的效果。

（a）使用尼龙扎带固定电调　　　　　　　　（b）修剪多余扎线带

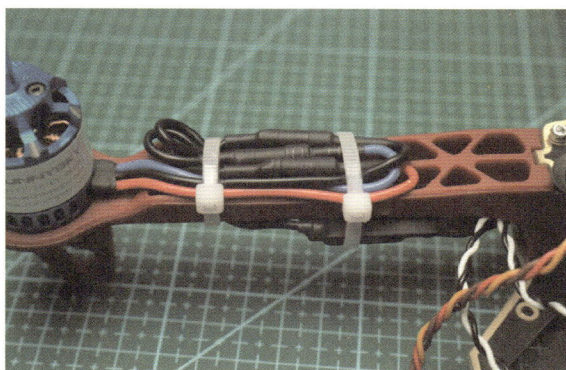

（c）使用尼龙扎带固定电调信号线　　　　　（d）使用尼龙扎带固定电流计供电线

图 6.33　线材整理示意

19. OSD 回传模块安装（选装）

OSD 回传模块需要与飞控、接收机相连，先取出随 OSD 回传模块配套的线材中的 Pixhawk 飞控连接线与接收机连接线，连接在乐迪 PRM-03 OSD 回传模块上，如图 6.34（a）所示。将带 6 针端口接头连接至飞控的 TELEM 1 数传接口上，4 针端口接头连接至接收机端，与接收机相连时红线在下（连接 VCC）黑线在上（连接 GND）。

连接完后使用尼龙扎线带或者双面胶对 OSD 回传模块、接收机与之间的连接线材进行固定，如图 6.34 所示。

（a）乐迪PRM-03 OSD回传模块

（b）连接TELEM1接口

（c）OSD回传模块连接接收机

（d）整理OSD回传模块线材

图 6.34　OSD 回传模块安装示意